"十二五"职业教育国家规划教材
经全国职业教育教材审定委员会审定
高职高专机电类专业规划教材

电工技术

第2版

主　编　仇　超
副主编　庞宇峰　夏春风　龚建伟
参　编　马仕麟　王英娟　殷　全
主　审　胡　钢

机械工业出版社

本书为"十二五"职业教育国家规划教材，经全国职业教育教材审定委员会审定。

本书内容包括：安全用电；直流电路的测试分析；正弦交流电路的测试分析；磁路与变压器的测试；MF47 型万用表的装配；家庭用电线路的安装与调试；电动机的运行及控制等。

本书是根据高职高专电气自动化技术专业的培养目标，同时兼顾其他专业的培养方案，以项目化课程改革为基础，以"产教结合、校企合作"模式为指导，以培养装备制造业人才为宗旨，积极吸收星级校企合作企业、行业技术人员参与开发的高职理论实践一体化教学参考用书。本书依照相关专业的培养目标和国家维修电工职业技能（初级工、中级工）的要求，采用项目化教学模式，科学设置学习目标、工作任务、理论知识、测试与训练、拓展知识、练习等栏目，符合高职教育的规律以及高职学生的认知特点。

本书内容浅显易懂，编写新颖，实用性、创新性强，贴近生产实际，突出表现了电工技术的职业教育特色，可作为高职高专院校电类、机电类相关专业的教材，也可供机电、电气行业的技术人员参考。

为方便教学，本书配有电子课件、习题解答、模拟试卷及答案等，凡选用本书作为教材的学校，均可来电索取。咨询电话：010 - 88379375；电子邮箱：wangzongf@163.com。

图书在版编目（CIP）数据

电工技术/仇超主编. —2 版. —北京：机械工业出版社，2015.8
（2016.7 重印）
"十二五"职业教育国家规划教材　高职高专机电类专业规划教材
ISBN 978 - 7 - 111 - 50950 - 9

Ⅰ. ①电… Ⅱ. ①仇… Ⅲ. ①电工技术 - 高等职业教育 - 教材　Ⅳ. ①TM

中国版本图书馆 CIP 数据核字（2015）第 168290 号

机械工业出版社（北京市百万庄大街22 号　邮政编码100037）
策划编辑：于　宁　责任编辑：于　宁　王宗锋　韩　静
版式设计：赵颖喆　责任校对：陈　越
封面设计：陈　沛　责任印制：常天培
北京圣夫亚美印刷有限公司印刷
2016 年7 月第2 版第2 次印刷
184mm×260mm ·15.75 印张·385 千字
3001—6000 册
标准书号：ISBN 978 - 7 - 111 - 50950 - 9
定价：34.00 元

前言

本书第 1 版自出版以来，被多所高职院校选为电工技术教学用书，得到了广大教师认可，也深得学生欢迎。自 2003 年 8 月以来，常州机电职业技术学院以数控技术、电气自动化技术、模具设计与制造等专业为试点，实施项目化课程改革，现课程改革已进入深入发展阶段、呈全面铺开之势。项目化课程改革有力地推动了专业建设、课程建设、教材建设及师资队伍建设，本次修订，就集中反映了我院教师先进的教学改革思想、长期积累的丰富教学经验及广大读者真诚的意见和建议。

与第 1 版相比，本书仍然按"项目－模块"的整体框架编写；模块内部架构修改为"学习目标－工作任务－理论知识－测试与训练－拓展知识－练习"。全书内容修订比例约为 30%～40%，删除了万用表使用、典型机床电气线路分析与故障排除等内容，增添了安全用电、磁路知识等，调整了家庭用电线路的安装、电动机的运行及控制等内容结构，进一步丰富直流电路的测试分析、正弦交流电路的测试分析等内容的理论阐述与例题讲解。经过修订，教材内容编排更接近教学实际，便于教师教学及学生学习；教材理论体系更加完备，更注重基础性，整本书层次清晰、内容循序渐进。

全书共有 7 个项目、24 个模块，主要内容包括：安全用电；直流电路的测试分析；正弦交流电路的测试分析；磁路与变压器的测试；MF47 型万用表的装配；家庭用电线路的安装与调试；电动机的运行及控制等。计划学时数为 120～140 学时，任课教师可根据专业、学生特点灵活取舍有关内容。

本书由常州机电职业技术学院仇超担任主编，负责全书的内容结构设计、工作协调及统稿工作；参与编写的还有庞宇峰、夏春风（苏州农业职业技术学院）、马仕麟、王英娟（江苏省武进高级技工学校）等；常州东风农机集团龚建伟、三达精密五金制造（无锡）有限公司殷全等企业技术专家全程参与课程开发、教材编写。全书由河海大学胡钢教授审稿。

在本书编写过程中，有关院校、行业企业、机械工业出版社的许多同志提出了不少宝贵的意见和建议，在此一并表示感谢。

由于编者水平有限，本书虽进行了修改，但疏漏及不妥之处在所难免，恳请广大读者继续关心教材的成长，提出批评和改进意见。

编 者

目录

项目一　安全用电

一、学习目标

终极目标：掌握安全用电基本知识，能安全用电。

促成目标：

1. 了解人体触电形式及触电危害，掌握触电预防措施；
2. 掌握触电急救方法；
3. 了解电气火灾的成因，掌握预防电气火灾的方法；
4. 能根据火灾类型正确选择灭火器扑灭电气火灾。

二、工作任务

安全用电，触电急救，火灾扑救。

模块一　触电急救

一、学习目标

终极目标：会触电急救。

促成目标：

1. 了解人体触电形式及触电危害，掌握触电预防措施；
2. 掌握触电急救方法。

二、工作任务

触电急救。

三、理论知识

人触电后，会出现神经麻痹、呼吸困难、血压升高、昏迷、痉挛，直至呼吸中断、心脏停跳等现象，呈现昏迷不醒的状态。如果未见明显的致命外伤，就不能轻率地认定触电者已经死亡，而应该看作是"假死"，施行急救。触电事故发生都很突然，出现"假死"时，心跳、呼吸已停止，因此要采用现场急救的方法，使触电病人迅速得到气体交换和重新形成血液循环，以恢复全身的各组织细胞的氧供给，建立病人自身的心跳和呼吸。所以，触电现场急救是整个触电急救过程中一个重要环节。如处理得及时正确，就能挽救许多病人的生命；反之，如果不考虑实际情况，或者没有及时采取任何抢救措施，只是将病人送往医院抢救或单纯等待医务人员来，就有可能失去抢救的最佳时机，带来永远无法弥补的损失。因此现场急救法是每一个电工必须熟练掌握的急救技术，一旦发生事故后，就能立即正确地在现场进行急救，同时向医务部门告急请求救援，这样，一定能挽救不少触电者的生命。

1. 人体触电的形式

（1）单相触电　当人站在地面上，碰触带电设备的其中一相时，电流通过人体流入大地，这种触电方式称为单相触电。

① 低压中性点直接接地的单相触电。低压中性点直接接地的单相触电如图 1-1-1 所示。

当人体触及一相带电体时，该相电流通过人体经大地回到中性点形成回路，由于人体电阻比中性点直接接地的电阻大得多，因此电压几乎全部加在人体上，造成触电。

② 低压中性点不接地的单相触电。低压中性点不接地的单相触电如图 1-1-2 所示。在 1000V 以下，人碰到任何一相带电体时，该相电流通过人体经另外两根相线的对地绝缘电阻和分布电容而形成回路，如果相线对地绝缘电阻较高，一般不至于造成对人体的伤害。当电气设备、导线绝缘损坏或老化，其对地绝缘电阻降低时，同样会发生电流通过人体流入大地的单相触电事故。

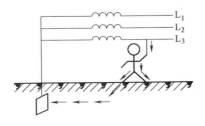

图 1-1-1　低压中性点直接接地的单相触电

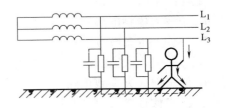

图 1-1-2　低压中性点不接地的单相触电

在 6～10kV 高压中性点不接地系统中，特别是在较长的电缆线路上，当发生单相触电时，另两相对地电容电流较大，触电的伤害程度较大。

（2）两相触电　电流从一根导线进入人体流至另一根导线的触电方式称为两相触电，如图 1-1-3 所示。

两相触电时，加在人体上的电压为线电压，在这种情况下，触电者即使穿绝缘鞋或站在绝缘台上也起不了保护作用。对于 380V 的线电压，两相触电时通过人体的电流能达到 200～270mA，这样大的电流只要经过 0.186s 就可能导致触电者死亡。所以两相触电比单相触电危险得多。

（3）跨步电压触电　当某相导线断线落地或运行中的电气设备因绝缘损坏而漏电时，电流向大地流散，以落地点或接地体为圆心，半径为 20m 的圆面积内形成分布电位，如有人在落地点周围走过时，其两脚之间（按 0.8m 计算）的电位差称为跨步电压，如图 1-1-4 所示，跨步电压触电时，电流从人的一只脚经下身，通过另一只脚流入大地形成回路。触电者先感到两脚麻木，然后跌倒。人跌倒后，由于头与脚之间的距离加大，电流将在人体内脏重要器官通过，人就有生命危险。

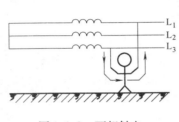

图 1-1-3　两相触电

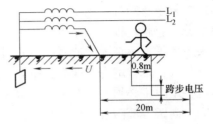

图 1-1-4　跨步电压触电

（4）接触电压触电　运行中的电气设备由于绝缘损坏或其他原因造成漏电，当人触及漏电设备时，电流通过人体和大地形成回路，造成触电事故，这称为接触电压触电。

（5）感应电压触电　当人触及带有感应电压的设备和线路时所造成的触电事故称为感应电压触电。

（6）剩余电荷触电　当人接触带有剩余电荷的设备时，电荷对人体放电造成的事故称为剩余电荷触电。设备带有剩余电荷，通常是由于检修人员在检修前、后没有对停电后的设备充分放电造成的。

（7）雷击触电　在雷雨天气，闪电时，产生大量的热量（一般可达30000℃），使得它周围空气的体积突然膨胀，因而引起巨大的雷声。雷电形成的瞬间，电流可达20万~25万A，最高达60万~70万A。常常威胁野外来不及躲避的人畜安全。

2. 电流对人体的伤害

电流通过人体后，能使肌肉收缩产生运动，造成机械损伤；电流产生的热效应和化学效应可引起一系列急骤的病理变化，使机体遭受到严重的损害，特别是电流流经心脏，对心脏的损害极为严重，极小的电流可引起心室纤维性颤动，导致死亡。

（1）电流对人体的伤害种类　人身触电时电流对人体的伤害，是由电流的能量直接作用于人体或转换成其他形式的能量作用于人体造成的，按伤害程度的不同，可以分为电击和电伤两类。

1）电击。电击是指因电流通过人体而使内部器官受伤的现象，它是最危险的触电事故。

2）电伤。电伤是指人体外部由于电弧或熔丝熔断时飞溅起的金属屑等造成烧伤的现象，分为电烧伤、电烙印、皮肤金属化等。

① 电烧伤。电烧伤是常见的电伤，大部分触电事故都伴有电烧伤，电烧伤可分为电流灼伤和电弧烧伤两种。电流灼伤一般发生在低压触电事故中，由于人体与带电体接触面积一般不大，加之皮肤电阻又比较高，使得皮肤与带电体的接触部位热量集中，受到比体内严重得多的灼伤，当电流较大时也可能灼伤至皮下组织。电弧烧伤是电弧放电引起的烧伤，它又分为直接电弧烧伤和间接电弧烧伤。直接电弧烧伤是由于人体过分接近高压带电体，其间距小于放电距离时，带电体与人体之间发生电弧并伴有电流通过人体的烧伤；间接电弧烧伤是电弧发生在人体附近对人体的烧伤，而且包含被熔化金属溅落的烫伤，在配电系统中错误的操作（如带负荷拉、合隔离开关，带地线合开关）以及其他的短路事故都可能造成弧光短路事故，产生强烈的电弧，导致严重的烧伤。

② 电烙印。电烙印是人体与带电体直接接触，电流通过人体后，在接触部位留下和接触带电体形状相似的斑痕。斑痕处皮肤硬变，边缘明显，失去原有弹性和色泽，表层坏死，失去知觉。

③ 皮肤金属化。皮肤金属化是由于电气设备的弧光短路事故，高温电弧使周围金属物熔化、蒸发并飞溅渗透到人体皮肤表层所形成的，受伤部位表面粗糙、坚硬。金属化后的皮肤通常经过一段时间能自行脱落，不会有不良的后果。

（2）电流对人体的伤害程度　电流伤害的程度与通过人体的电流强度、频率、通过人体的途径及持续时间等因素有关。

1）电流强度对人体的伤害。按照电流流过人体时的不同生理反应，可分为以下三种情况。

① 感觉电流。使人体有感觉的最小电流称为感觉电流。工频交流电的平均感觉电流，

成年男性约为 1.1mA，成年女性约为 0.7mA；直流电的平均感觉电流约为 5mA。

② 摆脱电流。人体触电后能自主摆脱电源的最大电流称为摆脱电流，工频交流电的平均摆脱电流，成年男性约为 16mA 以下，成年女性约为 10mA 以下；直流电的平均摆脱电流约为 50mA。

③ 致命电流。在较短的时间内危及生命的最小电流称为致命电流。一般情况下，通过人体的工频电流超过 50mA 时，心脏就会停止跳动，发生昏迷，并出现致命的电灼伤；工频 100mA 的电流通过人体时很快使人致命。不同电流强度对人体的作用见表 1-1-1。

表 1-1-1 不同电流对人体的作用

电流/mA	作用特征	
	交流电（50～60Hz）	直流电
0.6～1.5	开始有感觉，手轻微颤抖	没有感觉
2～3	手指强烈颤抖	没有感觉
5～7	手部痉挛	感觉痒和热
8～10	手部剧痛，勉强可摆脱电源	热感觉增加
20～35	手迅速剧痛麻痹，不能摆脱带电体，呼吸困难	热感觉更大，手部轻微痉挛
50～80	呼吸困难，麻痹，心室开始颤动	手部痉挛，呼吸困难
90～100	呼吸麻痹，心室经3s即发生麻痹而停止跳动	呼吸麻痹

2）电流频率对人体的影响。在相同电流强度下，不同的电流频率对人体影响程度不同。28～300Hz 的电流频率对人体影响较大，最为严重的是 40～60Hz 的电流。当电流频率大于 20000Hz 时，所产生的损害作用明显减小。

3）电流流过途径的伤害。电流通过人体的头部会使人昏迷而死亡；电流通过脊髓，会导致截瘫及严重损伤；电流通过中枢神经或有关部位，会引起中枢神经系统强烈失调而导致死亡；电流通过心脏会引起心室颤动，致使心脏停止跳动，造成死亡。实践证明，从左手到脚是最危险的电流途径，因为心脏直接处在电路中，从右手到脚的途径危险性较小，但一般也能引起剧烈痉挛而摔倒，导致电流通过人体的全身。

4）电流的持续时间对人体的伤害。由于人体发热出汗和电流对人体组织的电解作用，电流通过人体的时间越长，使人体电阻逐渐降低。在电源电压一定的情况下，会使电流增大，对人体的组织破坏更大，后果更严重。

3. 人体电阻及安全电压

（1）人体电阻 人体电阻主要包括人体内部电阻和皮肤电阻，人体内部电阻是固定不变的，并与接触电压和外部条件无关，一般约为 500Ω。皮肤电阻一般是手和脚的表面电阻，它随皮肤的清洁、干燥程度和接触电压等而变化。一般情况下，人体的电阻为 1000～2000Ω，在不同条件下的人体电阻值见表 1-1-2。

表 1-1-2 人体电阻

接触电压/V	人体皮肤电阻/Ω			
	皮肤干燥	皮肤潮湿	皮肤湿润	皮肤浸入水中
10	7000	3500	1200	600

（续）

接触电压/V	人体皮肤电阻/Ω			
	皮肤干燥	皮肤潮湿	皮肤湿润	皮肤浸入水中
25	5000	2500	1000	500
50	4000	2000	875	440
100	3000	1500	770	375
220	1500	1000	650	325

注：电流途径为双手至双足。

（2）安全电压　所谓安全电压，是指为了防止触电事故而由特定电源供电所采用的电压系列。

安全电压应满足以下三个条件：①标称电压不超过交流50V、直流120V；②由安全隔离变压器供电；③安全电压电路与供电电路及大地隔离。

我国规定的安全电压额定值的等级为42V、36V、24V、12V、6V。当电气设备采用的电压超过安全电压时，必须按规定采取防止直接接触带电体的保护措施。

安全电压等级及选用见表1-1-3。

表1-1-3　安全电压等级及选用

安全电压（交流有效值）/V		选用举例
额定值	空载上限值	
42	50	在有触电危险的场所使用的手持式电动工具等
36	43	潮湿场合（如矿井）、多导电粉尘场合使用的行灯等
24	29	工作面积狭窄、操作者较大面积接触带电体的场所，如锅炉、金属容器内
12	15	人体需要长期触及器具及器具上带电的场所
6	8	

4. 触电急救

（1）**使触电者迅速脱离电源**　触电事故附近有电源开关或插座时，应立即断开开关或拔掉电源插头。若无法及时找到并断开电源开关时，应迅速用绝缘工具切断电线，以断开电源。

在抢救触电者脱离电源时应注意：

① 救护人员不得采用金属和其他潮湿的物品作为救护工具。

② 未采取任何绝缘措施时，救护人员不得直接触及触电者的皮肤或潮湿衣服。

③ 在使触电者脱离电源的过程中，救护人员最好用一只手操作，以防自身触电。

④ 当触电者站立或位于高处时，应采取措施防止触电者脱离电源后摔跌。

⑤ 夜晚发生触电事故时，应考虑切断电源后的临时照明，以利救护。

（2）**伤情诊断**　触电者脱离电源后，对触电者应在10s内用看（看触电者的胸部、腹部有无起伏动作）、听（用耳贴近触电者的口鼻处，听有无呼吸的声音）、试（试触电者口鼻有无呼吸的气流，用两指轻试喉结旁凹陷处的颈动脉有无搏动）的方法迅速正确判断其触电程度，有针对性地实施现场紧急救护。

① 触电者神智清醒。感觉心慌、四肢发麻、全身无力、呼吸急促、面色苍白或者曾一度昏迷，但未失去知觉。应抬至空气新鲜、通风良好的地方使其就地平躺，严密观察，休息

1~2小时，暂时不要使其站立或走动，并注意保温。

② 触电者神智不清。应使其就地平躺，且确保气道畅通，并且用5s时间呼叫触电者或轻拍其肩部，以判断是否意志丧失，禁止摇动触电者头部呼叫触电者。

③ 有呼吸但心跳停止。采用"胸外心脏按压法"。

④ 心脏有跳动，但呼吸停止。采用"口对口人工呼吸法"。

⑤ 心脏、呼吸均停止。应同时采取"口对口人工呼吸法"和"胸外心脏按压法"。

（3）心肺复苏

1）将脱离电源的触电者迅速移至通风、干燥处，使其仰卧，并将其上衣和裤带放松，观察触电者是否有呼吸，摸一摸颈部动脉的搏动情况。

2）观察触电者的瞳孔是否放大，当处于假死状态时，大脑细胞严重缺氧处于死亡边缘，瞳孔就自行放大，如图1-1-5所示。

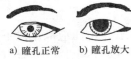

a) 瞳孔正常 b) 瞳孔放大

图 1-1-5 检查瞳孔

3）用"口对口人工呼吸法"进行急救。对有心跳而呼吸停止的触电者，应采用"口对口人工呼吸法"进行急救，其步骤如下：

① 清除口腔阻塞。将触电者仰卧，解开衣领和裤带，然后将触电者头偏向一侧，张开其嘴，用手清除口腔中假牙或其他异物，使呼吸道畅通，如图1-1-6a所示。

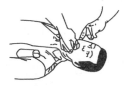  

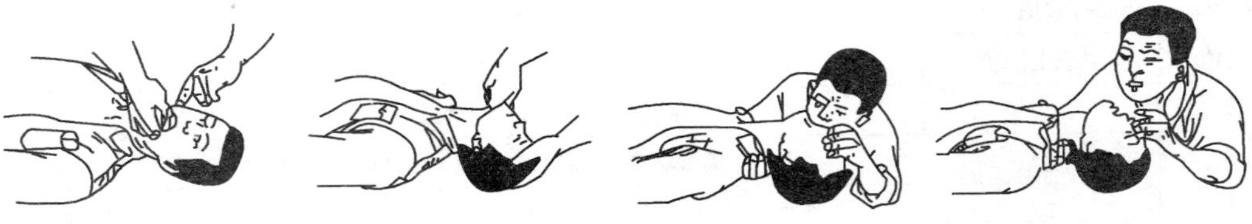

a) 清除口腔阻塞　　　b) 鼻孔朝天头后仰　　　c) 贴嘴吹气胸扩张　　　d) 放开嘴鼻好换气

图 1-1-6 口对口人工呼吸法

② 鼻孔朝天头后仰。抢救者在触电病人一边，使其鼻孔朝天后仰，如图1-1-6b所示。

③ 贴嘴吹气胸扩张。抢救者在深呼吸2~3次后，张大嘴严密包绕触电者的嘴，同时用放在前额手的拇指、食指捏紧其双侧鼻孔，连续向肺内吹气2次，如图1-1-6c所示。

④ 放开嘴鼻好换气。吹完气后应放松捏鼻子的手，让气体从触电者肺部排出，如此反复进行，以每5s吹气一次，坚持连续进行，不可间断，直到触电者苏醒为止，如图1-1-6d所示。

4）用"胸外心脏按压法"进行急救。对有呼吸而心脏停跳的触电者，应采用"胸外心脏按压法"进行急救，如图1-1-7所示。其步骤如下：

a) 中指对凹腔,当胸一手掌　　b) 掌根用力向下压　　c)用力向下压3~4cm　　d) 突然放松

图 1-1-7 胸外心脏按压法

① 使触电者仰卧在硬板或地面上，颈部枕垫软物使头部稍后仰，松开衣服和裤带，急救者跨跪在触电者的腰部。

② 急救者将后手掌根部按于触电者胸骨下二分之一处，中指指尖对准其颈部凹陷的下缘，当胸一手掌，左手掌复压在右手背上，如图1-1-7a、b所示。

③ 掌根用力下压3~4cm后，突然放松，如图1-1-7c、d所示，按压与放松的动作要有节奏，每秒进行一次，必须坚持连续进行，不可中断，直到触电者苏醒为止。

5）用"口对口人工呼吸法"和"胸外心脏按压法"进行急救。对呼吸和心脏都已停止的触电者，应同时采用口对口人工呼吸和胸外心脏按压法进行急救，其步骤如下：

① 单人抢救法：两种方法应交替进行，即吹气2~3次，再按压10~15次，且速度都应快些，如图1-1-8所示。

② 双人抢救法：由两人抢救时，一人进行口对口吹气，另一人进行按压。每5s吹气一次，每秒按压一次，两人同时进行，如图1-1-9所示。

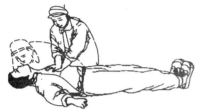

图1-1-8　单人抢救法

图1-1-9　双人抢救法

（4）外伤处理　对于电伤和摔跌造成的人体局部外伤，在现场救护中也不能忽视。必须做适当处理，防止细菌侵入感染，防止摔跌骨折刺破皮肤及周围组织、刺破神经和血管，避免引起损伤扩大，然后迅速送医院治疗。

① 一般性的外伤表面，可用无菌盐水或清洁的温开水冲洗后，用消毒纱布、防腐绷带或干净的布片包扎，然后进医院治疗。

② 伤口出血严重时，应采用压迫止血法止血，然后迅速送医院治疗。如果伤口出血不严重，可用消毒纱布叠几层盖住伤口，压紧止血。

③ 高压触电时，可能会造成大面积严重的电弧灼伤，往往深达骨骼，处理起来很复杂，现场可用无菌生理盐水或清洁的温开水冲洗，再用酒精全面消毒，然后用消毒被单或干净的布片包裹送医院治疗。

④ 对于因触电摔跌而四肢骨折的触电者，应首先止血、包扎，然后用木板、竹竿、木棍等物品临时将骨折肢体固定，然后立即送医院治疗。

（5）抢救过程中触电者移动与转院

① 心肺复苏应在现场就地坚持进行，不要为方便而随意移动触电者，如确需要移动时，抢救中断时间不应超过30s。

② 移动触电者或将触电者送医院时，应使其平躺在担架上，并在其背部垫以平硬宽木板。在移动或送医院过程中，应继续抢救。心跳、呼吸停止者要继续用心肺复苏法抢救，在医务人员未接替救治前不能中止。

③ 应创造条件，用塑料袋装入碎冰屑做成帽子状包绕在触电者头部、露出眼睛，使脑

部温度降低，争取心、肺、脑完全复苏。

（6）触电者好转后处理　如果触电者的心跳和呼吸经抢救后均已恢复，则可暂停心肺复苏法操作。但心跳、呼吸恢复的早期有可能再次骤停，应严密监护，不能麻痹，要随时准备再次抢救。

初期恢复后，触电者可能神志不清或精神恍惚、躁动，应设法使其安静。

现场急救注意事项：

① 现场急救贵在坚持。

② 心肺复苏应在现场就地进行。

③ 现场触电急救，没有医务人员的诊断，不得乱用药物。对采用肾上腺素等药物应持慎重态度，如果没有必要的诊断设备条件和足够的把握，不得乱用。

④ 对触电过程中的外伤特别是致命外伤（如动脉出血等）也要采取有效的方法处理。

5. 触电预防

（1）预防措施

1）直接触电的预防。

绝缘措施：良好的绝缘是保证电气设备和线路正常运行的必要条件，是防止触电事故的重要措施。选用绝缘材料必须与电气设备的工作电压、工作环境和运行条件相适应。不同的设备或电路对绝缘电阻的要求不同。例如：新装或大修后的低压设备和线路，绝缘电阻不应低于 $0.5 M\Omega$；运行中的线路和设备，绝缘电阻要求每伏工作电压 $1 k\Omega$ 以上；高压线路和设备的绝缘电阻不低于每伏 $1000 M\Omega$。

屏护措施：采用屏护装置，如常用电器的绝缘外壳、金属网罩、金属外壳、变压器的遮栏、栅栏等将带电体与外界隔绝开来，以杜绝不安全因素。凡是金属材料制作的屏护装置，应妥善接地或接零。

间距措施：为防止人体触及或过分接近带电体，在带电体与地面之间、带电体与其他设备之间，应保持一定的安全间距。安全间距的大小取决于电压的高低、设备类型、安装方式等因素。

2）间接触电的预防。

加强绝缘：对电气设备或线路采取双重绝缘的措施，可使设备或线路绝缘牢固，不易损坏。即使工作绝缘损坏，还有一层加强绝缘，不致发生金属导体裸露造成间接触电。

电气隔离：采用隔离变压器或具有同等隔离作用的发电机，使电气线路和设备的带电部分处于悬浮状态。即使线路或设备的工作绝缘损坏，人站在地面上与之接触也不易触电。

必须注意，被隔离回路的电压不得超过 500V，其带电部分不能与其他电气回路或大地相连。

自动断电保护：在带电线路或设备上采取漏电保护、过电流保护、过电压或欠电压保护、短路保护、接零保护等自动断电措施，当发生触电事故时，在规定时间内能自动切断电源起到保护作用。

3）其他预防措施

① 加强用电管理，建立健全安全工作规程和制度，并严格执行。

② 使用、维护、检修电气设备，严格遵守有关安全规程和操作规程。

③ 尽量不进行带电作业，特别在危险场所（如高温、潮湿地点），严禁带电工作；必须

带电工作时，应使用各种安全防护工具，如使用绝缘棒、绝缘钳和必要的仪表，戴绝缘手套，穿绝缘靴等，并设专人监护。

④ 对各种电气设备按规定进行定期检查，如发现绝缘损坏、漏电和其他故障，应及时处理；对不能修复的设备，不可使其带"病"运行，应予以更换。

⑤ 根据生产现场情况，在不宜使用 380V/220V 电压的场所，应使用 12～36V 的安全电压。

⑥ 禁止非电工人员乱装乱拆电气设备，更不得乱接导线。

⑦ 加强技术培训，普及安全用电知识，开展以预防为主的反事故演习。

（2）触电预防的基本常识　为了更好地使用电能、防止触电事故的发生，必须采取一些安全措施：

1）对于各种电气设备尤其是移动式电气设备，建立经常与定期的检查制度，如发现故障或与有关的规定不符合时应及时加以处理。

2）使用各种电气设备时应严格遵守操作制度，不得将三脚插头擅自改为二脚插头，也不得直接将线头插入插座内用电。

3）尽量不要带电工作，特别是在危险场所（如工作地很狭窄，工作地周围有对地电压在250V 以上的导体等）禁止带电工作。如果必须带电工作，则应采取必要的安全措施（如站在橡胶毡上或穿绝缘橡胶靴，附近的其他导电体或接地处都应用橡胶布遮盖，并需要有专人监护等）。

4）带金属外壳的家用电器的外接电源插头一般都用三脚插头，其中有一根为接地线。

5）静电可能引起伤害，重则可引起爆炸与火灾，轻则可使人受到电击，引起严重后果。消除静电首先应尽量限制静电电荷的产生或积聚，方法有：①良好的接地，以消除静电电荷的积累；②提高设备周围的空气湿度至相对湿度 70% 以上，使静电荷逸散。

6）有条件时还可采用性能可靠的漏电保护器。

7）严禁利用大地作中性线，即严禁采用三线一地、二线一地或一线一地制。

四、测试与训练

对模拟人进行救护，急救方法是否正确，整个急救过程动作是否熟练、准确。

1. 伤情诊断

现场诊断，用看、听、试的方法判断触电者伤势，决定采取何种急救方法。

2. 畅通气道

采用仰头抬颏法使触电者保持气道通畅，如发现触电者口内有异物，偏转触电者头部清除异物。让触电者头部尽量后仰，鼻孔朝天，避免舌下坠致使呼吸道梗塞。

3. 口对口人工呼吸

（1）捏鼻掰嘴　救护人用一只手捏紧触电者的鼻孔（不要漏气），另一只手食指、中指并拢向下推触电者的下颌骨，使嘴张开（嘴上可盖一块纱布或薄布），使其保持气道畅通。

（2）贴近吹气　救护人作深呼气后，用自己的嘴唇包住触电者的嘴（不要漏气）吹气，先连续大口吹气两次，每次 1～1.5s，要求快而深。

（3）放松换气　救护人吹气完毕准备换气时，应立即离开触电者的嘴，并放松捏紧的鼻孔。除开始大口吹气两次外，正常口对口（鼻）呼吸的吹气量不需过大，以免引起胃膨胀；吹气和放松时要注意伤员胸部应有起伏的呼吸动作，吹气时如有较大的阻力，可能是头部后仰不够，应及时纠正。

4. 胸外心脏按压

（1）找准正确压点 使触电者仰面平躺，保持呼吸道畅通，背部着地处应平整稳固，以保证按压效果。救护者右手的食指和中指沿触电者的右侧肋骨弓下缘向上找到肋骨和胸骨结合处的中点，两手指并齐，中指放在切迹中点，食指放在胸骨下部，另一只手的掌根紧挨食指上缘至于胸骨上，即为正确的按压位置。

（2）按压心脏 救护人员站立或跪在触电者一侧肩旁，上身前倾，两肩位于伤员胸骨正上方，两臂伸直，肘关节固定不屈，两手掌要相叠，手指翘起不接触触电者的胸壁，以髋关节为支点，利用上身的重量，垂直将正常人胸骨压陷 3~5cm（儿童及瘦弱者酌减）。压至要求程度后，立即放松，上抬要充分，但放松时救护人员的掌根不得离开胸壁。按压频率为每分钟 60~100 次，按压和放松的频率相等。按压必须有效，其标志是按压过程中可以触及颈动脉搏动。

五、拓展知识

1. 电工安全操作知识

（1）停电检修的安全操作规程

① 停电检修工作的基本要求 停电检修时，对有可能送电到检修设备及线路的开关和闸刀应全部断开，并在已断开的开关和闸刀的操作手柄上挂上"禁止合闸，有人工作"的标示牌，必要时要加锁，以防止误合闸。

② 停电检修工作的基本操作顺序 首先应根据工作内容，做好全部停电的倒闸操作。停电后对电力电容器、电缆线等，应装设携带型临时接地线及绝缘棒放电，然后用低压验电器对所检修的设备及线路进行验电，在证实确实无电时，才能开始工作。

③ 检修完毕后的送电顺序 检修完毕后，应拆除携带型临时接地线，并清理好工具，然后按倒闸操作内容进行送电合闸操作。

（2）带电检修的安全操作规程 如果因特殊情况必须在电气设备上带电工作时，应按照带电工作安全规程进行。

① 在低压电气设备和线路上从事带电工作时，应设专人监护，使用合格的有绝缘手柄的工具，穿绝缘鞋，并站在干燥的绝缘物上。

② 将可能碰及的其他带电体及接地物体用绝缘物隔开，防止相间短路及触地短路。

③ 带电检修线路时，应分清相线和零线。断开导线时，应先断开相线，后断开零线。搭接导线时，应先接零线，再接相线。接相线时，应先将两个线头搭实后再进行缠接，切不可使人体或手指同时接触两根导线。

2. 电气设备安全知识

（1）保护接地和保护接零的作用

① 保护接地：将电气设备正常运行下不带电的金属外壳和架构通过接地装置与大地进行连接，它是用来防护间接触电的。

保护接地的作用：在中性点不接地的三相三线低压（380V）电网中，当电气设备因一相绝缘损坏而使金属外壳带电时，如果设备上没有采取接地保护，则设备外壳存在着一个危险的对地电压，这个电压的数值接近于相电压，此时如果有人触及设备外壳，就会有电流通过人体，造成触电事故。

② 保护接零：将电气设备正常运行下不带电的金属外壳和架构与配电系统的零线直接

进行电气连接,由于它也是用来保护间接触电的,所以称作保护接零。

保护接零的作用:采用保护接零时,电气设备的金属外壳直接与低压配电系统的零线连接在一起,当其中任何一相的绝缘损坏而使外壳带电时,形成相线和零线短路。由于相零回路阻抗很小,所以短路电流很大,促使线路上的保护装置(如熔断器、断路器等)迅速动作,切断故障设备的电源,从而起到防止人身触电的保护作用及减少设备损坏的机会。

(2)接地和接零的注意事项

① 在中性点直接接地的低压电网中,电力装置宜采用接零保护;在中性点不接地的低压电网中,电力装置应采用接地保护。

② 在同一配电线路中,不允许一部分电气设备接地,另一部分电气设备接零,以免接地设备一相碰壳短路时,可能由于接地电阻较大,而使保护电器不动作,造成中性点电位升高,使所有接零的设备外壳都带电,反而增加了触电的危险性。

③ 由低压公用电网供电的电气设备,只能采用保护接地,不能采用保护接零,以免接零的电气设备一相碰壳短路时,造成电网的严重不平衡。

④ 为防止触电危险,在低压电网中,严禁利用大地作相线或零线。

⑤ 用于接零保护的零线上不得装设开关或熔断器,单相开关应装在相线上。

六、练习

1. 人体触电的类型有哪些?若发生应如何紧急处理?

2. 在触电急救中如何使触电者迅速摆脱电源?

3. 触电急救中实施心肺复苏,如何正确进行口对口(鼻)人工呼吸?如何正确进行胸外按压?

模块二 电气火灾的扑救及预防

一、学习目标

终极目标:掌握电气火灾的扑救及预防方法。

促成目标:

1. 了解电气火灾的成因,掌握预防电气火灾的方法;

2. 能根据火灾类型正确选择灭火器扑灭电气火灾。

二、工作任务

使用灭火器扑救火灾。

三、理论知识

电气火灾和爆炸事故是指由电气原因引起的火灾和爆炸,在火灾和爆炸事故中占有很大比例。电气火灾和爆炸事故除可能造成人身伤亡和设备损坏、财产损失外,还可能造成电力系统事故,引起大面积停电或长时间停电。

电气火灾有两大特点:一是着火后电气装置或设备可能仍然带电,而且因电气绝缘损坏或带电导线断落接地,在一定范围内会存在跨步电压和接触电压,如不注意,可能引起触电事故;二是有些电气设备内部充有大量油(如电力变压器、电压互感器等),着火后受热,油箱内部压力增大,可能会发生喷油、甚至爆炸,造成火势蔓延。

电气火灾的危害很大,因此要坚决贯彻"预防为主"的方针。在发生电气火灾时,必须迅速采取正确有效的措施，及时扑灭电气火灾。

1. 电气火灾和爆炸成因

电气火灾和爆炸在火灾、爆炸事故中占有很大的比例。如线路、电动机、开关等电气设备都可能引起火灾。变压器等带油电气设备除可能发生火灾外，还有爆炸的危险。

造成电气火灾与爆炸的原因很多。除设备缺陷、安装不当等设计和施工方面的原因外，电流产生的热量和火花或电弧是引发火灾和爆炸事故的直接原因。

（1）过热　电气设备过热主要是由电流产生的热量造成的。导体的电阻虽然很小，但其电阻总是客观存在的。因此，电流通过导体时要消耗一定的电能，这部分电能转化为热能，使导体温度升高，并使其周围的其他材料受热。对于电动机和变压器等带有铁磁材料的电气设备，除电流通过导体产生的热量外，还有在铁磁材料中产生的热量。因此，这类电气设备的铁心也是一个热源。

当电气设备的绝缘性能降低时，通过绝缘材料的泄漏电流增加，可能导致绝缘材料温度升高。由上面的分析可知，电气设备运行时总是要发热的，但是，设计、施工正确及运行正常的电气设备，其最高温度和其与周围环境温差（即最高温升）都不会超过某一允许范围。

例如：裸导线和塑料绝缘线的最高温度一般不超过70℃。也就是说，电气设备正常的发热是允许的。但当电气设备的正常运行遭到破坏时，发热量要增加，温度升高，达到一定条件，可能引起火灾。

引起电气设备过热的不正常运行大体包括以下几种情况：

① 短路。发生短路时，线路中的电流增加为正常时的几倍甚至几十倍，使设备温度急剧上升，大大超过允许范围。如果温度达到可燃物的自燃点，即引起燃烧，从而导致火灾。

下面是引起短路的几种常见情况：电气设备的绝缘老化变质，或受到高温、潮湿或腐蚀的作用失去绝缘能力；绝缘导线直接缠绕、勾挂在铁钉或铁丝上时，由于磨损和铁锈蚀，使绝缘破坏；设备安装不当或工作疏忽，使电气设备的绝缘受到机械损伤；雷击等过电压的作用，电气设备的绝缘可能遭到击穿；在安装和检修工作中，由于接线和操作的错误等。

② 过载。过载会引起电气设备发热，造成过载的原因大体上有以下两种情况：一是设计时选用线路或设备不合理，以至在额定负载下产生过热；二是使用不合理，即线路或设备的负载超过额定值，或连续使用时间过长，超过线路或设备的设计能力，由此造成过热。

③ 接触不良。接触部分是发生过热的一个重点部位，易造成局部发热、烧毁。有下列几种情况易引起接触不良：不可拆卸的接头连接不牢、焊接不良或接头处混有杂质，都会增加接触电阻而导致接头过热；可拆卸的接头连接不紧密或由于振动变松，也会导致接头发热；活动触头，如刀开关的触头、插头的触头、灯泡与灯座的接触处等活动触头，如果没有足够的接触压力或接触表面粗糙不平，会导致触头过热；对于铜铝接头，由于铜和铝电特性不同，接头处易因电解作用而腐蚀，从而导致接头过热。

④ 铁心发热。如果变压器、电动机等设备的铁心绝缘损坏或承受长时间过电压，涡流损耗和磁滞损耗将增加，使设备过热。

⑤ 散热不良。各种电气设备在设计和安装时都要考虑有一定的散热或通风措施，如果这些部分受到破坏，就会造成设备过热。

此外，电炉等直接利用电流的热量进行工作的电气设备，工作温度都比较高，如安置或使用不当，均可能引起火灾。

（2）电火花和电弧　一般电火花的温度都很高，特别是电弧，温度可高达3000～6000℃，因此，电火花和电弧不仅能引起可燃物燃烧，还能使金属熔化、飞溅，构成危险的火源。在有爆炸危险的驱动场所，电火花和电弧更是引起火灾和爆炸的一个十分危险的因素。

电火花大体包括工作火花和事故火花两类。

工作火花是指电气设备正常工作时或正常操作过程中产生的。如开关或接触器开合时产生的火花、插销拔出或插入时的火花等。

事故火花是线路或设备发生故障时出现的。如发生短路或接地时出现的火花、绝缘损坏时出现的闪光、导线连接松脱时的火花、熔丝熔断时的火花、过电压放电火花、静电火花以及修理工作中错误操作引起的火花等。

此外，还有因碰撞引起的机械性质的火花；灯泡破碎时，炽热的灯丝有类似火花的危险作用。

2. 电气火灾扑救方法

（1）断电灭火　当电气装置或设备发生火灾或引燃附近可燃物时，首先要切断电源。室外高压线路或杆上配电变压器起火时，应立即与供电公司联系切断电源；室内电气装置或设备发生火灾时，应尽快断开开关切断电源，并及时正确选用灭火器进行扑救。

断电灭火时注意事项：

① 断电时，应按规程所规定的程序进行操作，严禁带负荷拉隔离开关（刀闸）。在火场内的开关和闸刀，由于烟熏火烤，其绝缘可能降低或损坏，因此，操作时应穿戴绝缘手套、绝缘靴，并使用相应电压等级的绝缘工具。

② 紧急切断电源时，切断地点选择要适当，防止切断电源后影响扑救工作的进行。切断带电线路导线时，切断点应选择在电源侧的支持物附近，以防导线断落后触及人身、短路或引起跨步电压触电。切断低压导线时应分相在不同部位剪断，剪的时候应使用有绝缘手柄的电工钳。

③ 夜间发生电气火灾，切断电源时，应考虑临时照明，以利于扑救。

④ 需要电力部门切断电源时，应迅速用电话联系，说清情况。

（2）带电灭火　发生电气火灾时应首先考虑断电灭火，因为断电后火势可减小下来，同时扑救比较安全。但有时在危急情况下，如果等切断电源后再进行扑救，会延误时机，使火势蔓延，扩大燃烧面积，或者断电会严重影响生产，这时就必须在确保灭火人员安全的情况下，进行带电灭火。带电灭火一般限在10kV及以下电气设备上进行。

带电灭火很重要的一条就是正确选用灭火器材。绝对不准使用泡沫剂对有电的设备进行灭火，一定要用不导电的灭火剂灭火，如二氧化碳、四氯化碳、二氟 – 氯 – 溴甲烷（简称"1211"）和化学干粉等灭火剂。

带电灭火时，为防止发生人身触电事故，必须注意以下几点：

① 扑救人员及所使用的灭火器材与带电部分必须保持足够的安全距离，并应戴绝缘手套。

② 不准使用导电灭火剂（如泡沫灭火剂、喷射水流等）对有电设备进行灭火，一定要用不导电的灭火剂灭火。

③ 使用水枪带电灭火时，扑救人员应穿绝缘靴、戴绝缘手套并应将水枪金属喷嘴接地。

④ 在灭火中若电气设备发生故障，如电线断落在地上，局部地区会形成跨步电压，在

这种情况下，扑救人员必须穿绝缘靴。

⑤ 扑救架空线路的火灾时，人体与带电导线之间的仰角不应大于45°，并应站在线路外侧，以防导线断落触及人体发生触电事故。

（3）充油设备火灾扑救　充油电气设备容器外部着火时，可以用二氧化碳、"1211"、干粉、四氯化碳等灭火剂带电灭火。灭火时要保持一定安全距离。用四氯化碳灭火时，灭火人员应站在上风方向，以防灭火时中毒。

如果充油电气设备容器内部着火，应立即切断电源，有事故储油池设备的应立即设法将油放入事故储油池，并用喷雾水灭火，不得已时也可用砂子、泥土灭火；但当盛油桶着火时，则应用浸湿的棉被盖在桶上，使火熄灭，不得将砂子抛入桶内，以免燃油溢出，使火焰蔓延。对流散在地上的油火，可用泡沫灭火器扑灭。

（4）旋转电机火灾扑救　发电机、电动机等旋转电机着火时，不能用砂子、干粉、泥土灭火，以免矿物性物质、砂子等落入设备内部，严重损伤电机绝缘，造成严重后果。可使用"1211"、二氧化碳等灭火器灭火。另外，为防止轴和轴承变形，灭火时可使电机慢慢转动，然后用喷雾水流灭火，使其均匀冷却。

（5）电缆火灾扑救　电缆燃烧时会产生有毒气体，如氯化氢、一氧化碳、二氧化碳等。据资料介绍，当氯化氢浓度高于0.1%时，或一氧化碳浓度高于1.3%时，或二氧化碳浓度高于10%时，人体吸入会导致昏迷和死亡。所以电缆火灾扑救时需特别注意防护。

扑救电缆火灾时注意事项：

① 电缆起火应迅速报警，并尽快将着火电缆退出运行。

② 火灾扑救前，必须先切断着火电缆及相邻电缆的电源。

③ 扑灭电缆燃烧，可使用干粉、二氧化碳、"1211"、"1301"等灭火剂，也可用黄土、干砂或防火包进行覆盖。火势较大时可使用喷雾水扑灭。装有防火门的隧道，应将失火段两端的防火门关闭。有时还可采用向着火隧道、沟道灌水的方法，用水将着火段封住。

④ 进入电缆夹层、隧道、沟道内的灭火人员应佩戴正压式空气呼吸器，以防中毒和窒息。在不能肯定被扑救电缆是否全部停电时，扑救人员应穿绝缘靴、戴绝缘手套。扑救过程中，禁止用手直接接触电缆外皮。

⑤ 在救火过程中需注意防止发生触电、中毒、倒塌、坠落及爆炸等伤害事故。

⑥ 专业消防人员进入现场救火时需向他们交代清楚带电部位、高温部位及高压设备等危险部位情况。

3. 电气火灾预防

（1）电力变压器火灾预防　电力变压器大多是油浸自然冷却式。变压器油闪点（起燃点）一般为140℃左右，并易蒸发和燃烧，同空气混合能构成爆炸性混合物。变压器油中如有杂质，则会降低油的绝缘性能而引起绝缘击穿，在油中发生火花和电弧，引起火灾甚至爆炸事故。因此对变压器油有严格要求，油质应透明纯净，不得含有水分、灰尘、氢气、烃类气体等杂质。对于干式变压器，如果散热不好，就很容易发生火灾。

1）油浸式变压器发生火灾的主要原因：变压器线圈绝缘损坏发生短路、接触不良、铁心过热、油中电弧闪络、外部线路短路。

2）预防措施：

① 保证油箱上防爆管完好。

② 保证变压器装设的保护装置正确、可靠。

③ 变压器的设计安装必须符合相关规定。如变压器室应按一级防火考虑，并有良好通风；变压器应有蓄油坑、贮油池；相邻变压器之间需装设隔火墙时一定要装设等。施工安装应严格按规程、规范和设计图样进行精心安装，保证质量。

④ 加强变压器的运行管理和检修工作。

⑤ 可装设离心式水喷雾、"1211"灭火剂组成的固定式灭火装置及其他自动灭火装置。

⑥ 对于干式变压器，通风冷却极为重要，一定要保证干式变压器运行中不能过热，必要时可采取人为降温措施降低干式变压器工作环境温度。

（2）电动机火灾预防

1）电动机发生火灾的原因：

① 电动机在运行中，由于线圈发热、机械损伤、通风不良等原因而烤焦或损坏绝缘，使电动机发生短路引起燃烧。

② 电动机因带动负载过大或电源电压降低使电动机转矩减小引起过负荷；电动机运行中电源断相（一相断线）造成电动机转速降低而在其余两相中发生严重过负荷等。电动机长时过负荷会使绝缘老化加速，甚至损坏燃烧。

③ 电动机定子线圈发生相间短路、匝间短路、单相接地短路等故障，使线圈中电流急增，引起过热而使绝缘燃烧。在绝缘损坏处还可能发生对外壳放电而产生电弧和火花，引起绝缘层起火。

④ 电动机轴承内的润滑油量不足或润滑油太脏，会卡住转子使电动机过热，引起绝缘燃烧。

⑤ 电动机拖动的生产机械被卡住，使电动机严重过电流，导致线圈过热而引起火灾。

⑥ 电动机接线端子处接触不好，接触电阻过大，产生高温和火花，引起绝缘或附近的可燃物燃烧。

⑦ 电动机维修不良，通风槽被粉尘或纤维堵塞，热量散不出去，造成线圈过热起火。

2）预防措施：

① 选择、安装电动机要符合防火安全要求。在潮湿、多粉尘场所应选用封闭型电动机；在干燥清洁场所可选用防护型电动机；在易燃、易爆场所应选用防爆型电动机。

② 电动机应安装在耐火材料的基础上。如安装在可燃物的基础上时，应铺铁板等非燃烧材料使电动机和可燃基础隔开。电动机不能装在可燃结构内。电动机与可燃物应保持一定距离，周围不得堆放杂物。

③ 每台电动机要有独立的操作开关和短路保护、过负荷保护装置。对于容量较大的电动机，在电动机上可装设断相保护或装设指示灯监视电源，防止电动机断相运行。

④ 电动机应经常检查维护，及时清扫，保持清洁；对润滑油要做好监视并及时补充和更换润滑油；要保证电刷完整、压力适宜、接触良好；对电动机运行温度要加强控制，使其不超过规定值。

⑤ 电动机使用完毕应立即拉开电动机电源开关，确保电动机和人身安全。

（3）电缆火灾事故预防

1）电缆发生火灾的原因：电缆本身故障引发火灾、电缆外部火灾引燃电缆。

2）预防措施：

① 保证施工质量，特别是电缆头制作质量一定要严格符合相关规定要求。

② 加强对电缆的运行监视，避免电缆过负荷运行。

③ 定期进行电缆测试，发现不正常及时处理。

④ 电缆沟、隧道要保持干燥，防止电缆浸水，造成绝缘下降，引起短路。

⑤ 加强电缆回路开关及保护的定期校验和维护，保证动作可靠。

⑥ 电缆敷设时要与热力管道保持足够距离，一般控制电缆不小于 0.5m，动力电缆不小于1m。控制电缆与动力电缆应分槽、分层并分开布置，不能层间重叠放置。对不能符合规定的部位，电缆应采取阻燃、隔热措施。

⑦ 定期清扫电缆上所积煤粉，防止积粉自燃而引起电缆着火。

⑧ 安装火灾报警装置及时发现火情，防止电缆着火。

⑨ 采取防火阻燃措施。电缆的防火阻燃措施如下：

将电缆用绝热耐燃物封包起来，当电缆外部着火时，封包体内的电缆被绝热耐燃物隔离而免遭烧毁，如果电缆自身着火，因封包体内缺少氧气而使火自灭，并避免火势蔓延到封包外；将电缆穿过墙壁、竖井的孔洞用耐火材料封堵严密，防止电缆着火时高温烟气扩散蔓延造成火灾面扩大；在电缆表面涂刷防火涂料；用防火包带将电缆需防燃的部位缠包；在电缆层间设置耐热隔火板，防止电缆层间窜燃，扩大火情；在电缆通道设置分段隔墙和防火门，防止电缆窜燃，扩大火情。

⑩ 配备必要的灭火器材和设施。架空电缆着火可用常用的灭火器材进行扑救，但在电缆夹层、竖井、沟道及隧道等处宜装设自动或远控灭火装置，例如"1301"灭火装置、水喷雾灭火装置等。

（4）室内电气线路火灾预防

1）电气线路短路引起的火灾预防：

① 线路安装好后要认真严格检查线路敷设质量；测量线路相间绝缘电阻及相对地绝缘电阻（用500V绝缘电阻表测量，绝缘电阻不能小于 0.5MΩ）；检查导线及电气器具产品质量，都应符合国家现行技术标准和要求。

② 定期检查测量线路的绝缘状况，及时发现缺陷进行修理或更换。

③ 线路中保护设备（熔断器、低压断路器等）要选择正确，动作可靠。

2）电气线路导线过负荷引起的火灾预防：

① 导线的截面积要根据线路最大工作电流正确选择，而且导线质量一定要符合现行国家技术标准。

② 不得在原有的线路中擅自增加用电设备。

③ 经常监视线路运行情况，如发现有严重过负荷现象时，应及时切除部分负荷或加大导线截面积。

④ 线路保护设备应完备，一旦发生严重过负荷或过负荷时间已较长而且过负荷电流很大时，应切断电路，避免事故发生。

3）电气线路连接部分接触电阻过大引起的火灾预防：

① 导线连接以及导线与设备连接必须严格按规范规定进行，必须接触紧密。

导线连接要求：连接后的导线电阻与未连接时的导线电阻应一样；导线连接后恢复绝缘的绝缘电阻应与未连接时的绝缘电阻一样；连接后导线的机械强度不能减小到80%以下。

② 在管子内配线、槽板内配线等不准有接头。

③ 平时运行中监视线路和设备的连接部分，如发现有松动或过热现象应及时处理或更换。

④ 在有电气设备和电气线路的车间等场所，应设置一定数量的灭火器材（例如"1211"灭火器等）。

（5）电加热设备火灾预防

1）电加热设备发生火灾的原因：电熨斗、电烙铁、电炉等电加热设备表面温度很高，可达数百度，甚至更高。如果这些设备碰到可燃物，就会很快燃烧起来。这些设备如果电源线过细，运行中电流大大超过导线允许电流，或者不用插头而直接用线头插入插座内，还有插座电路无熔断装置保护等都会因过热而引发火灾事故。

2）预防措施：

① 正在使用的电加热设备必须有人看管，人离开时必须切断电源。

② 电加热设备必须设置在陶瓷、耐火砖等耐热、隔热材料上。使用时应远离易燃和可燃物。

③ 电加热设备在导线绝缘损坏或没有过电流保护（熔断器或低压断路器）时，不得使用。

④ 电源线导线的安全载流量必须满足电加热设备的容量要求。电源插座的额定电流必须满足电加热设备的容量要求。

四、测试与训练

模拟火灾，使用灭火器扑灭火灾。

1. 判别火灾类型

到达现场，迅速判别火灾类型。

2. 选择灭火器

根据火灾类型，正确选择灭火器。

3. 扑救火灾

正确使用灭火器扑灭火灾。

五、拓展知识

1. 常用灭火器的使用

灭火器是一种可由人力移动的轻便灭火器具，它能在其内部压力作用下，将所充装的灭火剂喷出，用来扑救火灾。

（1）灭火器种类 灭火器种类繁多，其适用范围也有所不同，只有正确选择灭火器，才能有效地扑救不同种类的火灾，达到预期的效果。我国现行的国家标准将灭火器分为手提式灭火器（总重量不大于20kg）和推车式灭火器（总重量不大于40kg以上）。

灭火器按充装的灭火剂可分为五类：干粉类的灭火器（充装的灭火剂主要有两种，即碳酸氢钠和磷酸铵盐灭火剂）；二氧化碳灭火器；泡沫型灭火器；水型灭火器；卤代烷型灭火器（俗称"1211"灭火器和"1301"灭火器）。

灭火器按驱动灭火器的压力形式可分为三类：化学反应式灭火器（灭火剂由灭火器内化学反应产生的气体压力驱动的灭火器）；贮气式灭火器（灭火剂由灭火器上的贮气瓶释放的压缩气体或液化气体的压力驱动的灭火器）；贮压式灭火器（灭火剂由灭火器同一容器内

的压缩气体或灭火蒸气的压力驱动的灭火器)。

(2) 常见灭火器的使用

1) 常见灭火器标志的识别。

灭火器铭牌常贴在筒身上或印刷在筒身上，并应有下列内容，在使用前应详细阅读。

① 灭火器的名称、型号和灭火剂类型。

② 灭火器的灭火种类和灭火级别。要特别注意的是，对不适应的灭火种类，其用途代码符号是被红线划过去的。

③ 灭火器的使用温度范围。

④ 灭火器驱动器气体名称和数量。

⑤ 灭火器生产许可证编号或认可标记。

⑥ 生产日期、制造厂家名称。

2) 常见灭火器的使用方法。

常用的手提式灭火器有三种（见图1-2-1）：干粉灭火器、二氧化碳灭火器和卤代烷型灭火器。

a) 干粉灭火器   b) 二氧化碳灭火器   c) 卤代烷型灭火器

图1-2-1 常见手提式灭火器

① 干粉灭火器。

干粉灭火器的使用：将手提式灭火器拿到距火区 3~4m 处，拔去保险销，将喷嘴对准火焰根部，手握导杆提环，压下顶针，即喷出干粉，并可从近至远反复横扫。

干粉灭火器的保养：保持干燥、密封，避免暴晒，半年检查一次干粉是否结块，每3个月检查一次二氧化碳重量，总有效期一般为 4~5 年。

② 二氧化碳灭火器。

二氧化碳灭火器的使用：一手拿喷筒对准着火物，一手拧开梅花轮（手轮式）或一手握紧鸭舌（鸭嘴式），气体即可喷出。注意现场风向，逆风使用时效能低。二氧化碳灭火器一般用在 600V 以下电气装置或设备灭火。电压高于 600V 的电气装置或设备灭火时需停电灭火。二氧化碳灭火器可用于珍贵仪器设备灭火，而且可扑灭油类火灾，但不适用于钾、钠等化学产品的火灾扑救。注意使用时不可手摸金属枪，不可把喷筒对人。

二氧化碳灭火器的保养：二氧化碳灭火器怕高温，存放地点温度不可超过 42℃，也不可存放在潮湿地点。每3个月要查一次二氧化碳重量，减轻重量不可超过额定总重量的 10%。

③卤代烷型灭火器（"1211"灭火器）。

卤代烷型灭火器的使用：使用手提式"1211"灭火器需先拔掉红色保险圈，然后压下把手，灭火剂就能立即喷出。使用推车式灭火器时，需取出喷管，伸展胶管，然后逆时针转动钢瓶手轮，即可喷射。

卤代烷型灭火器的保养："1211"灭火器应定期检查，减轻的重量不可超过额定总重量的 10%，定期检查氮气压力，低于 $15kg/cm^2$ 时应充氮。

2. 火灾分类及灭火器的选择

（1）火灾的种类

A 类火灾：指固体物质火灾，如木材、棉、毛、麻、纸张。

B 类火灾：指液体火灾和可熔性的固体物质火灾，如汽油、煤油、原油、甲醇、乙醇、沥青等。

C 类火灾：指气体火灾，如煤气、天然气、甲烷、丙烷、乙炔、氢气。

D 类火灾：指金属火灾，如钾、钠、镁、钛、锆、锂、铝镁合金等燃烧的火灾。

E 类火灾：指电器火灾。

（2）灭火器的选择

①干粉类的灭火器。又分碳酸氢钠和磷酸铵盐灭火剂。碳酸氢钠灭火剂用于扑救 B、C 类火灾；磷酸铵盐灭火剂用于扑救 A、B、C、E 类火灾。

②二氧化碳灭火器。用于扑救 B、C、E 类火灾。

③泡沫型灭火器。用于扑救 A、B 类火灾。

④水型灭火器。用于扑救 A 类火灾。

⑤卤代烷型灭火器。扑救 A、B、C、E 类火灾。

六、练习

1. 电气火灾扑救中，断电灭火时有哪些注意事项？

2. 电气火灾扑救中，带电灭火时有哪些注意事项？

3. 常用的电气火灾灭火器材有哪些？如何正确使用？

4. 室内电气线路火灾有哪些预防措施？

项目二　直流电路的测试分析

一、学习目标
终极目标：掌握直流电路的基本概念、基本定律和分析方法，掌握基本仪表的使用方法

促成目标：

1. 掌握直流电路的基本概念；
2. 掌握直流电路的基本原理、基本定律；
3. 会使用电压表、电流表、功率表测量直流电路。

二、工作任务
测量分析直流电路。

模块一　基本物理量的测量

一、学习目标
终极目标：掌握电压、电位、电流、电功率的概念及分析计算方法，会使用电压表、电流表和功率表。

促成目标：

1. 掌握电压、电位、电流、电功率的概念；
2. 掌握电流的测量分析方法；
3. 掌握电压、电位的测量分析方法；
4. 掌握功率的测量、计算方法。

二、工作任务
测量分析直流电路的电流、电压、电位、电功率。

三、理论知识

1. 电路及电路模型

电路是指电流的通路，是由某些设备或元器件为完成某种功能按一定方式组合起来的。

电路的作用有两种，一是实现电能的传输和转换（如常见的照明电路），另一个是完成信号的传递和处理（如各种电子电路、收音机、电视机等）。

电路的结构和完成的任务是多种多样的，但都包含电源、负载和中间环节三个基本组成部分。其中，电源是将其他形式的能转换成电能的供电设备，例如蓄电池、发电机等；负载是将电能转换成其他形式能的用电设备，如电动机、白炽灯等；中间环节包括连接导线、开关等，起到连接电路、传输电能的作用。

在电工技术的电路原理图中，我们不可能很形象地把每个元件都画出来，只能用一些特定符号来表示它们。

电路元件的模型由一些具有单一物理性质的理想电路元件构成。基本理想电路元件有五种，

即电阻元件、电感元件、电容元件、理想电压源和理想电流源。它们都是通过两个连接端子与电路相接，因此又叫二端元件，其符号如图2-1-1所示，均由图形符号和文字符号组成。

用直线来代替导线，用理想元件符号来代替元件，从而做出的表示元件之间关系的模型称为电路模型，简称电路，如图2-1-2所示。

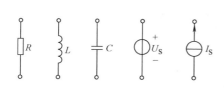

图 2-1-1　理想元件符号

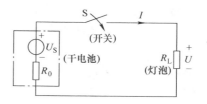

图 2-1-2　电路模型（手电筒电路）

2. 电压

（1）定义　电荷在电场中运动，必定要受到电场力的作用，也就是说电场力对电荷做了功，为了衡量其做功的能力，引入"电压"这一物理量，并定义为：在电场中，电场力把单位正电荷从电路的 A 点移到 B 点所做的功称为 AB 间的电压，用 u_{AB} 表示，即

$$u_{AB} = \frac{\mathrm{d}W_{AB}}{\mathrm{d}q} \tag{2-1-1}$$

电压的国际单位为伏特，简称伏（V），常用单位还有毫伏（mV）、微伏（μV）、千伏（kV）等。

$$1\mathrm{kV} = 10^3\mathrm{V} = 10^6\mathrm{mV} = 10^9\mathrm{\mu V}$$

习惯上把电场力移动正电荷的方向规定为电压的实际方向。

但在实际电路中，常常需要设定电压的参考方向，且规定当其参考方向与电压的实际方向一致时，电压值为正；当参考方向与电压的实际方向相反时，电压值为负。

（2）电压方向表示方法　在电路中表示电压方向的方法有三种：

第一种方法是参考极性法，即"+""−"号法，常以"+"号表示电压的参考正极，以"−"号表示电压的参考负极，由"+"指向"−"的方向即为电压的参考方向，如图2-1-3a所示。

第二种方法是箭头法，其中箭头所指的方向表示电压的参考方向，如图2-1-3b所示。

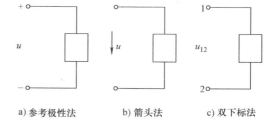

a）参考极性法　　b）箭头法　　c）双下标法

图 2-1-3　电压的参考方向表示方法

第三种方法是双下标法，第一个下标为电压的参考正极，第二个下标为电压的参考负极，如图2-1-3c所示。这三种表示方法实际上是等效的。在分析电路时，只需任选一种标出即可。

对同一电路，当改变电压的参考方向后，电压的绝对值不变，但正、负号相反，即 $u_{12} = -u_{21}$。

3. 电位

（1）定义　在电路中任选一点 O 为参考点，电场力把单位正电荷从电路中某点（如 A 点）移到参考点 O 所做的功，称为该点（A 点）的电位，用 V_A 表示。根据定义，有

$$V_A = U_{AO} \tag{2-1-2}$$

电路中某点的电位用注有该点字母的"单下标"的电位符号表示，例如 A 点电位就用 V_A 表示。

电位实质上也是电压，其单位也是伏特（V）。

电路参考点本身的电位为零，即 $V_O = 0$，所以参考点也称零电位点。若电路是为了安全而接地的，则常以大地为零电位体，接地点就是零电位点，是确定电路中其他各点电位的参考点。

电路中除参考点外的其他各点的电位可能是正值，也可能是负值。某点的电位比参考点高，则该点电位就是正值，反之则为负值。

（2）电压、电位的关系　以电路中的 O 点为参考点，则另两点 A、B 的电位分别为 $V_A = U_{AO}$，$V_B = U_{BO}$，它们分别表示电场力把单位正电荷从 A 点或 B 点移到 O 点所做的功，那么电场力把单位正电荷从 A 点移到 B 点所做的功即 U_{AB}，就应该等于电场力把单位正电荷从 A 点移到 O 点，再从 O 点移到 B 点所做的功的和，即

$$U_{AB} = U_{AO} + U_{OB} = U_{AO} - U_{BO}$$

即
$$U_{AB} = V_A - V_B \tag{2-1-3}$$

式（2-1-3）说明，电路中 A 点到 B 点的电压等于 A 点电位与 B 点电位的差，因此，电压又称为电位差。

参考点是可以任意选定的，一经选定，电路中其他各点的电位也就确定了，参考点选择得不同，电路中同一点的电位会随之而变，但任意两点的电位差即电压是不变的。在电路中不指明参考点而谈某点的电位是没有意义的。在一个电路系统中只能选一个参考点，至于选哪点为参考点，要根据分析问题的方便而定。

在电子电路中，为了简化电路，常对有一端接地的电源不再画出电源符号，而是用电位值来表示电压的大小和极性。图 2-1-4b 就是图 2-1-4a 的习惯画法。

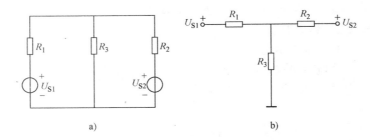

图 2-1-4　电路图的不同表示方法

如电路不接地，又需要分析一些点的电位，可以在电路中任选一点作为参考点。

4. 电流

（1）定义　电荷的定向移动形成电流，表示电流强弱的物理量就是电流强度。电流强度简称为电流，它是指单位时间内通过导体横截面的电荷量，用 i 表示，即

$$i = \frac{\mathrm{d}q}{\mathrm{d}t} \tag{2-1-4}$$

在国际单位制（SI）中，电流的单位为安培，简称安（A）。常用单位还有毫安（mA）、

微安（μA）、千安（kA）等。在后面的计算中，如无特殊说明，均使用国际单位。

$$1kA = 10^3 A = 10^6 mA = 10^9 \mu A$$

在电路中，如果电流的大小和方向不随时间变化，则称为恒定电流，简称直流（简写为 DC），习惯上用大写字母 I 表示。如果电流的大小和方向随时间变化，则称为交流电流，简称交流（简写为 AC），习惯上用小写字母 i 表示。

习惯上规定正电荷定向运动的方向为电流的方向。

在实际电路中，电流的实际方向往往难以确定，如交流电路中电流的方向就常常变化，为了解决这个问题，通常先任意假设一个方向为电流的方向，称为电流的参考方向，在电路图中用箭头表示，如图2-1-5 所示。

图2-1-5　电流参考方向和实际方向的关系

若根据电路计算出电流 $i > 0$，说明电流的实际方向与参考方向相同，如图2-1-5a 所示；若电流 $i < 0$，说明电流的实际方向与参考方向相反，如图2-1-5b 所示。这样，利用参考方向和电流的正负值就可判断电流的实际方向。

一般来说，电路图中标注的电流方向都是参考方向，不是实际方向。参考方向可以任意规定，电流的实际方向可结合参考方向下的数值正负来说明。

（2）关联参考方向　对于同一个元件或同一段电路上的电压和电流的参考方向，彼此原是可以独立无关地任意选定的，但为方便起见，习惯上常将电压和电流的参考方向选得一致，即电流从电压的高电位流向低电位，称二者为关联参考方向，否则称为非关联参考方向。为简单明了，一般情况下，只需标出电压或电流中的某一个的参考方向，这就意味着另一个选定的是与之相关联的参考方向。

5. 电动势

电动势是表征电源中外力（又称非静电力）做功能力的物理量，它的大小等于外力克服电场力把单位正电荷从负极搬运到正极所做的功。

电动势的实际方向规定在电源内部从电源的负极指向正极，也就是电位升高的方向（即由低电位端指向高电位端），与电源两端电压方向相反，如图2-1-6 所示。恒定（直流）电动势用字母 E 表示，其单位也是伏特（V）。

6. 电功率

（1）定义　电功率（简称功率）是表征电路元件中能量变换速度的物理量，其值等于单位时间（秒）内元件所发出或接受的电能，用 p 表示，即

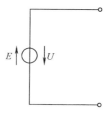

图2-1-6　电动势和电压的表示方法

$$p = \frac{dw}{dt} = \frac{dw}{dq}\frac{dq}{dt} = ui \qquad (2-1-5)$$

在直流电路中，功率可用下式计算

$$P = UI \qquad (2-1-6)$$

功率的单位为瓦特（W），常用单位还有千瓦（kW）、毫瓦（mW）。

$$1kW = 10^3 W = 10^6 mW$$

（2）功率的计算　如果电流通过一个电路元件时，它将电能转换为其他形式的能量，

表明这个元件是吸收电能的。在这种情况下，功率用正值表示，习惯上称该元件是吸收功率的，如照明用的白炽灯。

当电池向小灯泡供电时，电池内部的化学变化形成了电动势，它将化学能转换成电能。显然，电流通过电池时，电池是产生电能的，即向其外部提供电能，这种情况下的功率用负值来表示，并称该元件是发出功率的。

当电压和电流是关联参考方向时，可按式（2-1-6）计算元件的功率。

当电压和电流是非关联参考方向时，应按式（2-1-7）计算元件的功率。

$$P = -UI \tag{2-1-7}$$

由于电压与电流均为代数量，这样无论按式（2-1-6）或按式（2-1-7）计算出的结果 P 可能为正也可能为负。当功率 $P > 0$ 时，表示元件实际消耗或吸收电能，是电阻性元件；当 $P < 0$ 时，表示元件实际发出或释放电能，是电源性元件。式（2-1-7）中的" − "号只是说明 U、I 是非关联参考方向。

不论电压和电流的参考方向是否相同，电阻元件上的功率永远为正值，计算公式为

$$P = I^2 R = \frac{U^2}{R} \tag{2-1-8}$$

例2-1-1 计算图2-1-7中各元件的功率，并指出是吸收还是发出功率。

解： 在图2-1-7a、b中，电压与电流为关联参考方向，由式（2-1-6）得：

图2-1-7a中 $P = UI = 3 \times (-2) \text{W} = -6\text{W} < 0$ 发出电能

图2-1-7b中 $P = UI = 3 \times 0.5\text{W} = 1.5\text{W} > 0$ 消耗电能

在图2-1-7c、d中，电压与电流为非关联参考方向，由式（2-1-7）得：

图2-1-7c中 $P = -UI = -5 \times (-2) \text{W} = 10\text{W} > 0$ 消耗电能

图2-1-7d中 $P = -UI = -10 \times 1\text{W} = -10\text{W} < 0$ 发出电能

电阻元件的电压与电流的实际方向总是一致的，其功率总是正值；电源则不然，它的功率可能是负值，也可能是正值，这说明它可能发出电能，也可能吸收电能。

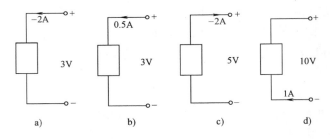

图2-1-7 例2-1-1图

例2-1-2 图2-1-8中的两个元件均为电动势 $E = 10\text{V}$ 的电源，在各自标定的参考方向下，电流 $I = 2\text{A}$，试分别计算它们的功率。

解： 计算电源的功率时应该注意，电动势与电压的实际方向相反。因此，当计算电源的功率时，只需考虑电源电压的实际方向（从" + "指向" − "）与流过电源的电流参考方向是否一致。若两者方向一致，则选用式（2-1-6）计算功率；反之，则选用式（2-1-7）。

图2-1-8a中 $P_E = -UI = -10 \times 2\text{W} = -20\text{W} < 0$ 发出电能

图 2-1-8b 中 $P_E = UI = 10 \times 2W = 20W > 0$ 消耗电能

（3）电气设备的额定值 电气设备不仅规定了"额定电流" I_N 值，还根据绝缘材料的击穿电压和使用条件规定了"额定电压" U_N 值和"额定功率" P_N 值。

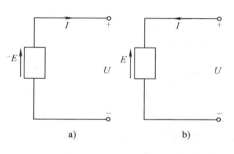

图 2-1-8 例 2-1-2 图

例如白炽灯（电灯）、电烙铁、电炉等，通常给出额定电压 U_N 及额定功率 P_N，如"220V、40W"的灯泡，"220V、45W"的电烙铁，"110V、2kW"的电炉等。

又如变阻器通常标明额定电流 I_N 和额定电阻 R_N（如 300Ω、0.5A）；而电子电路中常用的碳膜电阻与线绕电阻都标明额定电阻及额定功率（如 10kΩ、1W，500Ω、5W 等）。

再如电容器，除了给定其他数据外，还要根据击穿电压进行选择。

虽然上述各种电器所标额定值的形式不同，但实质上完全一样。因为在四个额定值 U_N、I_N、P_N、R_N 中，只要任意给定两个，其余两个就可以推算出来。

四、测试与训练

1. 电流测量

在测量直流电路的电流时，需要将电流表串接入电路中，如图 2-1-9 所示，让电流从电流表的正极流入、从负极流出，从正极指向负极的这个方向，就是当前电流表所测电流的参考方向。可以看到，图 2-1-9a、b 所测电流的参考方向是不同的。在测量电流时，还需正确估计被测值从而选取电流表的适当量程。电流表的内阻很小，在某些情况下可以忽略不计。

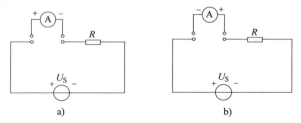

图 2-1-9 直流电流的测量

测量图 2-1-10 中各元件上的电流 I_1、I_2、I_3（参考方向按照图中箭头所示），测得的数据记入表 2-1-1 中。

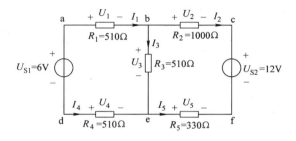

图 2-1-10 实验电路

表 2-1-1 电流的测定

元件电流	I_1（R_1）	I_2（R_2）	I_3（R_3）
测量值/A			

2. 电压、电位测量

在测量直流电路中某个元件两端的电压时，需要将电压表的两极接在待测元件两端，如图 2-1-11 所示，电压表的正极接高电位点、负极接低电位点，此时电压表的正负极即为所测电压的参考方向。测量时还需要准确估计被测值从而选取电压表的适当量程。测量某点电位时，电压表的负极接参考点、正极接待测点。

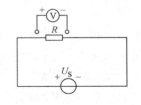

图 2-1-11 直流电压表的使用

电压表的内阻很大，一般情况下可以忽略它对电路的影响。

以图 2-1-10 中的 a 点作为电位参考点，分别测量 b、c、d、e、f 各点的电位值及相邻两点之间的电压值 U_{ab}、U_{bc}、U_{cd}、U_{de}、U_{ef}、U_{fa}，测得的数据记入表 2-1-2 中。

以 d 点作为参考点，重复上述的测量，测得的数据记入表 2-1-2 中。

表 2-1-2 电位、电压的测定

电位 参考点	电位、 电压	V_a /V	V_b /V	V_c /V	V_d /V	V_e /V	V_f /V	U_{ab} /V	U_{bc} /V	U_{cd} /V	U_{de} /V	U_{ef} /V	U_{fa} /V
	计算值												
a	测量值												
	相对误差												
	计算值												
d	测量值												
	相对误差												

根据实验数据分析电压与电位的关系。

3. 电功率测量

使用一个电流表和一个电压表就能测量并计算出电路元件的功率，具体电路如图 2-1-12 所示。

其中电流表与被测元件串联，电压表与被测元件并联，则被测元件的功率为两表读数的乘积。用此方法，测量图 2-1-13 所示的电路中各元件的功率，判断元件性质。图中 $U_{S1} = 12V$，$U_{S2} = 6V$，$R_1 = 10k\Omega$，$R_2 = 20k\Omega$。

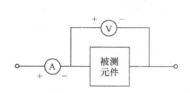

图 2-1-12 功率测试电路

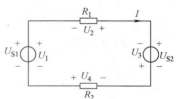

图 2-1-13 元件功率测量电路

功率计算见表2-1-3。

表2-1-3　功率计算

测量元件 测量项目	U_{S1}	U_{S2}	R_1	R_2
电压/V				
电流/A				
功率/W				
元件性质				

五、拓展知识

电工实验台简介

目前使用比较多的电工实验室是 DGJ－2 型通用电工实验装置，该设备是根据我国目前"电工技术""电工学"教学大纲和实验大纲的要求设计的，全套设备能满足"电工技术""电工学"课程的实验要求。

本装置是由实验屏、实验桌和若干实验组件挂箱等组成，外形如图 2-1-14 所示。

实验屏面板上固定安装了交流电源的起动控制装置、三相电源电压指示切换装置、低压直流稳压电源、恒流源、受控源、定时兼报警记录仪和各类测量仪表等。

（1）交流电源的启动

① 实验屏的左后侧有一根三相四芯电源线，接好机壳的接地线，然后将三相四芯插头接通三相380V 交流电源。

② 将置于左侧面的三相自耦调压器的旋转手柄按逆时针方向旋到零位。

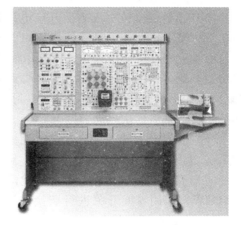

图 2-1-14　DGJ－2 型通用电工实验装置

③ 将三相电压表指示切换开关置于左侧（三相电源输入电压）。

④ 开启钥匙式三相电源总开关，停止按钮灯亮（红色），三只电压表（0～450V）指示了输入的三相电源线电压之值。

⑤ 按下启动按钮（绿色），红色按钮灯灭，绿色按钮灯亮，同时可听到屏内交流接触器的瞬间吸合声，面板上 U1、V1 和 W1 上的黄、绿、红三个 LED 指示灯亮。至此，实验屏启动完毕，此时，实验屏左侧面单相二芯 220V 电源插座和三相四芯 380V 电源插座处以及右侧面的单相三芯 220V 电源插座处均有相应的交流电压输出。

（2）三相可调交流电源输出电压的调节

① 将三相"电源指示切换"开关置于右侧（三相调压输出），三只电压表指针回到零位。

② 按顺时针方向缓缓旋转三相自耦调压器的旋转手柄，三只电压表将随之偏转，即指示出屏上三相可调电压输出端 U、V、W 两两之间的线电压值，直至调节到某实验内容所需的电压值。实验完毕，将旋柄调回零位，并将"电压指示切换"开关拨至左侧。

（3）用于照明和实验的荧光灯的使用 本实验屏上有两个30W荧光灯，分别供照明和实验使用。照明用的荧光灯管通过手动开关进行切换，当开关拨至上方时，荧光灯亮；当开关拨至下方时，荧光灯灭。

（4）低压直流稳压、恒流电源输出与调节

1）开启直流稳压电源带灯开关，两路输出插孔均有电压输出。

① 将"电压指示切换"开关拨至左侧，直流指针式电压表（量程为30V）指示出 U_A 的电压值；将此开关拨至右侧，则电压表指示出 U_B 的电压值。

② 调节"输出粗调"波段开关和"输出细调"电位器旋钮，可平滑地调节输出电压，调节范围为 $0 \sim 30V$，（分三档量程切换），额定电流为0.5A。

③ 两路输出均设有软截止保护功能。

2）恒流源的输出与调节。将负载接至"恒流输出"两端，开启恒流源开关，指针式毫安表即指示输出恒电流之值，调节"输出粗调"波段开关和"输出细调"电位器旋钮，可在三个量程段（满度为2mA、20mA和200mA）连续调节输出的恒流电流值。

本恒流源虽有开路保护功能，但不应长期处于输出开路状态。

（5）指针式交流电压表 开启电源总开关，本单元即可进入正常测量。测量电压范围为 $0 \sim 450V$，分为五个量程档：30V、75V、150V、300V、450V，采用琴键开关进行切换。在与本装置配套使用过程中，所有量程档均有超量程保护和告警、并使控制屏上接触器跳闸的功能，此时，本单元的红色告警灯点亮，实验屏上的蜂鸣器同时告警。在按过本单元的"复位"键后，蜂鸣告警停止，本单元的告警指示灯熄灭，电压表即可恢复测量功能。如要继续实验，则需再次启动控制屏。

（6）指针式交流电流表 电流测量范围为 $0 \sim 5A$，分为四个量程档：0.25A、1A、2.5A和5A，采用琴键开关进行切换。

（7）直流数显电压表 电压测量范围为 $0 \sim 1000V$，分为四个量程档：2V、20V、200V和1000V，采用琴键开关进行切换，三位半数码管显示，输入阻抗为 $10M\Omega$，测量精度为0.5级，有过电压保护功能。

（8）直流数显毫安表 电流测量范围为 $0 \sim 200mA$，分为三个量程档：2mA、20mA和200mA，用琴键开关切换，三位半数码管显示，测量精度为0.5级，有过电流保护功能。

（9）直流数显安培表 电流测量范围为 $0 \sim 5A$，三位半数码显示，测量精度为0.5级，有过电流保护功能。

（10）受控源CCVS（电流控制电压源）和VCCS（电压控制电流源） 开启带灯电源开关，CCVS、VCCS即可工作，通过适当的连接（见实验指导书），可获得VCVS（电压控制电压源）和CCCS（电流控制电流源）的功能。

此外，还输出 $\pm 12V$ 两路直流稳定电压，并有发光二极管指示。

（11）DGJ-03电工基础实验挂箱 该实验挂箱可以提供叠加定理、戴维南定理、双口网络电路、谐振电路、选频电路及一阶电路、二阶电路实验。

实验器件齐全，实验线路完整清晰，各实验单元隔离分明。在需要测量电流的支路上均设有电流插座。

（12）DGJ-04交流电路实验挂箱 该实验挂箱可以提供单相电源、三相电源、荧光灯、变压器、互感器、电能表等实验所需的器件。

灯组负载为三个各自独立的白炽灯组，可连接成丫或△两种三相负载线路，每个灯组设有三个并联的白炽灯螺口灯座（每个灯组均设有三个开关，控制三个并联支路的通断），可安装 60W 以下的白炽灯 9 只，各灯组均设有电流插座；荧光灯实验器件有 30W 镇流器、4.7μF 电容器、辉光启动器插座等；铁心变压器 1 只，50V·A、220V/36V，一、二次侧均设有电流插座；互感器，实验时临时挂上，两个空心线圈 L1、L2 装在滑动架上，可调节两个线圈间的距离，可将小线圈放到大线圈内，并附有大、小铁棒各 1 根及非导磁铝棒 1 根；电能表 1 只，规格为 220V、3/6A，实验时临时挂上，其电源线、负载进线均已接在电能表接线架的空心接线柱上，以便接线。

（13）DGJ-05 元件挂箱　该挂箱提供实验所需各种外接元器件（如电阻器、二极管、发光管、稳压管、电容器、电位器及 12V 灯泡等），还提供十进制可变电阻箱，输出阻值为 0~99999.9Ω/1W。

（14）DGJ-07 单相智能功率、功率因数表

1）按接线原理图，接好线路。

2）接通电源，或按"复位"键后，面板上各 LED 数码管将循环显示"P"，表示测试系统已准备就绪，进入初始状态。

3）面板上五只按键，在实际测试过程中只用到"功能""确认""复位"三个键。

①"功能"键：是仪表测试与显示功能的选择键。若连续按动该键七次，则 5 只 LED 数码管将显示七种不同的功能指示符号，七个功能符分述见表 2-1-4。

表 2-1-4　单相智能功率、功率因数表

次数	1	2	3	4	5	6	7
显示	P.	COS.	FUC.	CCP.	dA. CO.	dSPLA.	PC.
含义	功率	功率因数及负载性质	被测信号频率	被测信号周期	数据记录	数据查询	升级后使用

②"确认"键：在选定上述前六个功能之一后，按一下"确认"键，该组显示器将切换显示该功能下的测试结果数据。

③"复位"键：在任何状态下，只要按一下此键，系统便恢复到初始状态。

4）具体操作过程如下：

接好线路→开机（或按"复位"键）→选定功能（前四个功能之一）→按"确认"键→待显示的数据稳定后，读取数据（功率单位为 W；频率单位为 Hz；周期单位为 ms）。

选定"dA. CO"功能→按"确认"键→显示 1（表示第一组数据已经储存完毕）。如重复上述操作，显示器将顺序显示 2、3、…、E、F，表示共记录并储存了 15 组测量数据。

选定"dSPLA"功能→按"确认"键→显示最后一组储存的功率值→再按"确认"键，显示最后一组储存的功率因数值及负载性质（闪动位表示储存数据的组别；第二位显示负载性质，C 表示容性，L 表示感性；后三位为功率因数值）→再按"确认"键→显示倒数第二组的功率值（显示顺序为从第 F 组到第一组）。可见，在需要查询结果数据时，每组数据需分别按动两次"确认"键，以分别显示功率和功率因数值及负载性质。

六、练习

1. 如图 2-1-15 所示，$V_A = -5V$，$V_B = 8V$，$V_C = 11V$，求 U_{AC}、U_{AB}、U_{BC}、U_{BD}。若将 C 点作为参考点，求 V_A、V_B、V_C、V_D、U_{AC}、U_{AB}、U_{BC}、U_{BD}。

2. 如图 2-1-16 所示，$I = 2A$，$U_1 = 10V$，$U_2 = -12V$，$U_3 = 5V$，$U_4 = -15V$，电压、电流参考方向如图。求各元件功率，并说明是吸收功率还是发出功率。

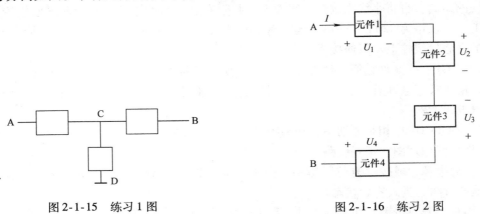

图 2-1-15　练习1图　　　　　　　　图 2-1-16　练习2图

模块二　二端网络伏安特性分析

一、学习目标

终极目标：掌握电阻串并联电路特点及欧姆定律，会分析二端网络伏安特性。

促成目标：

1. 了解二端网络及其等效概念；
2. 掌握串联电路、并联电路的特点；
3. 掌握欧姆定律，会分析电路状态；
4. 了解混联电路化简方法，会计算等效电阻。

二、工作任务

1. 测量分析无源二端网络伏安特性；
2. 测量分析有源二端网络伏安特性。

三、理论知识

1. 二端网络及其等效

（1）二端网络　任何一个具有两个端口与外电路相连接的网络，不管其内部结构如何，都称为二端网络，也称为一端口网络。图 2-2-1a、b 所示的两个网络都是二端网络。

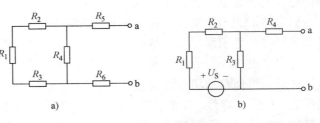

图 2-2-1　二端网络

根据网络内部是否含有独立电源，二端网络又可以分为有源二端网络和无源二端网络。图 2-2-1a 是无源二端网络，也可表示为图 2-2-2a；图 2-2-1b 则是有源二端网络，也可表示为 2-2-2b。

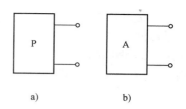

图 2-2-2　无源二端网络
与有源二端网络

（2）二端网络的伏安特性及其等效　二端网络端口的电压与电流之间的关系称为这个二端网络的伏安特性。

在电路分析中，"等效"是一个非常重要的概念。所谓等效，就是效果相等，也就是电路的工作状态不变，或者就是端口的伏安特性相同。

图 2-2-3a 所示电路中的点画线框内电阻的串联电路，变换为图 2-2-3b 后，电路得到了简化，而点画线框外部电路的工作状态也没有改变，电流、电压、功率都和变换之前完全相同。只要 $R = R_1 + R_2$，则有 $U = IR$，$P = I^2R$。

当一端口电路中只含有线性电阻时，我们知道，可以将它等效成一个电阻，但如果在这样的一端口电路中不仅含有电阻，还含有电源的话，它是否可以等效成简单电路？如何等效？

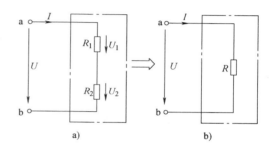

图 2-2-3　两个电阻串联的等效变换

2. 欧姆定律

（1）部分电路欧姆定律　电阻元件上的欧姆定律是用来说明导体伏安特性的重要定律。当导体温度不变时，导体中的电流 I 与导体两端的电压 U 成正比，电流的方向是由高电位端流向低电位端，这就是欧姆定律。即：

1）当 U、I 的参考方向一致时，如图 2-2-4a 所示，欧姆定律可表示为

$$U = IR \qquad (2\text{-}2\text{-}1)$$

2）当 U、I 的参考方向相反时，如图 2-2-4b 所示，欧姆定律可表示为

$$U = -IR \qquad (2\text{-}2\text{-}2)$$

注意：上面公式中的正负号是根据电压和电流的参考方向得出的。此外，电压和电流本身还有正值和负值之分。

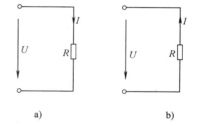

图 2-2-4　电阻元件的欧姆定律

R 为导体两端电压 U 与导体中的电流 I 的比值，叫作导体的电阻，即

$$R = \frac{U}{I} \qquad (2\text{-}2\text{-}3)$$

电阻的单位为欧姆（Ω），常用单位还有千欧（kΩ）、兆欧（MΩ）。

$$1\text{M}\Omega = 10^3\text{k}\Omega = 10^6\Omega$$

电阻反映了导体对电流的阻碍作用。式（2-2-3）还可写为

$$I = \frac{U}{R} = GU \qquad (2\text{-}2\text{-}4)$$

式中，G 为导体的电导，它反映导体对电流的导通作用，电导的单位为西［门子］（S）。如果导体两端的电压为1V，通过的电流为1A，则该导体的电导为1S，或其电阻为1Ω。电阻表示导体对电流的阻碍作用，电导则说明导体的导电能力，分别反映了导体特性的两个方面。显然，同一导体的电阻与电导互为倒数，即

$$G = \frac{1}{R} \text{ 或 } R = \frac{1}{G} \tag{2-2-5}$$

式（2-2-3）所表示的电阻元件的电流与电压的正比关系，是通过实验得出的。我们可测量电阻两端的电压值和流过电阻的电流值，并将它们对应的点在坐标系中绘制出来，得到的就是一条通过坐标原点的直线，如图 2-2-5 所示。因此，遵循欧姆定律的电阻称为线性电阻，它表示该段电路特性是与电压和电流无关的常数。图 2-2-5 所示的直线称为线性电阻的伏安特性曲线。

例 2-2-1 计算图 2-2-6 所示电路的 U_{ao}、U_{bo}、U_{co}，已知 $I_1 = 2A$、$I_2 = -4A$、$I_3 = -2A$；$R_1 = 3\Omega$，$R_2 = 3\Omega$，$R_3 = 2\Omega$。

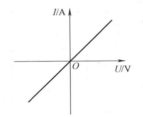

图 2-2-5 线性电阻的伏安特性

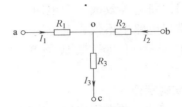

图 2-2-6 例 2-2-1 图

解：R_1、R_2 的电压、电流是关联参考方向，故用式（2-2-1）计算电压，即

$$U_{ao} = I_1 R_1 = 2 \times 3V = 6V$$

$$U_{bo} = I_2 R_2 = (-4) \times 3V = -12V$$

R_3 的电压、电流是非关联参考方向，故用式（2-2-2）计算电压，即

$$U_{co} = -I_3 R_3 = -(-2) \times 2V = 4V$$

（2）闭合电路的欧姆定律 图 2-2-7a 是一个简单的闭合电路，其中，E 表示电源电动势，r 表示电源内阻，R 表示电源外接负载。

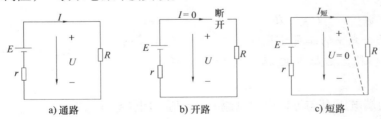

图 2-2-7 电路的三种状态

电路正常工作时，电路中电流为 $I = \dfrac{E}{R+r}$，负载两端电压为 $U = IR = E - Ir$。此时称电路处于通路状态，或负载运行。

电源电动势是不随电路负载的变化而变化的，但负载得到的电压即负载端电压却受到负载的影响，随负载阻值的变化而变化。负载 R 阻值增大，电路电流 $I = \dfrac{E}{R+r}$ 减小，则负载端

电压 $U = IR = E - Ir$ 随之增大；反之，R 减小，I 增大，U 随之减小。

负载上消耗的功率随着负载电阻 R 的变化而变化。负载 R 上消耗的功率为

$$P = I^2 R = \left(\frac{E}{R+r}\right)^2 R = \frac{E^2}{(R+r)^2}R$$

将公式变形为

$$P = \frac{E^2}{(R-r)^2 + 4Rr}R$$

从计算公式可以看出，当 $R = r$ 时，负载消耗的功率有最大值，即

$$P_{max} = \frac{E^2}{4r} \tag{2-2-6}$$

这就是最大功率传递定理，即当负载电阻与电源内阻相等时（称为"阻抗匹配"），负载上得到的功率最大。$R = r$ 是负载获得最大功率的条件。

特殊情况下，当电路中某处断开时（如开关打开、线路损坏等），R 变成无穷大，电路中电流 $I = 0$，负载上及电源内阻上没有电压产生，此时电源两端电压（即电源开路电压）等于电源电动势，如图 2-2-7b 所示。电路的这种状态称为开路状态。

另一种特殊情况，当电路中发生一部分或全部短接时（如电源线发生短路、负载发生短路等），如图 2-2-7c 所示，R 有可能为零，电路中产生较大的短路电流（$I_{短} = \dfrac{E}{r}$，r 通常很小，因此短路电流很大），有可能因电流过大而损坏电源等设备，甚至会发生火灾，电路的这种状态称为短路。短路在实际生产、生活中要极力避免，同时，电路中应接入熔断器等保护设备，以便在发生短路时迅速切断电路，避免事故扩大。

3. 电阻的串联

（1）定义　几个电阻一个接一个地串接起来，中间没有分支，这种连接方式称为电阻的串联，图 2-2-8a 所示为 3 个电阻的串联电路。

（2）串联电路的特点

① 通过各电阻的电流为同一电流，因此各电阻中的电流相等。

② 外加电压等于各个电阻上的电压之和，即

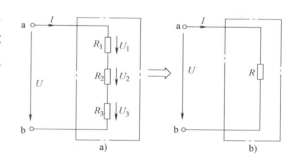

图 2-2-8　串联电阻的等效变换

$$U = U_1 + U_2 + U_3 = IR_1 + IR_2 + IR_3 = I(R_1 + R_2 + R_3) = IR$$

式中，U_1、U_2、U_3 代表各个电阻上的电压。

从式中可以看出，电阻串联时，电阻值越大，电阻上分配的电压越高，即串联电路电压分配与阻值成正比。当只有两个电阻 R_1、R_2 串联时，各电阻上电压分别为

$$U_1 = IR_1 = \frac{U}{R_1 + R_2}R_1 = \frac{R_1}{R_1 + R_2}U$$

$$U_2 = IR_2 = \frac{U}{R_1 + R_2}R_2 = \frac{R_2}{R_1 + R_2}U \tag{2-2-7}$$

这就是两个电阻串联的电压分配公式。

③ 电源供给的功率等于各个电阻上消耗的功率之和，即

$$P = UI = U_1I + U_2I + U_3I = I^2R_1 + I^2R_2 + I^2R_3 = P_1 + P_2 + P_3 \tag{2-2-8}$$

由此可以看出各电阻上得到的功率与阻值成正比。

④ 串联电路的等效电阻等于各串联电阻之和。

根据 $U = U_1 + U_2 + U_3 = IR_1 + IR_2 + IR_3 = I(R_1 + R_2 + R_3) = IR$，可得 $R = R_1 + R_2 + R_3$。由此可以看出几个电阻的串联电路可以用一个等效电阻来替代，这个等效电阻等于各个电阻之和，如图2-2-8b所示。

几个电阻串联后的等效电阻比每一个串联电阻都大，端口a、b间的电压一定时，串联电阻越多，电流越小，所以串联电阻可以"限流"。

例2-2-2 假设有一个表头，表头内阻 $R_g = 1000\Omega$，满偏电流 $I_g = 100\mu A$，如图2-2-9所示。要把它改装成量程是3V的电压表，应该串联多大的电阻？

解：电表指针偏转到满刻度时它两端的电压为

$$U_g = I_gR_g = 100 \times 10^{-6} \times 1000V = 0.1V$$

这是它能承担的最大电压。现在要让它测量最大为3V的电压，则串联分压电阻 R 必须分担2.9V的电压。在串联电路中有

$$\frac{U_g}{R_g} = \frac{U_R}{R}$$

则

$$R = \frac{U_R}{U_g}R_g = \frac{2.9}{0.1} \times 1000\Omega = 29k\Omega$$

可见，串联29kΩ的分压电阻后，就把这个表头改装成了量程为3V的电压表。

4. 电阻的并联

（1）定义 将几个电阻的一端连在一起，另一端也连在一起，这种连接方式称为电阻的并联，图2-2-10a所示为3个电阻的并联电路。

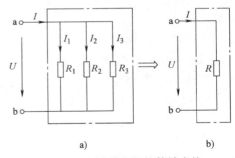

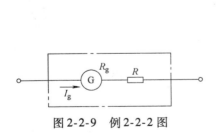

图2-2-9 例2-2-2图 　　　　图2-2-10 并联电阻的等效变换

（2）并联电路的特点

① 加在各电阻两端的电压为同一电压，因此各电阻上的电压相等。

② 外加总电流等于各个电阻中的电流之和，即

$$I = I_1 + I_2 + I_3 = \frac{U}{R_1} + \frac{U}{R_2} + \frac{U}{R_3} = U\left(\frac{1}{R_1} + \frac{1}{R_2} + \frac{1}{R_3}\right) = U\frac{1}{R}$$

式中，I_1、I_2、I_3 代表各个电阻中流过的电流。

从式中可以看出，电阻并联时，电阻值越大，电阻上电流越小，即并联电路电流分配与

电阻值成反比。当只有两个电阻 R_1、R_2 并联时，各电阻上电流分别为

$$I_1 = \frac{U}{R_1} = \frac{1}{R_1} \times \frac{1}{\frac{1}{R_1} + \frac{1}{R_2}} I = \frac{R_2}{R_1 + R_2} I$$

$$I_2 = \frac{U}{R_2} = \frac{1}{R_2} \times \frac{1}{\frac{1}{R_1} + \frac{1}{R_2}} I = \frac{R_1}{R_1 + R_2} I \qquad (2\text{-}2\text{-}9)$$

这就是两个电阻并联的分流公式。

③ 电源供给的功率等于各个电阻上消耗的功率之和。即

$$P = UI = UI_1 + UI_2 + UI_3 = P_1 + P_2 + P_3 = \frac{U^2}{R_1} + \frac{U^2}{R_2} + \frac{U^2}{R_3} = \frac{U^2}{R}$$

从式中可以看出，电阻并联时，电阻值越大，电阻的功率越小，即并联电路的功率分配与电阻成反比。

④ 电阻并联电路的等效电阻的倒数等于各并联电阻倒数之和。

从 $I = I_1 + I_2 + I_3 = \frac{U}{R_1} + \frac{U}{R_2} + \frac{U}{R_3} = U\left(\frac{1}{R_1} + \frac{1}{R_2} + \frac{1}{R_3}\right) = U\frac{1}{R}$ 可以得到

$$\frac{1}{R} = \frac{1}{R_1} + \frac{1}{R_2} + \frac{1}{R_3} \qquad (2\text{-}2\text{-}10)$$

电阻的倒数又称为电导 G，所以我们也可以用等效电导来表示，其表达式为

$$G = G_1 + G_2 + G_3 \qquad (2\text{-}2\text{-}11)$$

即电阻并联时的等效电导等于各个电导之和。

几个电阻并联后的等效电阻比每一个电阻都小，端口 a、b 间的电压一定时，并联电阻越多，总的电阻就越小，电源提供的电流就越大，功率也越大。

当只有两个电阻并联时，$\frac{1}{R} = \frac{1}{R_1} + \frac{1}{R_2}$，所以等效电阻为 $R = \frac{R_1 R_2}{R_1 + R_2}$。

例 2-2-3　如图 2-2-11a 所示是某 500 型万用表的直流电流档电路的一部分，表头满偏电流 $I_g = 40\mu A$、内阻 $R_g = 18k\Omega$。欲使量程扩大为 1mA、10mA、100mA。试计算分流电阻 R_1、R_2 及 R_3。

解： 万用表直流电流档的电路模型如图 2-2-11b 所示，即等效为两个电阻 R_a、R_b 并联的形式。则按照并联电路的分流公式可得

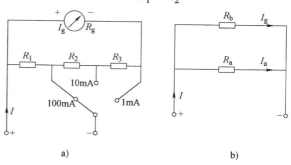

图 2-2-11　某 500 型万用表的直流电流档电路及其电路模型

$$I_a = I - I_g = \frac{R_b}{R_a + R_b} I$$

当电流表工作在 1mA 量程时：$I = 1mA$，$R_b = R_g = 18k\Omega$，$R_a = R_1 + R_2 + R_3$

代入上述分流公式可得　　$R_a = R_1 + R_2 + R_3 = 0.75k\Omega$

所以　　　　　　　　　$R_a + R_b = R_g + R_1 + R_2 + R_3 = 18.75k\Omega$

当电流表工作在 10mA 量程时：$I = 10mA$，$R_b = R_g + R_3$，$R_a = R_1 + R_2$

代入分流公式可得 $\qquad R_b = R_g + R_3 = 18.675\text{k}\Omega$

则 $\qquad R_3 = R_b - R_g = 0.675\text{k}\Omega$

当电流表工作在100mA量程时：$I = 100\text{mA}$，$R_b = R_g + R_2 + R_3$，$R_a = R_1$

代入分流公式可得 $\qquad R_b = R_g + R_2 + R_3 = 18.7425\text{k}\Omega$

则 $\qquad R_2 = R_b - R_g - R_3 = 0.0675\text{k}\Omega$

因为 $R_1 + R_2 + R_3 = 0.75\text{k}\Omega$ 所以 $R_1 = 0.75\text{k}\Omega - R_2 - R_3 = 0.0075\text{k}\Omega$

5. 电阻的混联

电路中既有电阻的串联又有电阻的并联，这样的电路称为电阻混联电路。

对于混联电路，只要按照电阻串联、并联的计算方法，逐步将电路化简，最后就可求出等效电阻。对于难以一下子看清楚串并联关系的混联电路，可以采用"等电位点法"画出等效电路，再利用电阻串并联的方法求等效电阻。

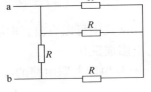

图2-2-12 电阻混联

例2-2-4 电路如图2-2-12所示，$R = 10\Omega$，求等效电阻 R_{ab}。

解：从图中可以看出明显的电阻串并联关系，因此采用逐步化简的方法可以求出等效电阻。原图等效为图2-2-13：

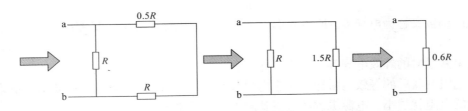

图2-2-13 等效电路图

所以，$R_{ab} = 0.6R = 6\Omega$。

例2-2-5 电路如图2-2-14a所示，$R_1 = 5\Omega$，$R_2 = 3\Omega$，$R_3 = 2\Omega$，$R_4 = 6\Omega$，求等效电阻 R_{ab}。

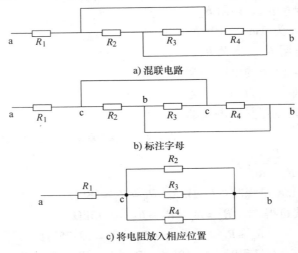

a) 混联电路

b) 标注字母

c) 将电阻放入相应位置

图2-2-14 例2-2-5图

解：该图难以一下子看出电阻串并联关系，可采用"等电位点法"分析计算等效电阻。

（1）在原图上各电阻的连接点上标示字母，电位相等的点标注同一个字母（这就是"等电位点"的来历），如图 2-2-14b 所示；

（2）在一条直线上将标注的字母依次排列，将电阻填入相应的字母之间，得到串并联关系很明显的电路，如图 2-2-14c 所示；

（3）根据电阻串并联关系，逐步化简电路，求出等效电阻。

从图 2-2-13c 中可以看出，R_2、R_3、R_4 并联后与 R_1 串联，所以等效电阻为

$$R_{ab} = R_1 + \frac{1}{\frac{1}{R_2} + \frac{1}{R_3} + \frac{1}{R_4}} = 6\Omega$$

四、测试与训练

1. 单电阻电路伏安特性测量分析

1）按照图 2-2-15 连接电路，电阻 R 为 1000Ω。

2）将 U_S 从 0V 调整至 10V，测量电阻两端的电压和其中的电流，将实验数据记入表 2-2-1 中。

3）画出电阻的伏安特性曲线。

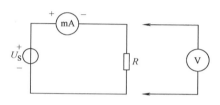

图 2-2-15　单电阻伏安特性的测量

表 2-2-1　电阻伏安特性测试

电源电压/V	0	1	2	3	4	5	6	7	8	9	10
电流/mA											
电压/V											

2. 电阻串并联电路伏安特性测量分析

1）按照图 2-2-16 组装 3 个二端网络。

2）将图 2-2-16a 与图 2-2-16b 连成回路，测量 R_1、R_2 中的电流和它们两端的电压；将图 2-2-16a 与图 2-2-16c 连成回路，测量 R_1、R_2 中的电流和它们两端的电压。

3）在表 2-2-2 中记录实验数据，总结两种连接方式的特点。

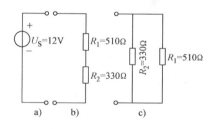

图 2-2-16　电阻串并联伏安特性

表 2-2-2　电阻串并联伏安特性测试

串联电路		
测量项目	R_1	R_2
电流/A		
电压/V		
并联电路		
测量项目	R_1	R_2
电流/A		
电压/V		

五、拓展知识

电阻星形联结、三角形联结及其等效变换

三个电阻一端连接在一起，另外三个端分别与外电路相连，这种连接方法称为星形联结，如图2-2-17a所示。三个电阻依次两两相连，连接点与外电路相连，这种连接方法称为三角形联结，如图2-2-17b所示。两种连接方法等效变换的公式如下：

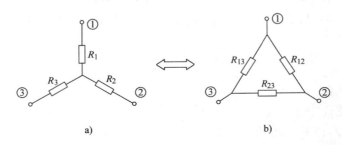

图2-2-17 电阻的星三角变换

$$R_1 = \frac{R_{13}R_{12}}{R_{13} + R_{12} + R_{23}} \qquad R_{12} = \frac{R_1R_2 + R_2R_3 + R_3R_1}{R_3}$$

$$R_2 = \frac{R_{12}R_{23}}{R_{13} + R_{12} + R_{23}} \qquad R_{23} = \frac{R_1R_2 + R_2R_3 + R_3R_1}{R_1} \qquad (2\text{-}2\text{-}12)$$

$$R_3 = \frac{R_{13}R_{23}}{R_{13} + R_{12} + R_{23}} \qquad R_{13} = \frac{R_1R_2 + R_2R_3 + R_3R_1}{R_2}$$

六、练习

1. 某万用表的表头满刻度电流 $I_b = 1\text{mA}$，内阻 $R_b = 65\Omega$。某测电流档的电路如图2-2-18所示，$R_d = 925\Omega$，分流电阻 $R_f = 10\Omega$。求这一档的电流量程（即表头指满刻度时图中 I 的数值）。

2. 某万用表的直流电压分档如图2-2-19所示，试计算各电压档的电阻 R_1、R_2 和 R_3 的数值。

3. 计算图2-2-20所示电阻电路的等效电阻。

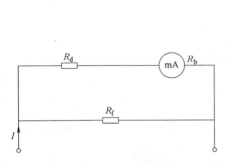

图2-2-18 练习1图

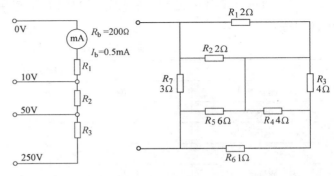

图2-2-19 练习2图

图2-2-20 练习3图

模块三 有源二端网络的化简分析

一、学习目标

终极目标：掌握电源变换原则、戴维南定理，会化简有源二端网络。

促成目标：

1. 掌握电压源、电流源的特点；

2. 掌握电压源、电流源等效变换原则；

3. 掌握戴维南定理；

4. 会化简有源二端网络。

二、工作任务

1. 电源伏安特性测量分析；

2. 电压源、电流源等效变换测量分析；

3. 有源二端网络戴维南分析。

三、理论知识

1. 电压源

常用的电池、发电机和各种信号源都可近似看作电压源，它们由理想电压源 U_S 和内阻 R_0 串联组成，电压源表示为图 2-3-1 中点画线框内的电路。图中，U 是电源端电压，R_L 是负载电阻，I 是负载电流。根据图 2-3-1 所示电路，可得出

$$U = U_S - R_0 I \qquad\qquad (2\text{-}3\text{-}1)$$

由此可作出电压源的外特性曲线，如图 2-3-2 所示。当电压源开路时，$I = 0$，$U = U_S$；当短路时，$U = 0$，$I = \dfrac{U_S}{R_0}$，内阻 R_0 越小，则直线越平坦。

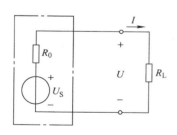

图 2-3-1 电压源

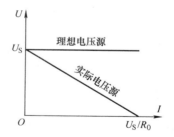

图 2-3-2 电压源外特性曲线

当 $R_0 = 0$ 时，端电压 U 恒等于 U_S，是一定值，而其中的电流 I 则是任意的，是由外电路（负载电阻 R_L）和 U_S 决定的。这样的电源称为理想电压源或恒压源，其符号及电路如图 2-3-3 所示。它的外特性曲线是与横轴平行的一条直线，如图 2-3-2 所示。

理想电压源是理想的电源。如果一个电源的内阻远小于负载电阻，即 R_0 远小于 R_L，则内阻压降 $R_0 I$ 远小于 U_S，于是 $U \approx U_S$，基本上恒定，可以认为是理想电压源。通常用的稳压电源也可认为是

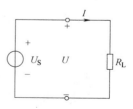

图 2-3-3 理想电压源

一个理想电压源。

2. 电流源

实际电源除用理想电压源 U_S 和内阻 R_0 串联组成的电路模型来表示外，还可以用另一种电路模型来表示。

如将式（2-3-1）两端除以 R_0，则得

$$\frac{U}{R_0} = \frac{U_S}{R_0} - I = I_S - I$$

即
$$I_S = \frac{U}{R_0} + I \qquad (2\text{-}3\text{-}2)$$

式中，I_S 为电源的短路电流，$I_S = \frac{U_S}{R_0}$；I 为负载电流；$\frac{U}{R_0}$ 是引出的另一个电流。如图 2-3-4 点画线框内电路所示。这就是用电流来表示的实际电源的电路模型，即电流源，两条支路并联，其中电流分别为 I_S 和 $\frac{U}{R_0}$。对负载电阻 R_L，与图 2-3-1 是一样的，其上电压 U 和通过的电流 I 未有改变。

由式（2-3-2）可作出电流源的外特性曲线，如图 2-3-5 所示。当电流源开路时，$I = 0$，$U = I_S R_0$；当短路时，$U = 0$，$I = I_S$。内阻 R_0 越大，则直线越陡。

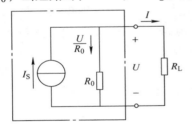

图 2-3-4　电流源

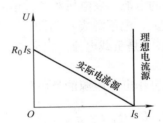

图 2-3-5　外特性曲线

当 $R_0 = \infty$（相当于并联支路 R_0 断开）时，电流 I 恒等于电流 I_S，是一定值，而其两端的电压 U 则是任意的，由负载电阻 R_L 及电流 I_S 本身确定。这样的电源称为理想电流源或恒流源，如图 2-3-6 所示。它的外特性曲线是与纵轴平行的一条直线，如图 2-3-5 所示。

理想电流源也是理想的电源。如果一个电源的内阻远大于负载电阻，即 R_0 远远大于 R 时，则 $I \approx I_S$，基本上恒定，可以认为是理想电流源。

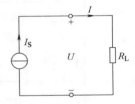

图 2-3-6　理想电流源

结论：实际电源模型可以用实际电压源或实际电流源表示。理想电压源可以看成是内阻等于零（$R_0 \approx 0$）的实际电压源；理想电流源可以看成是内阻等于无穷大（$R_0 \approx \infty$）的实际电流源。

3. 电压源、电流源等效变换条件

一个实际电源，既可以用电压源来表示，也可以用电流源来表示。因此，这两种电源对外电路来讲，应该是等效的，也就是说当接上任一负载 R（其值可以为 $0 \sim \infty$）时，R 中的电流 I 和 R 上的电压都应该是相等的。

一个实际电源的两种电路模型如图2-3-7所示。

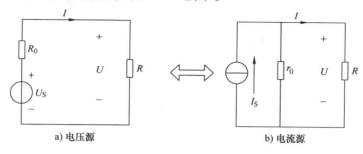

图2-3-7　电压源与电流源的等效变换

对于电压源，有
$$I = \frac{U}{R} = \frac{U_S - U}{R_0} = \frac{U_S}{R_0} - \frac{U}{R_0}$$

对于电流源，有
$$I = \frac{U}{R} = I_S - \frac{U}{r_0}$$

当两个电源等效时有

$$I_S = \frac{U_S}{R_0}$$

$$r_0 = R_0$$

(2-3-3)

这就是两种电源等效变换的条件。根据该条件，可以将电压源等效变成电流源，也可将电流源等效变成电压源。

另外有几点需要说明：理想电压源的内阻为0，理想电流源的内阻为∞，它们之间不能进行等效变换，等效变换只能发生在实际电压源与实际电流源之间；电压源与电流源的等效关系只是对外电路而言的，对电源的内部是不等效的；电路中需要分析计算的支路不能变换，否则变换后的结果就不是原来所要计算的值。

4. 戴维南定理

任何一个有源二端网络，对外电路来说，可以用一个电压源来等效代替，该电压源的电动势等于二端网络的开路电压，电压源的内阻等于二端网络的全部独立电源置零后的等效电阻，这就是戴维南定理。

根据戴维南定理可以对任意一个有源二端网络进行化简，给分析问题带来很多方便。尤其是在复杂电路中，当只研究其中一条支路的电压或电流时，可以将除这条支路以外的其他部分等效成一个简单的电压源，由于是等效，虽然整体看来电路发生了变化，但对于待研究的支路来说，其两端的电压和电流关系是保持不变的，所以等效后，只要将该支路放在等效电源上研究就可以。

应用戴维南定理的关键是正确求解二端网络的开路电压 U_{OC} 和等效电阻 R_{eq}。下面举例说明如何应用戴维南定理。

例2-3-1　如图2-3-8a所示电路，已知 $U_S = 12V$，$R_1 = R_2 = R_4 = 5\Omega$，$R_3 = 10\Omega$，电路中间支路为一只检流计，其电阻 $R_G = 10\Omega$。试求检流计中的电流 I_G。

解：将电路整理成图2-3-8b所示。

（1）将电路分成待求支路和有源二端网络两部分，如图2-3-8c所示。

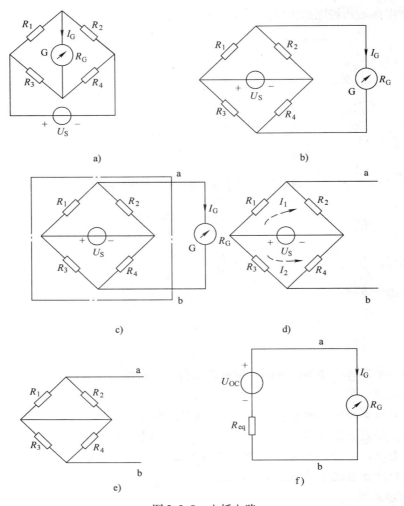

图 2-3-8 电桥电路

（2）把待求支路移开，求有源二端网络的开路电压 U_{OC}，如图 2-3-8d 所示。

$$I_1 = \frac{U_S}{R_1 + R_2} = \frac{12}{5 + 5}A = 1.2A \quad I_2 = \frac{U_S}{R_3 + R_4} = \frac{12}{10 + 5}A = 0.8A$$

所以 $\qquad U_{OC} = I_1 R_2 - I_2 R_4 = 5 \times 1.2V - 5 \times 0.8V = 2V$

（3）将有源二端网络内电源去除（电压源短路、电流源开路，保留其内阻），求等效电阻 R_{eq}，如图 2-3-8e 所示。

$$R_{eq} = \frac{R_1 R_2}{R_1 + R_2} + \frac{R_3 R_4}{R_3 + R_4} = \frac{5 \times 5}{5 + 5}\Omega + \frac{10 \times 5}{10 + 5}\Omega = 5.83\Omega$$

（4）画出等效电路图，将待求支路接入等效电路，如图 2-3-8f 所示，求 I_G。

$$I_G = \frac{U_{OC}}{R_{eq} + R_G} = \frac{2}{5.8 + 10}A = 0.126A$$

四、测试与训练

1. 电压源伏安特性测量分析

（1）理想电压源伏安特性的测量

① 按图2-3-9连接电路，将电源U_S调整为2V。

② 将R从1000Ω调整至10Ω，测量电源两端的电压和其中的电流，将实验数据记入表2-3-1中。

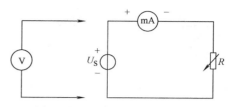

图2-3-9 理想电压源伏安特性

表2-3-1 理想电压源伏安特性测试

变阻器阻值/Ω	1000	500	400	300	200	100	80	50	20	10
电流/mA										
电压/V										

③ 画出电源U_S的伏安特性曲线。

（2）实际电压源伏安特性的测量

① 按照图2-3-10连接电路，将电源U_S调整为2V，R_i为100Ω。

② 将R从1000Ω调整至10Ω，测量电源两端的电压和其中的电流，将实验数据记入表2-3-2中。

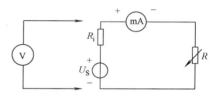

图2-3-10 实际电压源伏安特性

表2-3-2 实际电压源伏安特性测试

变阻器阻值/Ω	1000	500	400	300	200	100	80	50	20	10
电流/mA										
电压/V										

③ 画出实际电压源的伏安特性曲线。

2. 电流源伏安特性测量分析

（1）理想电流源伏安特性的测量

① 按图2-3-11连接电路，将电源I_S调整为30mA。

② 将R从1000Ω调整至10Ω，并测量电源两端的电压和其中的电流，将实验数据记入表2-3-3中。

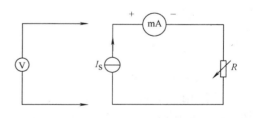

图2-3-11 理想电流源伏安特性

表2-3-3 理想电流源伏安特性测试

变阻器阻值/Ω	1000	500	400	300	200	100	80	50	20	10
电流/mA										
电压/V										

③ 画出电源I_S的伏安特性曲线。

（2）实际电流源伏安特性的测量

① 按照图2-3-12连接电路，将电源I_S调整为30mA，R_i调整为100Ω。

② 将R从1000Ω调整至10Ω，并测量电源两端的电压和其中的电流，将实验数据记入表2-3-4中。

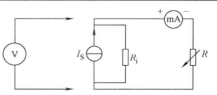

图2-3-12 实际电流源伏安特性

表 2-3-4 实际电流源伏安特性测试

变阻器阻值/Ω	1000	500	400	300	200	100	80	50	20	10
电流/mA										
电压/V										

③ 画出实际电流源的伏安特性曲线。

3. 电压源、电流源等效变换条件测定

先按图 2-3-13a 所示的电路接线，$U_S = 6V$，$R_i = 200Ω$，R 调至 1000Ω，记录电路中两表的读数。然后利用图 2-3-13a 中的元件和仪表，按图 2-3-13b 接线。调节恒流源的输出电流 I_S，使两表的读数与图 2-3-13a 的数值相等，记录 I_S 的值，总结电源等效变换条件。

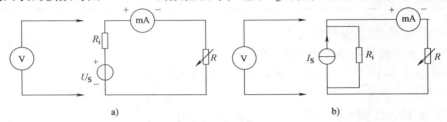

图 2-3-13 电源变换测试

电源变换测试数据见表 2-3-5。

表 2-3-5 电源变换测试数据

电路	图 2-3-13a	图 2-3-13b
电压表读数/V		
毫安表读数/mA		
I_S 数值/mA	—	

4. 戴维南等效电路测定

（1）用开路电压、短路电流法测定戴维南等效电路的 U_{OC} 和 R_{eq} 按图 2-3-14a 连接电路，接入稳压电源 $U_S = 12V$ 和恒流源 $I_S = 10mA$ 及其他电阻，不接入 R_L，A、B 端开路时测定二端网络开路电压 U_{OC}（即等效电源电动势），A、B 端短路时测定二端网络短路电流 I_{SC}，用公式 $R_{eq} = U_{OC}/I_{SC}$ 计算等效电阻。电路等效参数见表 2-3-6。

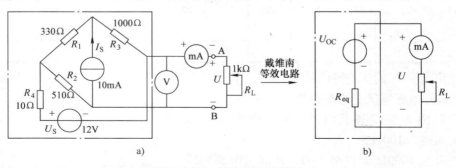

图 2-3-14 戴维南定理测试

表 2-3-6　电路等效参数

U_{OC}/V	I_{SC}/mA	$R_{eq}(=U_{OC}/I_{SC})/k\Omega$

（2）负载实验　按图 2-3-14a 接入 R_L，改变 R_L 的阻值（用电阻箱调节），测量有源二端网络的外特性。原电路负载实验数据见表 2-3-7。

表 2-3-7　原电路负载实验数据

R_L/Ω	0	100	200	300	400	500	600	700	800	∞
U/V										
I/mA										

（3）验证戴维南定理　用可调电阻取得按步骤"（1）"所得的等效电阻 R_{eq} 之值，然后令其与直流稳压电源（调到步骤"（1）"时所测得的开路电压 U_{OC} 之值）相串联，如图 2-3-14b 所示，仿照步骤"（2）"测其外特性，对戴维南定理进行验证。等效电路负载实验数据见表 2-3-8。

表 2-3-8　等效电路负载实验数据

R_L/Ω	0	100	200	300	400	500	600	700	800	∞
U/V										
I/mA										

5. 实际电路化简分析

用戴维南定理或电源等效转换化简图 2-3-14 所示的电路，与上述实验结果对照是否正确。

五、拓展知识

1. 电源的连接

（1）理想电压源串联（见图 2-3-15）

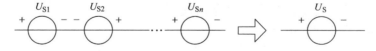

图 2-3-15　理想电压源串联

若干理想电压源串联，可以等效成一个理想电压源，其总电动势等于各串联电压源电动势的代数和，即 $U_S = \sum U_{Sn}$。U_{Sn} 前的符号确定：U_{Sn} 与 U_S 参考方向相同时取"＋"、相反时取"－"。

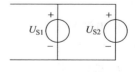

图 2-3-16　理想电压源并联

（2）理想电压源并联（见图 2-3-16）

理想电压源并联，原则上要求各电压源电动势相等、方向相同，等效后电压源与并联的电压源电动势相等、方向相同，并没有增加。

（3）理想电流源并联（见图 2-3-17）

若干理想电流源并联，可以等效成一个理想电流源，其总电流等于各并联电流源电流的

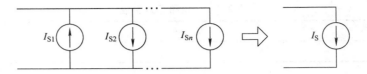

图 2-3-17 理想电流源并联

代数和，即 $I_S = \sum I_{Sn}$ 。I_{Sn} 前的符号确定：I_{Sn} 与 I_S 参考方向相同时取"+"、相反时取"−"。

（4）理想电流源串联（见图2-3-18）

理想电流源串联，原则上要求各电流源电流相等、方向相同，等效后电流源与串联的电流源电流相等、方向相同，并没有增加。

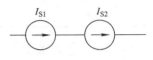

图 2-3-18 理想电流源串联

（5）实际电压源串联（见图2-3-19）

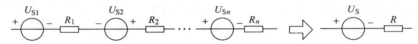

图 2-3-19 实际电压源串联

若干实际电压源串联，可以等效成一个实际电压源，其总电动势等于各串联电压源电动势的代数和，总内阻等于各串联电压源的内阻串联后的数值（即相加）。

（6）实际电流源并联（见图2-3-20）

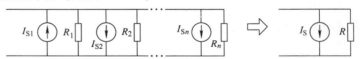

图 2-3-20 实际电流源并联

若干实际电流源并联，可以等效成一个实际电流源，其总电流等于各并联电流源电流的代数和，总内阻等于各电流源的内阻并联后的数值。

2. 用电源等效变换化简电路

利用电压源、电流源等效变换条件可以很方便地将复杂电路简化为我们所需要的简单电路。化简过程中除了根据前面讲述的电源连接情况对电路化简之外，还要注意几种情况的处理：

1）电源与元件或电路并联时，应尽量将电源转换成电流源，用电流源的并联来处理；电源与元件或电路串联时，应尽量将电源转换成电压源，用电压源的串联来处理。

2）遇到元件或电路与理想电压源并联时，两端电压由理想电压源决定，与并联的元件或电路无关，因此在化简电路时可以将这些元件或电路直接去除；同样道理，当元件或电路与理想电流源串联时，输出电流由理想电流源决定，在化简电路时也可以将这些元件或电路直接去除。

在实际化简电路时，可以观察电路的组成形式，串联的先串联处理、并联的先并联处理，逐步将电路简化到需要的程度。

例 2-3-2 电路如图 2-3-21 所示，其中 R_L 是负载电阻，$R_L = 1\Omega$。试用电压源、电流源等效变换的方法计算负载上流过的电流。

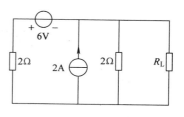

图 2-3-21 例 2-3-2 图

解：（1）首先，分析电路的构成，可以看到电路是由三个部分组成，如图 2-3-22a 所示，其中 I 部分为一个实际电压源，II 部分为实际电流源，III 部分为负载电阻。而且可以看出，I 部分和 II 部分是并联连接。

（2）然后根据实际电压源和实际电流源等效变换的原则，将 I 部分变为实际电流源，如图 2-3-22b 所示。现在 I 部分和 II 部分就可以进行化简了，I 部分的理想电流源与 II 部分的理想电流源并联，方向相反，可等效为一个理想电流源。I 部分的电阻和 II 部分的电阻也是并联，可合并为一个电阻。

（3）最后得到的这个电路是一个比较简单的电路，由一个实际电流源和一个负载电阻构成，当然我们还可以根据实际电压源和实际电流源等效变换的原则，将电路再次变形，如图 2-3-22c、d 所示。

设定负载上电流参考方向，则电流大小为

$$I = \frac{-1}{1+1}A = -0.5A$$

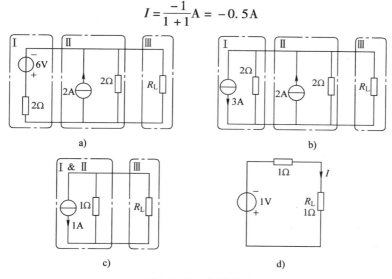

图 2-3-22 电路化简

六、练习

1. 用戴维南定理计算图 2-3-23 电路中 5Ω 电阻中的电流。

2. 试用电压源与电流源等效变换法，求图 2-3-24 中电压 U_{AB}。

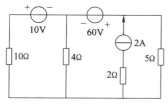

图 2-3-23 练习 1 图

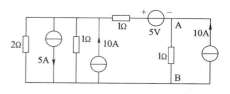

图 2-3-24 练习 2 图

模块四 基尔霍夫定律的测试分析

一、学习目标

终极目标：掌握基尔霍夫定律、支路电流法。

促成目标：

1. 掌握基尔霍夫电流定律、电压定律；

2. 会用支路电流法分析复杂电路。

二、工作任务

1. 用基尔霍夫定律分析节点电流、回路电压；

2. 用支路电流法分析复杂电路。

三、理论知识

1. 支路、节点、回路、网孔的概念

支路：电路中没有分支的一段电路。流过同一支路上所有元件的电流相等（各元件的关系是串联）。如图 2-4-1 电路中 R_3、R_4、U_{S3} 构成的 ADC 是一条支路，AB、BC、AE 等电路也是支路。

节点：电路中 3 条或 3 条以上支路的连接点称为节点。图 2-4-1 中的 A、B、C、E 就是节点。

回路：电路中的任一闭合路径称为回路。如图 2-4-1 中的 ABCD、ABE、BCE、ABCE 等。

网孔：回路中不包含其他任何支路，这样的回路称为网孔。即网孔是不可再分的回路。因此，网孔一定是回路，但回路不一定是网孔。图中 ABCD、ABE、BCE 是网孔，回路 ADCE、ABCE 等不是网孔。

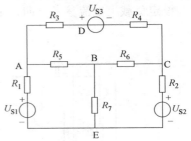

图 2-4-1 复杂电路

2. 基尔霍夫电流定律

（1）基尔霍夫电流定律的内容 基尔霍夫电流定律（简称 KCL）用来描述电路中任一节点所连接的各支路电流之间的关系，对电路中的任一节点，在任一瞬间，流出或流入该节点电流的代数和为零。数学表达式为

$$\sum I = 0 \qquad\qquad (2\text{-}4\text{-}1)$$

例如图 2-4-2 所示为某电路中的节点 A，连接在节点 A 的支路共有五条，在所选定的参考方向下，有

$$I_1 - I_2 - I_3 + I_4 - I_5 = 0$$

在列写节点电流方程时，各电流变量前的正、负号取决于各电流的参考方向对该节点的关系（是"流入"还是"流出"），可设流入节点的电流前取"＋"号，而流出该节点的电流前取"－"号。而各电流数值的正、负则反映了该电流的实际方向与参考方向的关系（是相同还是相反）。

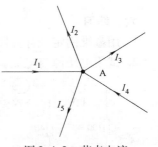

图 2-4-2 节点电流

节点 A 的电流关系也可这样表达：$I_1 + I_4 = I_2 + I_3 + I_5$。从中可以看出，式子左边的是

流进节点的电流，式子右边的是流出节点的电流，因此可得出基尔霍夫电流定律的另一种表达方式：电路中的任一节点，在任一瞬间，流进节点的电流之和等于流出节点的电流之和。写成数学表达式为

$$\sum I_入 = \sum I_出 \tag{2-4-2}$$

实际上，并联电路中总电流与各并联元件上电流的关系也可以用基尔霍夫电流定律推导得出。

（2）基尔霍夫电流定律的扩展　基尔霍夫电流定律不仅适用于电路中的节点，还可以推广应用于电路中的任一假设的封闭面。即在任一瞬间，通过电路中的任一假设封闭面电流的代数和为零。

图 2-4-3 是晶体管三个电极电流之间的关系，可以用拓展的基尔霍夫电流定律来推导得出：

$$I_b + I_c - I_e = 0 \ 或 \ I_b + I_c = I_e$$

很多同学在学习这部分内容时理解不了，此处根据基尔霍夫电流定律就很好理解了。

例 2-4-1　如图 2-4-4 所示，已知 $I_1 = 3A$、$I_2 = -6A$、$I_3 = -18A$，计算电路中的电流 I_4、I_5、I_6。

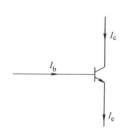

图 2-4-3　晶体管电流

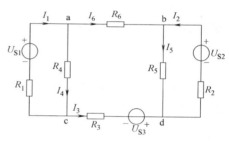

图 2-4-4　例 2-4-1 图

解：对节点 c，根据 KCL 定律可知：

$$-I_1 - I_3 + I_4 = 0$$

所以　　　　$I_4 = I_1 + I_3 = 3A - 18A = -15A$（实际方向与参考方向相反）

对节点 a，根据 KCL 定律可知：

$$I_1 - I_4 - I_6 = 0$$

所以　　　　$I_6 = I_1 - I_4 = 3A - (-15)\ A = 18A$

对节点 d，根据 KCL 定律可知：

$$I_3 + I_5 - I_2 = 0$$

所以　　　　$I_5 = I_2 - I_3 = -6A - (-18A) = 12A$

3. 基尔霍夫电压定律

（1）基尔霍夫电压定律的内容　基尔霍夫电压定律（简称 KVL）用来描述电路中组成任一回路的各支路（或各元件）电压之间的关系，对电路中的任一回路，在任一瞬间，沿回路绕行方向各段电压的代数和为零。即

$$\sum U = 0 \tag{2-4-3}$$

例如，图 2-4-5 所示为某电路中的一个回路 ABCDA，各支路的电压在选择的参考方向

下为 U_1、U_2、U_3、U_4，因此，在选定的回路绕行方向（顺时针）下根据基尔霍夫电压定律有：

$$U_1 - U_2 + U_3 - U_4 = 0$$

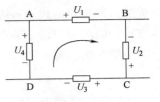

图 2-4-5　回路

在列写回路电压方程时，首先要对回路选取一个回路绕行方向，各电压变量前的正、负号取决于各电压的参考方向与回路绕行方向的关系（是相同还是相反）。通常规定，对参考方向与回路绕行方向相同的电压前取"＋"号，对参考方向与回路绕行方向相反的电压前取"－"号。回路绕行方向可任意选定。

（2）基尔霍夫电压定律的扩展　在实际应用中，我们可以将基尔霍夫电压定律推广使用，即基尔霍夫电压定律不仅适用于电路中的具体回路，还可以适用于电路中的任一假想的回路。可以理解为：在任一瞬间，沿电路中假想的回路绕行方向，各段电压的代数和为零。

例 2-4-2　图 2-4-6 所示为某电路中的一部分，求开路电压 U_{AB}。

解：左边电路运用基尔霍夫电压定律（设为顺时针绕行方向）列写回路电压方程有

$$-U_{S1} + U_{S2} + U_2 - U_1 = 0$$

即 $U_{S2} - U_{S1} + IR_1 + IR_2 = 0$，可得

$$I = \frac{U_{S1} - U_{S2}}{R_1 + R_2}$$

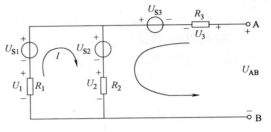

图 2-4-6　例 2-4-2 图

右边电路也运用基尔霍夫电压定律，根据假想的回路（设为逆时针绕行方向）列写回路电压方程有

$$U_3 - U_{S3} + U_{S2} + U_2 - U_{AB} = 0$$

由于 A、B 点开路，所以回路电流为零，所以 $U_3 = 0$。

所以　$U_{AB} = U_{S2} + U_2 - U_{S3} = U_{S2} + IR_2 - U_{S3}$

将 $I = \dfrac{U_{S1} - U_{S2}}{R_1 + R_2}$ 代入上式，即可求得 U_{AB}。

4. 支路电流法

支路电流法是以支路电流为未知量，利用基尔霍夫定律和欧姆定律列出所需要的方程组，然后解出各个未知电流的一种电路分析计算方法。

下面介绍用支路电流法解题的步骤（以下题为例介绍用支路电流法分析电路的过程）。

例 2-4-3　图 2-4-7 所示的电路中，$U_{S1} = 30V$、$U_{S2} = 40V$、$R_1 = 10\Omega$、$R_2 = 10\Omega$、$R_3 = 5\Omega$，试用支路电流法求各支路电流。

解：（1）在电路中标出各支路电流的参考方向、回路的绕行方向。

（2）根据基尔霍夫电流定律（KCL），列出 $(n-1)$ 个独立的节点电流方程（n 为电路的节点数，本电路节点数 $n = 2$，则独立的节点电流方程数为 1），即

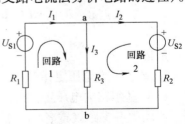

图 2-4-7　例 2-4-3 图

$$I_1 - I_2 - I_3 = 0 \text{（对节点 a）}$$

（3）根据基尔霍夫电压定律（KVL），列写出 $b-(n-1)$ 个独立回路电压方程（b 为电路的支路数，本题电路支路数 $b=3$；回路数为3，但独立的电压方程只有2个——等于网孔数，即 $b-n+1=3-2+1=2$ 个。本步骤在实际操作中往往是列网孔电压方程），即

$$I_1R_1+I_3R_3-U_{S1}=0 \text{（对回路1）}$$
$$-I_2R_2+I_3R_3-U_{S2}=0 \text{（对回路2）}$$

（4）代入数据，联立求解方程组，从而得到各支路电流

$$\begin{cases} I_1-I_2-I_3=0 \\ 10I_1+5I_3-30=0 \\ -10I_2+5I_3-40=0 \end{cases}$$

解之得：$\begin{cases} I_1=1.25\text{A} \\ I_2=-2.25\text{A}\text{（电流的实际方向与参考方向相反）} \\ I_3=3.5\text{A} \end{cases}$

（5）根据计算结果确定支路电流的实际方向。

数值为正，说明电流的实际方向与参考方向相同；数值为负，说明电流的实际方向与参考方向相反。

四、测试与训练

1. 节点电流、回路电压测量分析

实验电路如图2-4-8所示。

1）实验前先任意设定三条支路的电流参考方向，如图中的 I_1、I_2、I_3 所示；设定三个闭合回路的绕行方向，如 adeba、bcfeb 和 acfda。

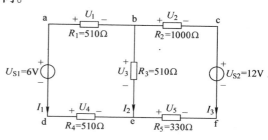

图2-4-8　实验电路

2）分别将两路直流稳压电源接入电路，令 $U_{S1}=6\text{V}$，$U_{S2}=12\text{V}$。

3）将直流毫安表的"＋、－"端子按设定的电流方向串联接入待测支路，测量支路电流，数据记入表2-4-1。

4）将直流电压表按待测电压参考方向并联在待测电路两端，测量指定点之间的电压，数据记入表2-4-1。

5）分析各节点上电流关系、各回路电压关系，验证基尔霍夫定律。

表2-4-1　基尔霍夫定律实验数据

被测量	I_1/mA	I_2/mA	I_3/mA	U_{ed}/V	U_{da}/V	U_{fa}/V	U_{ab}/V	U_{bc}/V	U_{cf}/V	U_{fe}/V	U_{be}/V
计算值											
测量值											
相对误差											

2. 支路电流法分析复杂直流电路

用支路电流法计算图2-4-8中的三个支路电流，将计算结果记入表2-4-1，计算相对误差，分析数据的意义及产生误差的原因。

五、拓展知识

1. 受控源

（1）受控源的概念　在电路中，电源分为独立电源和非独立电源。所谓的独立电源，

就是前面介绍的电压源和电流源，它们输出的电压或电流由电源自身决定，不受其他电压或电流的影响。而非独立电源的电压或电流受电路中其他部分的电压或电流的控制，这种电源也称为受控电源，简称"受控源"。

受控源在电路中不能单独起作用，当受控源的控制量为零时，受控源也为零，不对外输出电能。

（2）受控源的类型 受控源的模型有两对端子：一对输入端，输入控制量，控制量可以是电压也可以是电流；一对输出端，输出受控的电压或电流。

根据控制量及输出量，可以将受控源分成四种类型：电压控制电压源（简称 VCVS）、电压控制电流源（简称 VCCS）、电流控制电压源（简称 CCVS）和电流控制电流源（简称 CCCS）。它们的符号如图 2-4-9 所示。

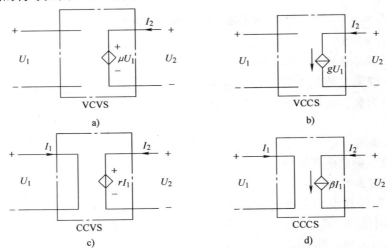

图 2-4-9 四种受控源

四种受控源的输出分别为：$U_2 = \mu U_1$，$I_2 = g U_1$，$U_2 = r I_1$，$I_2 = \beta I_1$。

其中，μ、β 分别为电压放大倍数、电流放大倍数，r、g 分别为控制电阻、控制电导。

2. 含受控源电路的等效变换

受控源在电路中既具有电源的性质，又具有电阻的性质，这也是和独立电源不同的地方。

在运用基尔霍夫定律分析含受控源的电路时，可将受控源当成独立电源处理；受控电压源与受控电流源也可以像独立电压源、独立电流源那样等效变换，但在变换过程中要保持控制量所在的支路不发生变动，否则，控制量消失了，电路将无法继续分析下去；在计算含受控源电路的等效电阻时，受控源具有电阻性，不能采用"去源"的方法求解。下面结合一些具体问题作说明。

例 2-4-4 求图 2-4-10 所示电路中电压 U。

解：将受控源看作电源，根据基尔霍夫定律列方程组

$$I_1 = I_2 + I_3$$

$$4I_2 + 2I_1 - 8 = 0$$

$$4I_3 - 4U - 4I_2 = 0$$

从图中可以看出，$U = 4I_3$，代入方程组联合求解，可得

$I_1 = 2A$，$I_2 = 1.5A$，$I_3 = -0.5A$，$U = -2V$

例2-4-5 用电源等效变换求图 2-4-11a 所示电路中的电流 I。

解：受控源可以像独立电源一样等效变换，变换过程中注意不能改变控制量所在的支路。变换后的电路如图 2-4-11b 所示。从图中可以看出：

$$I = \frac{6I - 2 - 5}{2 + 3} = \frac{6I - 7}{5}$$

所以可得到 $I = 7A$。

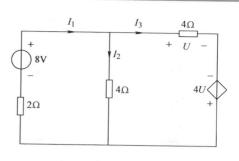

图 2-4-10 例 2-4-4 图

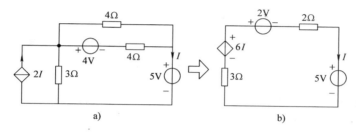

图 2-4-11 例 2-4-5 图

例2-4-6 求图 2-4-12a 所示电路的等效电阻。

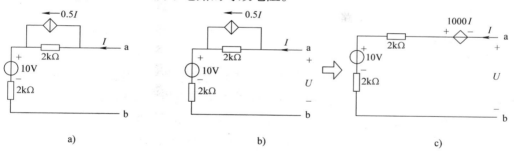

图 2-4-12 例 2-4-6 图

解：求解含受控源电路的等效电阻，可采用外加电压的方法求出二端网络的戴维南等效电路，从中得到电路的等效电阻及等效电动势。

设外加电压 U，电路如图 2-4-12b 所示。

利用电源的等效变换将电路转换成图 2-4-12c 所示。从图中可以看出

$$U = -1000I + 2000I + 10 + 2000I = 10 + 3000I = U_{\text{OC}} + IR_{\text{eq}}$$

从表达式可以看出，这个二端网络内部等效电源电动势为 10V、等效电阻为 3kΩ。

六、练习

1. 用支路电流法列出图 2-4-13 所示的求解各支路电流的全部方程式（要求方程式个数不多不少）。

2. 用支路电流法计算图 2-4-14 电路中各支路电流及电阻 R_3 消耗的功率。$U_{\text{S1}} = 12V$，$U_{\text{S2}} = 18V$，$R_1 = 3\Omega$，$R_2 = 6\Omega$，$R_3 = 5\Omega$。

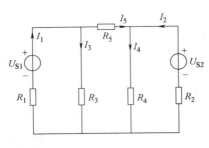

图2-4-13 练习1图

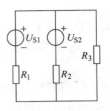

图2-4-14 练习2图

模块五 节点电压法、叠加原理的应用分析

一、学习目标

终极目标：掌握节点电压法、叠加原理，会用节点电压法、叠加原理分析电路。

促成目标：

1. 掌握节点电压法；

2. 掌握叠加原理；

3. 会用节点电压法、叠加原理分析复杂电路。

二、工作任务

1. 用节点电压法测试分析电路；

2. 用叠加原理测试分析电路。

三、理论知识

1. 节点电压法

在电路中任选一点作为参考节点，则其余节点均为独立节点，独立节点与参考节点之间的电压称为节点电压，节点电压的参考方向均是由独立节点指向参考节点。

在有 n 个节点的电路中，以节点电压为独立变量，根据基尔霍夫电流定律（KCL）列出 $(n-1)$ 个独立的节点电流方程，解出节点电压，再计算出各支路电流的方法，称为节点电压法。

应用节点电压法解题的步骤如下：

1）指定参考节点。

2）列出节点电压方程（当电压源的"＋"极性端接到独立节点 a 时，U_S 前取"＋"号，反之取"－"号；电流源电流流入节点 a 时，I_S 前取"＋"号，反之取"－"号），求出节点电压。

$$U_{ab} = \frac{\sum \dfrac{U_S}{R}}{\sum \dfrac{1}{R}} \tag{2-5-1}$$

3）根据欧姆定律，求出各支路电流。

例2-5-1 用节点电压法求图2-5-1电路中各支路电流，电路参数如下：$U_{S1} = 10V$，$U_{S2} = 20V$，$U_{S3} = 30V$，$R_1 = R_2 = 10\Omega$，$R_3 = R_4 = 20\Omega$。

解：设 b 点为参考点，列节点电压方程，求节点电压

$$U_{ab} = \frac{\sum \dfrac{U_S}{R}}{\sum \dfrac{1}{R}} = \frac{\dfrac{U_{S1}}{R_1} + \dfrac{U_{S2}}{R_2} + \dfrac{U_{S3}}{R_3}}{\dfrac{1}{R_1} + \dfrac{1}{R_2} + \dfrac{1}{R_3} + \dfrac{1}{R_4}} = 15\text{V}$$

根据 $U_{ab} = U_{S1} - I_1 R_1 = U_{S2} - I_2 R_2 = U_{S3} - I_3 R_3 = I_4 R_4$

可得 $I_1 = \dfrac{U_{S1} - U_{ab}}{R_1} = -0.5\text{A}$

$I_2 = \dfrac{U_{S2} - U_{ab}}{R_2} = 0.5\text{A}$

$I_3 = \dfrac{U_{S3} - U_{ab}}{R_3} = 0.75\text{A}$

$I_4 = \dfrac{U_{ab}}{R_4} = 0.75\text{A}$

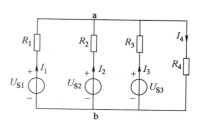

图 2-5-1　例 2-5-1 电路

节点电压法比较适用于分析、计算节点少、回路多的电路。当电路是由两个以上节点、若干支路组成时，用节点电压法解决将有些复杂，如图 2-5-2 所示的电路（该电路中有 0、1、2 三个节点）。

注意：

1）若电路中含有纯电压源支路，可选取纯电压源支路的一端作为参考节点，则另一端的节点电压就等于该电压源的电压，为已知值。从而不必再列写该节点的节点电压方程。

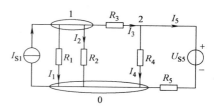

图 2-5-2　较复杂的电路

2）若电路中有电流源串联电阻的支路，该电阻不应计入节点电压方程中。因节点方程实际是以节点电压为变量的 KCL 方程，而电流源串联电阻支路的电流，为电流源的电流，是恒定值。

2. 叠加原理

（1）原理内容　叠加原理指出：在含有多个电源的线性电路中，任一支路的电流（或电压），等于各个电源单独作用时在该支路中产生的电流（或电压）的代数和。

叠加原理是线性电路的一个重要的分析方法，应用这一原理，常常使线性电路的分析变得十分方便（将复杂的电路分解为多个简单的电路，利用欧姆定律和串并联电路的电压电流分配关系就可以解决问题）。

（2）使用叠加原理的注意点

1）叠加原理仅适用于线性电路，不适用于非线性电路；仅适用于电压、电流的计算，不适用于功率的计算，即功率不能用叠加原理计算。

2）当某一独立电源单独作用时，其他不作用的电源应置为零（电压源电压为零，电流源电流为零），即电压源用短路代替、电流源用开路代替，保留其内阻。

3）叠加时，若分电流（或电压）的参考方向与原电路中的待求电流（或电压）的参考方向一致，则该分电流（或电压）取"＋"号；反之取"－"号。

（3）用叠加原理分析电路的步骤

1）将复杂电路分解为若干个由单个电源单独作用的分解电路。

2）分析计算各分解电路，分别求得各支路电流（或电压）。

3）对各分解电路的计算结果进行叠加（即求代数和），得到最后结果。

例 2-5-2 电路如图 2-5-3a 所示，$R_1 = 5\Omega$，$R_2 = 10\Omega$，$R_3 = 15\Omega$，$U_{S1} = 10V$，$U_{S2} = 20V$，试用叠加原理计算各支路电流 I_1、I_2、I_3。

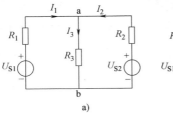 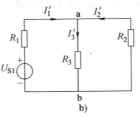 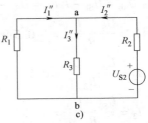

图 2-5-3 叠加原理计算电路

解：（1）计算电压源 U_{S1} 单独作用于电路时产生的电流，如图 2-5-3b 所示。

$$I_1' = \frac{U_{S1}}{R_1 + R_2 // R_3} = \frac{10}{11}A$$

$$I_2' = -\frac{R_3}{R_2 + R_3}I_1' = -\frac{6}{11}A$$

$$I_3' = \frac{R_2}{R_2 + R_3}I_1' = \frac{4}{11}A$$

（2）计算电压源 U_{S2} 单独作用于电路时产生的电流，如图 2-5-3c 所示。

$$I_2'' = \frac{U_{S2}}{R_2 + R_1 // R_3} = \frac{16}{11}A$$

$$I_1'' = -\frac{R_3}{R_1 + R_3}I_2'' = -\frac{12}{11}A$$

$$I_3'' = \frac{R_1}{R_1 + R_3}I_2'' = \frac{4}{11}A$$

（3）由叠加原理，计算电压源 U_{S1}、U_{S2} 共同作用于电路时产生的电流。

$$I_1 = I_1' + I_1'' = -\frac{2}{11}A$$

$$I_2 = I_2' + I_2'' = \frac{10}{11}A$$

$$I_3 = I_3' + I_3'' = \frac{8}{11}A$$

四、测试与训练

1. 节点电压法测试分析

1）按照图 2-5-4 所示的电路进行接线，S_1、S_2 拨到电源档，S_3 拨到电阻档。

2）以 D 为参考点，测量节点电压 U_{AD}，数据记入表 2-5-1。

3）测量电流 I_1、I_2、I_3，数据记入表 2-5-1。检验它们是否符合基尔霍夫电流定律。

4）写出支路 AFED、支路 AD 和支路 ABCD 中的电压电流关系式，将三式转化为 I_1、I_2、I_3 的表达式。

5）以节点电压 U_{AD} 为未知量，将4）中的三个表达式用基尔霍夫电流定律联立，解出节点电压 U_{AD}。

6）将计算数据与实验数据进行比较，分析误差产生的原因。

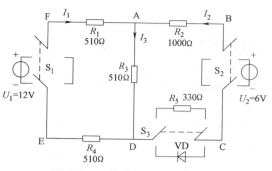

图 2-5-4　节点电压法测试电路

2. 叠加原理测试分析

1）按照图2-5-4所示的电路进行接线，S_1、S_2 拨到电源档，S_3 拨到电阻档。

2）令 U_1 电源单独作用（将开关 S_1 投向 U_1 侧，开关 S_2 投向短路侧），用直流数字电压表和毫安表测量各支路电流及各电阻元件两端电压，数据记入表2-5-2。

表2-5-1　节点电压法测试

项目	I_1/mA	I_2/mA	I_3/mA	U_{AD}/V
测量值				
计算值				

表2-5-2　叠加原理实验数据1

测量项目 实验内容	U_1/V	U_2/V	I_1/mA	I_2/mA	I_3/mA	U_{AB}/V	U_{CD}/V	U_{AD}/V	U_{DE}/V	U_{FA}/V
U_1 单独作用										
U_2 单独作用										
U_1、U_2 共同作用										
$2U_2$ 单独作用										
计算值（U_1、U_2 共同作用）										

3）令 U_2 电源单独作用（将开关 S_1 投向短路侧，开关 S_2 投向 U_2 侧），重复实验步骤2）的测量和记录，数据记入表2-5-2。

4）令 U_1 和 U_2 共同作用时（开关 S_1 和 S_2 分别投向 U_1 和 U_2 侧），重复上述的测量和记录，数据记入表2-5-2。分析电源单独作用与共同作用时数据之间的关系，讨论叠加原理的内涵。

5）将 U_2 的数值调至 +12V，重复上述第3）项的测量并记录，数据记入表2-5-2。分析 U_2 数值变化对电路造成的影响，分析其中的规律，并分析误差产生的原因。

6）将 R_5 换成一只二极管1N4007（即将开关 S_3 投向二极管 VD 侧），重复1）～5）的测量过程，数据记入表2-5-3。

表2-5-3　叠加原理实验数据2

测量项目 实验内容	U_1/V	U_2/V	I_1/mA	I_2/mA	I_3/mA	U_{AB}/V	U_{CD}/V	U_{AD}/V	U_{DE}/V	U_{FA}/V
U_1 单独作用										
U_2 单独作用										
U_1、U_2 共同作用										
$2U_2$ 单独作用										
计算值（U_1、U_2 共同作用）										

7）根据测量结果判断分析叠加原理的适用条件。

五、拓展知识

1. 用节点电压法分析含受控源电路

例2-5-3 用节点电压法求图2-5-5中电流I。

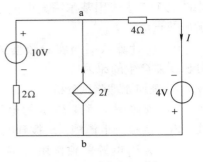

解：在用节点电压法分析含受控源电路时，将受控源看成电源，列节点电压方程

$$U_{ab} = \frac{\frac{10}{2} + 2I - \frac{4}{4}}{\frac{1}{2} + \frac{1}{4}} = \frac{16 + 8I}{3}$$

图2-5-5 例2-5-3图

再根据右边的支路电压表达式 $U_{ab} = 4I - 4$

联立求解以上两个方程，得 $U_{ab} = 24V$，$I = 7A$

2. 用叠加原理分析含受控源电路

例2-5-4 用叠加原理求图2-5-6a电路中U、I_1、I_2。

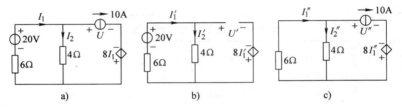

图2-5-6 例2-5-4图

解：在图2-5-6a所示的电路中有两个独立电源、一个受控源，可以将独立电源单独作用，将结果进行叠加，而受控源不能单独作用，因为它不能脱离控制量而独立存在。所以本题要叠加两次。

（1）20V电压源单独作用，电路如图2-5-6b所示。

$$I_1' = I_2' = \frac{20}{6+4}A = 2A$$

$$U' = 4I_2' + 8I_1' = 24V$$

（2）10A电流源单独作用，电路如图2-5-6c所示。

$$I_1'' = \frac{10}{6+4} \times 4A = 4A$$

$$I_2'' = -\frac{10}{6+4} \times 6A = -6A$$

$$U'' = 4I_2'' + 8I_1'' = 8V$$

（3）叠加后的结果：

$$I_1 = I_1' + I_1'' = 6A$$
$$I_2 = I_2' + I_2'' = -4A$$
$$U = U' + U'' = 32V$$

六、练习

1. 试用节点电压法计算图2-5-7所示电路中各支路的电流。

2. 用叠加原理求图 2-5-8 所示电路中的电压 U。

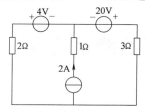

图 2-5-7 练习 1 图

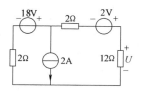

图 2-5-8 练习 2 图

项目三 正弦交流电路的测试分析

一、学习目标

终极目标：掌握正弦交流电路的基本概念、基本规律，能应用交流电路知识解决实际问题。

促成目标：

1. 掌握单相、三相正弦交流电的概念；
2. 掌握元件参数分析计算方法；
3. 掌握串并联电路电压、电流、功率的分析及计算方法；
4. 掌握谐振的概念、特点；
5. 掌握三相正弦交流电路电压、电流、功率的分析及计算方法；
6. 能应用交流电路知识解决实际问题。

二、工作任务

1. 测试分析单相正弦交流电路；
2. 测试分析三相正弦交流电路。

模块一 正弦交流电表示法

一、学习目标

终极目标：掌握正弦交流电的概念及正弦交流电表示方法。

促成目标：

1. 掌握正弦交流电三要素；
2. 会用解析式、波形图、相量等表示正弦交流电；
3. 会使用交流电压表、交流电流表测量正弦交流电压、电流。

二、工作任务

测量正弦交流电流、电压，分析交流电三要素。

三、理论知识

1. 正弦交流电的产生

正弦交流电是指随时间按正弦规律变化的电压、电流或电动势，在日常生活、工业生产中被广泛使用。正弦交流电可以由交流发电机产生，也可以由其他方法获得。

图 3-1-1a 表示直流电，其电压的大小和方向不随时间而变化；图 3-1-1b 表示的是正弦交流电压。

2. 正弦交流电的三要素

直流电的大小、方向不随时间而改变，描述直流电时只要用直流电参数（电压、电流等）即可，而正弦交流电的大小和方向随时间按正弦规律变化，比直流电复杂，描述交流电所需要

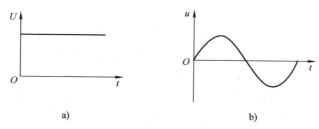

a)　　　　　　　　　　b)

图 3-1-1　直流电和交流电

的物理量比较多，下面就讨论表征正弦交流电特点的物理量（即交流电的三要素）。

（1）周期、频率和角频率（反映正弦量变化快慢）

① 周期 T：正弦量完成一次周期性变化所需要的时间。

它的基本单位是秒（s），还有常用单位是毫秒（ms）、微秒（μs）、纳秒（ns）等。

$$1\,s = 10^3\,ms = 10^6\,\mu s = 10^9\,ns$$

周期越长，表示交流电变化越慢；周期越短，则表示交流电变化越快。

② 频率 f：正弦量在单位时间内完成周期性变化的次数。

它的基本单位是赫兹（Hz），还有常用单位千赫（kHz）、兆赫（MHz）等。

$$1\,MHz = 10^3\,kHz = 10^6\,Hz$$

周期和频率呈互为倒数的关系，即

$$f = \frac{1}{T} \ \text{或} \ T = \frac{1}{f} \tag{3-1-1}$$

我国和大多数国家都采用 50Hz（周期是 0.02s）作为电力标准频率，有的国家（如日本）采用 60Hz。这种频率在工业上应用非常广泛，习惯上称为"工频"。

③ 角频率 ω：正弦量在单位时间内所变化的电角度。

在一个周期 T 内，正弦量经历的电角度为 2π 弧度，则角频率为

$$\omega = \frac{2\pi}{T} = 2\pi f \tag{3-1-2}$$

角频率的单位为弧度每秒（rad/s）。

（2）有效值、最大值（反映正弦量大小）

① 瞬时值。表示每一瞬间正弦量的值。一般用小写字母表示，如用 i、u、e 表示瞬时电流、瞬时电压、瞬时电动势。瞬时值的大小和方向随时间不断变化。

② 最大值。表示正弦量在整个变化过程中所能达到的最大值，又称峰值或振幅，用大写字母加下标"m"标注，如 I_m、U_m、E_m 分别表示电流、电压、电动势的最大值。

③ 有效值。用来反映交流电能量转换的实际效果，交流电的有效值是根据电流的热效应来确定的：设交流电 i 通过电阻 R，在一段时间内所产生的热量和直流电 I 通过同一电阻 R 在相等时间内所产生的热量相等，则这个直流电 I 的数值就称为该交流电 i 的有效值。有效值要用大写字母来表示，如 I、U、E 分别表示电流、电压、电动势的有效值。

正弦量的最大值等于其有效值的 $\sqrt{2}$ 倍，或正弦量的有效值等于其最大值的 $1/\sqrt{2}$。即

$$I_m = \sqrt{2}I \ \text{或} \ I = \frac{I_m}{\sqrt{2}} \tag{3-1-3}$$

$$U_m = \sqrt{2}U \ \text{或} \ U = \frac{U_m}{\sqrt{2}} \tag{3-1-4}$$

$$E_{\mathrm{m}} = \sqrt{2}E \text{ 或 } E = \frac{E_{\mathrm{m}}}{\sqrt{2}} \tag{3-1-5}$$

注意：常用的测量交流电压和交流电流的各种仪表，所测量的数值均为有效值；各种电器铭牌上所标注的一般也都是交流电有效值。在考虑各种器件（如电容器）和电气设备的耐压值时，则应考虑承受电压的最大值而不是有效值，否则会影响正常使用。

（3）相位角、初相位和相位差（反映正弦量状态）

① 相位角（$\omega t + \varphi$）。表示正弦量在某一时刻所处状态的物理量。相位角可以确定瞬时值的大小和方向，还能反映出正弦量的变化趋势。相位角又称为相位。

相位的单位为弧度（rad）或度（°）。

② 初相位 φ。表示正弦量在计时起点即 $t = 0$ 时的相位角，它反映了正弦量在计时起点的状态。一般规定初相位绝对值 $|\varphi|$ 用不超过 π 弧度（180°）的角度来表示。

③ 相位差 $\Delta\varphi$。是指两个同频率正弦量的相位之差（也等于它们的初相位之差）。用来反映两个同频率交流电的相位关系。

如两个正弦量：

$$u = U_{\mathrm{m}}\sin(\omega t + \varphi_{\mathrm{u}})$$
$$i = I_{\mathrm{m}}\sin(\omega t + \varphi_{\mathrm{i}})$$

其相位差为

$$\Delta\varphi = (\omega t + \varphi_{\mathrm{u}}) - (\omega t + \varphi_{\mathrm{i}}) = \varphi_{\mathrm{u}} - \varphi_{\mathrm{i}} \tag{3-1-6}$$

通常规定相位差绝对值 $|\Delta\varphi|$ 也用不超过 π 弧度（180°）的角度来表示。

④ 根据 $\Delta\varphi$ 的数值可判断两正弦量到达最大值（或零值）的先后顺序。

根据下面的关系式可以判断电压、电流之间的相位关系：

若 $\Delta\varphi = \varphi_{\mathrm{u}} - \varphi_{\mathrm{i}} = 0$，则表示 u 与 i 同相，即 u 与 i 同时达到零值或最大值；

若 $\Delta\varphi > 0$，则表示 u 比 i 超前或 i 比 u 滞后；

若 $\Delta\varphi < 0$，则表示 i 比 u 超前或 u 比 i 滞后；

若 $\Delta\varphi = \pm 180°$，则表示 u 与 i 反相，即一个正弦量达到正的最大值、另一个正弦量达到负的最大值，变化趋势相反；

若 $\Delta\varphi = \pm 90°$，则表示 u 与 i 正交，即一个正弦量达到最大值、另一个正弦量达到零值。

同频率交流电相位关系如图3-1-2所示。

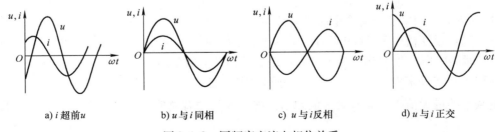

a) i 超前 u b) u 与 i 同相   c) u 与 i 反相   d) u 与 i 正交

图3-1-2 同频率交流电相位关系

3. 用解析式表示正弦交流电

正弦交流电可以用解析式表示，也可以用波形图、矢量图和相量表示。

正弦交流电按正弦规律变化，其瞬时值表达式就是正弦交流电的解析式。如

$$u = U_m\sin(\omega t + \varphi_u)\ ,\ i = I_m\sin(\omega t + \varphi_i)\ ,\ e = E_m\sin(\omega t + \varphi_e) \tag{3-1-7}$$

解析式中包含了交流电的三要素。如果知道了交流电的三要素，也可写出交流电的解析式。

例 3-1-1　有一正弦交流电压，表达式为 $u = 311\sin\left(314t - \dfrac{\pi}{4}\right)$ V，求该交流电压的角频率、频率、周期、最大值、有效值和初相位。

解：从表达式可以得到该交流电压的要素：

角频率 ω 为 314rad；

根据 $\omega = \dfrac{2\pi}{T} = 2\pi f$，可得频率 $f = \dfrac{\omega}{2\pi} = \dfrac{314}{2\pi} = 50\text{Hz}$，周期 $T = \dfrac{2\pi}{\omega} = \dfrac{2\pi}{314} = 0.02\text{s}$；

初相位 φ 为 $-\dfrac{\pi}{4}$；

电压最大值 $U_m = 311\text{V}$，有效值 $U = \dfrac{U_m}{\sqrt{2}} = \dfrac{311}{\sqrt{2}}\text{V} = 220\text{V}$。

4. 用波形图表示正弦交流电

正弦交流电还可以用与解析式相对应的波形图来表示，波形图即正弦曲线，曲线的横坐标表示时间 t 或角度 ωt，纵坐标表示随时间变化的交流电瞬时值，从波形上可以反映交流电最大值、周期、初相位等要素，如图 3-1-3 所示。

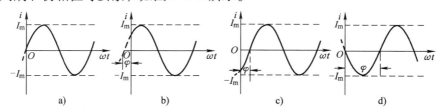

图 3-1-3　正弦交流电波形图

图中，图 3-1-3a 表示交流电的初相位为 $0°$；图 3-1-3b 表示初相位大于零，在 $0° \sim 180°$ 之间；图 3-1-3c 表示初相位小于零，在 $-180° \sim 0°$ 之间；图 3-1-3d 表示交流电初相位为 $-180°$。由此可以看出，如果交流电初相位为正值，则曲线的起点（数值为零的点）在坐标原点左边；如果初相位为负值，则曲线的起点在坐标原点右边。

5. 用旋转矢量表示正弦交流电

正弦交流电也可用旋转矢量表示。以 $i = I_m\sin(\omega t + \varphi_i)$ 为例，在平面直角坐标系中，从原点出发作一矢量 I_m，其长度等于正弦交流电流的最大值 I_m，矢量与横轴 Ox 的夹角等于正弦电流的初相位 φ_i，矢量以角速度 ω 逆时针方向旋转，如图 3-1-4 所示。

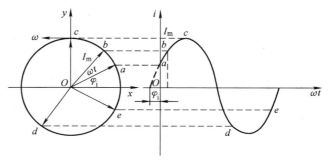

图 3-1-4　用旋转矢量表示交流电

从图中可以看出，旋转矢量在任一瞬间与横轴 Ox 的夹角就是正弦电流的相位 $\omega t + \varphi_i$，旋转矢量在纵轴上的投影对应该时刻正弦电流的瞬时值 i。矢量连续旋转，就可得到电流 i 的波形图。

由此可见，正弦量可以用一个以角速度 ω 逆时针方向旋转的矢量表示。对于这样的矢量，只要画出它的起始位置即可，没有必要把它的每一个瞬间都画出来，即只要用正弦量的最大值和初相位确定矢量即可。

6. 用相量表示正弦交流电

（1）复数　在数学中 $\sqrt{-1}$ 称为虚数单位，并用 i 表示。由于在电工技术中 i 已代表交流电流，因此虚数单位改用 j 表示，即 $j = \sqrt{-1}$。由实数和虚数组合而成的数称为复数。

设 A 为一个复数，其实数和虚数分别为 a 和 jb，则复数 A 可用代数形式表示为 $A = a + jb$。每一个复常数在复平面上都有一个对应的点，连接这一点到复平面上的原点，构成一个有向线段（即复矢量）和复数 A 相对应，如图 3-1-5 所示。矢量 $\overrightarrow{OP}$ 在实轴和虚轴上的投影分别为复数 A 的实部和虚部。

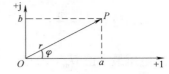

图 3-1-5　复数的矢量表示

矢量 $\overrightarrow{OP}$ 的长度 r 为复数 A 的模，矢量 $\overrightarrow{OP}$ 和实轴正方向的夹角 φ 称为复数 A 的幅角。它们之间的对应关系是

$$\left. \begin{array}{l} a = r\cos\varphi \\ b = r\sin\varphi \\ r = \sqrt{a^2 + b^2} \\ \varphi = \arctan \dfrac{b}{a} \end{array} \right\} \tag{3-1-8}$$

这样可得复数 A 的三角式为

$$A = r(\cos\varphi + j\sin\varphi) \tag{3-1-9}$$

根据欧拉公式可得复数 A 的指数形式为

$$A = re^{j\varphi} \tag{3-1-10}$$

复数 A 的极坐标形式为

$$A = r\underline{/\varphi} \tag{3-1-11}$$

复数形式的相互变换和运算规则，是求解交流电路的基本运算，课后可以练习一下。

（2）用复数表示正弦量　正弦量可以用矢量表示，复数也可以用矢量表示，因此正弦量也可以用复数表示，正弦量与复数之间存在对应关系。应用这种对应关系，就可以用复数的模和辐角来表示正弦量的有效值（或最大值）和初相位，这种复数电压（或电流、电动势）就称为相量，用上面加小圆点的大写字母来表示，如 $\dot{U}_m$ 或 $\dot{U}$ 表示电压相量，$\dot{I}_m$ 或 $\dot{I}$ 表示电流相量等。

相量有有效值相量和最大值相量之分，有下标 m 的表示最大值相量，一般常用有效值相量来表示正弦量，如图 3-1-6 所示。

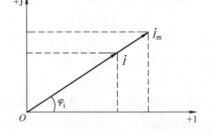

图 3-1-6　电流相量图

同频率的几个正弦交流电的相量，可以画在一张图上，这样的图就称为相量图。不同频率的相量不能画在一张图中。

有了相量以后，就可以用复数的运算计算交流电路了。

例 3-1-2 电流 $i_1 = 3\sqrt{2}\sin\left(\omega t + \dfrac{\pi}{3}\right)$ A，$i_2 = 4\sqrt{2}\sin\left(\omega t - \dfrac{\pi}{6}\right)$ A，写出它们的相量式；求 $i = i_1 + i_2 = ?$

解： 根据对应关系，电流的相量式为 $\dot{I}_1 = 3\underline{/\dfrac{\pi}{3}}$ A $\quad \dot{I}_2 = 4\underline{/-\dfrac{\pi}{6}}$ A

$$\dot{I} = \dot{I}_1 + \dot{I}_2 = 3\underline{/\dfrac{\pi}{3}} + 4\underline{/-\dfrac{\pi}{6}} = \left(\dfrac{3}{2} + j\dfrac{3}{2}\sqrt{3}\right) + \left(2\sqrt{3} - j2\right) \text{A} = 5\underline{/6.9°}\text{A}$$

所以 $\qquad\qquad\qquad i = i_1 + i_2 = 5\sqrt{2}\sin\left(\omega t + 6.9°\right)$ A

四、测试与训练

1）将实验台交流电压输出调至 220V，将交流电压参数填入表 3-1-1。

表 3-1-1　交流电参数

有效值/V	最大值/V	频率/Hz	周期/s	角频率/（rad/s）

2）将实验台交流电压输出调至 100V，按图 3-1-7 将"220V、15W"白炽灯、交流电压表、交流电流表连接进电路，慢慢调节电压至 220V，测量电路中电流及灯泡两端电压，将数据填入表 3-1-2。将白炽灯换成"220V、40W"的，重新测量电路中电流和电压。

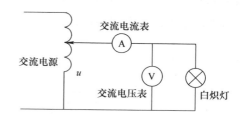

图 3-1-7　交流电测量电路

表 3-1-2　白炽灯电压、电流测量

元件			"220V、15W"白炽灯	"220V、40W"白炽灯
测量参数	第一组	电压表读数/V	100	100
		电流表读数/A		
	第二组	电压表读数/V		
		电流表读数/A		
	第三组	电压表读数/V		
		电流表读数/A		
	第四组	电压表读数/V		
		电流表读数/A		
	第五组	电压表读数/V	220	220
		电流表读数/A		

五、拓展知识

1. 交流电压测量方法

测量交流电压时必须把交流电压表并联在电路中（见图 3-1-8），同时要选择好电压表的量程，使其大于实际电压的数值。

图 3-1-9 是电工实验室实验台上配套的交流电压表，使用时通过接线将电压表并联在被测电路两端，该电压表有五档量程可选。

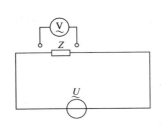

图 3-1-8　测量电压接线图

图 3-1-9　实验台上交流电压表

2. 交流电流测量方法

测量电流时必须把电流表串联在电路中（见图 3-1-10），同时要选择好电流表的量程，使其大于实际电流的数值。在被测电路不能估计其电流大小时，最好将量程选择足够大，粗测一下，然后根据测量结果，正确选用量程。

图 3-1-11 是电工实验室实验台上配套的交流电流表，使用时通过接线将电流表串联在被测电路中，该电流表有四档量程可选。

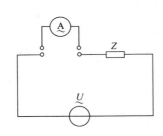

图 3-1-10　测量电流接线图

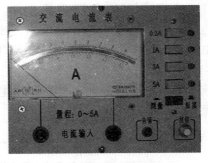

图 3-1-11　实验台上交流电流表

六、练习

1. 有两个电流 $i_1 = 10\sin(314t + 45°)$ A，$i_2 = 25\sin(314t - 30°)$ A。求 i_1、i_2 的有效值、最大值、周期、频率、初相位；求 i_1、i_2 的相位差，哪个电流超前？

2. 有一正弦交流电压，频率 100Hz，有效值 $3\sqrt{2}$V，当 $t = 0$ 时电压值为 3V，写出该电压瞬时值表达式。

3. 交流电压 $u = 220\sqrt{2}\sin(628t + 30°)$ V，写出该电压对应相量表达式。

模块二　元件参数的测试分析

一、学习目标

终极目标：会分析计算单个元件正弦交流电路。

促成目标：

1. 会使用交流电压表、交流电流表、功率表测量单个元件正弦交流电路；

2. 能分析纯电阻、纯电容、纯电感等正弦交流电路中电压、电流的关系，会计算容抗、感抗、电压、电流及功率。

二、工作任务

1. 测量单个元件构成的正弦交流电路的电流、电压、功率；

2. 分析、计算单个元件正弦交流电路元件参数（阻抗、电压、电流、功率等）。

三、理论知识

1. 纯电阻正弦交流电路分析

交流电路中只有电阻元件，这样的电路就叫作纯电阻电路，如白炽灯电路、电炉电路等。

（1）电压、电流的关系　　设在电阻电路中加正弦交流电压 $u = U_m \sin \omega t$，则通过电阻 R 的电流为

$$i = \frac{u}{R} = \frac{U_m}{R} \sin \omega t = I_m \sin \omega t = \sqrt{2} I \sin \omega t$$

在纯电阻电路中，电压、电流相位相同，电压、电流有效值之间（或最大值之间）满足欧姆定律，即

$$I = \frac{U}{R}, \quad I_m = \frac{U_m}{R} \tag{3-2-1}$$

将 u、i 分别用相量表示，则有

$$\dot{U} = U \underline{/\varphi_u} = U \underline{/0°}$$

$$\dot{I} = I \underline{/\varphi_i} = I \underline{/0°} = \frac{U}{R} \underline{/(\varphi_u + 0°)} = \frac{\dot{U}}{R}$$

或　　　　　　　　　　　　　　$$\dot{U} = \dot{I} R \tag{3-2-2}$$

（2）电路功率　　电路的瞬时功率（即电压瞬时值和电流瞬时值的乘积）用字母 p 表示（单位为 W），即

$$p = ui = U_m \sin \omega t \cdot I_m \sin \omega t = U_m I_m \sin^2 \omega t \geq 0 \tag{3-2-3}$$

纯电阻电路中电压、电流、功率三者的波形如图 3-2-1 所示。

从波形图可以看出，由于电压、电流同相，所以瞬时功率总是正值，即电阻在电路中是消耗功率的，把电能转换成热能。

瞬时功率是变化的，不便于表示电路功率，为了反映电阻消耗功率的大小，引入平均功率（即有功功率）P（单位为 W），P 是瞬时功率在一个周期内的平均值，在纯电阻电路中其数值上等于最大瞬时功率值的一半，即

$$P = \frac{1}{2} p_m = \frac{1}{2} U_m I_m = UI = \frac{U^2}{R} = I^2 R$$

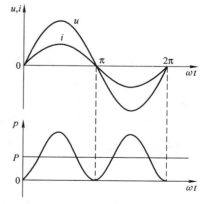

图 3-2-1　纯电阻电路电压、电流、功率的波形

在日常生活中所提及的电器的功率，都是指的平均功率。

例3-2-1 有一正弦交流电压为 $u = 311\sin\left(314t - \dfrac{\pi}{4}\right)$ V，有一个阻值为 22Ω 的电阻元件接在该电压上，求电阻元件上的电流及功率。

解： 从表达式可以看出电压的初相位为 $-\dfrac{\pi}{4}$、最大值 $U_m = 311$V、有效值 $U = \dfrac{U_m}{\sqrt{2}} = \dfrac{311}{\sqrt{2}}$V $= 220$V。

电压在电阻元件上产生的电流为 $\qquad I_R = \dfrac{U}{R} = \dfrac{220}{22}$A $= 10$A

电流的初相位为 $\qquad\qquad \varphi_R = \varphi_u = -\dfrac{\pi}{4}$

所以 $\qquad\qquad\qquad i_R = 10\sqrt{2}\sin\left(314t - \dfrac{\pi}{4}\right)$ A

或者 $\qquad\qquad \dot{I} = \dfrac{\dot{U}}{R} = \dfrac{U\angle\varphi_u}{R} = \dfrac{220\angle-\dfrac{\pi}{4}}{22} = 10\angle-\dfrac{\pi}{4}$A

对应的电流瞬时值表达式为 $\qquad i_R = 10\sqrt{2}\sin\left(314t - \dfrac{\pi}{4}\right)$ A

电阻元件的功率为 $\qquad\qquad P = UI = I^2R = 2200$W

2. 纯电容正弦交流电路分析

（1）电容器对交流电的阻碍作用　电容器两端加直流电压时，电容器两个极板很快充满电荷，电路中电流为零，直流电不能通过电容器。

电容器两端加交流电压时，因为交流电大小、方向随时间作周期性变化，交流电反复给电容器充放电，电路中存在充放电电流，就好像交流电"通过"了电容器。相同数值交流电加在不同的电容器上，产生的电流也不同，即电容器对交流电具有一定的阻碍作用，该阻碍作用叫作容抗，用 X_C 表示。

$$X_C = \frac{1}{\omega C} = \frac{1}{2\pi f C} \qquad\qquad (3\text{-}2\text{-}4)$$

容抗 X_C 单位为欧姆（Ω）。

从式（3-2-4）可以看出，容抗的大小与电容器自身参数 C 有关，还与所加交流电的频率 f 有关。在同样电压下，电容器电容越大，容抗越小，电容器的充电电流和放电电流越大；在同样电容下，通过的交流电频率越高，容抗越小。所以电容器在电路中具有"通交流、隔直流"、"通高频、阻低频"的特性，经常用作隔直流耦合电容或高频旁路电容等。

（2）电压、电流的关系　交流电路中只有电容器元件，这样的电路就叫作纯电容电路。

设在纯电容电路中加正弦交流电压 $u = U_m\sin\omega t$，则电容器 C 上的充放电电流为

$$\begin{aligned} i &= C\frac{\mathrm{d}u}{\mathrm{d}t} = \omega C U_m\cos\omega t = \omega C U_m\sin\left(\omega t + 90°\right) \\ &= I_m\sin\left(\omega t + 90°\right) \\ &= \sqrt{2}I\sin\left(\omega t + 90°\right) \end{aligned}$$

由此可以看出，在纯电容电路中，电压滞后电流 $90°$ 相位（或电流超前电压 $90°$ 相位），

电压、电流有效值之间、最大值之间的关系为

$$I = \frac{U}{X_C} = \frac{U}{\frac{1}{\omega C}} = U\omega C, \quad I_m = \frac{U_m}{X_C} = \frac{U_m}{\frac{1}{\omega C}} = U_m\omega C \tag{3-2-5}$$

电压、电流之间相量关系为

$$\dot{U} = U \underline{/\varphi_u} = U \underline{/0°}$$

$$\dot{I} = I \underline{/\varphi_i} = I \underline{/90°} = \frac{U}{X_C} \underline{/\varphi_u + 90°} = j\frac{1}{X_C}\dot{U} = \frac{\dot{U}}{-jX_C}$$

所以

$$\dot{U} = -jX_C\dot{I} \tag{3-2-6}$$

（3）电路功率　电路的瞬时功率 p 为

$$\begin{aligned}
p &= ui \\
&= U_m\sin\omega t \cdot I_m\sin(\omega t + 90°) \\
&= U_m\sin\omega t \cdot I_m\cos\omega t \\
&= \frac{1}{2}U_m I_m\sin 2\omega t \\
&= UI\sin 2\omega t
\end{aligned} \tag{3-2-7}$$

纯电容电路中电压、电流、功率三者的波形如图 3-2-2 所示。

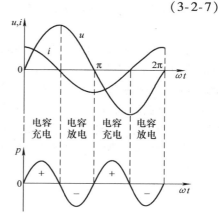

从波形图可以看出，由于电压、电流有 90°相位差，所以瞬时功率随时间按正弦规律变化，且变化频率为电压、电流频率的 2 倍。在变化过程中，p 数值为正，电容器充电，从电源吸收能量；p 数值为负，电容器放电，向电源返还电能。在一个周期的时间内，瞬时功率的平均值为零，即 $P = 0$，说明电容不消耗功率，是储能元件。

用无功功率 Q_C 来表示电容器与电源之间能量交换的规模，Q_C 在数值上等于电容器上瞬时功率的最大值，即

图 3-2-2　纯电容电路电压、电流、功率的波形

$$Q_C = p_m = UI = \frac{U^2}{X_C} = I^2 X_C \tag{3-2-8}$$

Q_C 单位为乏（var）。

例 3-2-2　一正弦交流电压为 $u = 220\sqrt{2}\sin\left(314t - \frac{\pi}{4}\right)$ V，有一个电容元件接在该电压上，电容器电容量为 $29\mu F$，求该电容元件上的电流及功率。

解：从题中可知电压的初相位为 $-\frac{\pi}{4}$、有效值 220V、角频率为 314rad/s。

电容器容抗为

$$X_C = \frac{1}{\omega C} = \frac{1}{314 \times 29 \times 10^{-6}}\Omega \approx 110\Omega$$

电流为

$$I_C = \frac{U}{X_C} = \frac{220}{110}A = 2A$$

电流的初相位为
$$\varphi_i = \varphi_u + \frac{\pi}{2} = -\frac{\pi}{4} + \frac{\pi}{2} = \frac{\pi}{4}$$

所以
$$i_C = 2\sqrt{2}\sin\left(314t + \frac{\pi}{4}\right) \text{ A}$$

或者 $\dot{U} = U\angle\varphi_u = 220\angle-\dfrac{\pi}{4}\text{V}$，$\dot{I} = \dfrac{\dot{U}}{-jX_C} = \dfrac{220\angle-\frac{\pi}{4}}{-j110} = 2\angle\dfrac{\pi}{4}\text{A}$，相应的电流瞬时值表

达式为
$$i_C = 2\sqrt{2}\sin\left(314t + \frac{\pi}{4}\right) \text{ A}$$

电容元件的功率为
$$P = 0 \quad Q_C = I^2 X_C = 440\text{var}$$

3. 纯电感正弦交流电路分析

（1）电感对交流电的阻碍作用　电感元件两端加直流电压时，电感线圈的电阻对直流电有阻碍作用。在理想情况下可以认为线圈电阻为零，电感对直流电阻碍作用为零。

电感两端加交流电压时，因为交流电大小、方向随时间作周期性变化，在电感线圈中产生自感电动势，阻碍交流电的变化，起阻碍作用的是线圈的电阻与电感。理想情况下，忽略线圈的电阻，可以将电感线圈看成纯电感，电感对交流电起阻碍作用，该阻碍作用叫作感抗，用 X_L 表示，单位为欧姆（Ω）。

$$X_L = \omega L = 2\pi f L \tag{3-2-9}$$

从式（3-2-9）可以看出，感抗的大小与电感元件的自感系数 L 有关，还与所加交流电的频率 f 有关。在同样电压下，电感越大，感抗越大，阻碍作用越大；在同样电感下，通过的交流电频率越高，感抗越大。所以电感元件在电路中具有"通直流、阻交流"、"通低频、阻高频"的特性，经常在电路中用作高频扼流圈或低频扼流圈。

（2）电压、电流的关系　交流电路中只有电感元件，这样的电路就叫作纯电感电路。

设在电感电路中正弦交流电流为 $i = I_m\sin\omega t$，则电感元件上电压为

$$
\begin{aligned}
u &= L\frac{di}{dt} = I_m\omega L\cos\omega t \\
&= \omega L I_m\sin(\omega t + 90°) \\
&= U_m\sin(\omega t + 90°) \\
&= \sqrt{2}U\sin(\omega t + 90°)
\end{aligned}
$$

由此可以看出，在纯电感电路中，电压超前电流90°相位（或电流滞后电压90°相位），电压、电流有效值之间、最大值之间的关系为

$$I = \frac{U}{X_L} = \frac{U}{\omega L}, \quad I_m = \frac{U_m}{X_L} = \frac{U_m}{\omega L} \tag{3-2-10}$$

电压、电流之间相量关系为

$$\dot{I} = I\angle\varphi_i = I\angle0°$$

$$\dot{U} = U\angle\varphi_u = U\angle90° = IX_L\angle\varphi_i + 90° = \dot{I}jX_L$$

或者
$$\dot{I} = \frac{\dot{U}}{jX_L} \tag{3-2-11}$$

（3）电路功率　电路的瞬时功率 p 为

$$p = ui$$
$$= U_m\sin(\omega t + 90°)\ I_m\sin\omega t$$
$$= U_m\cos\omega t I_m\sin\omega t$$
$$= \frac{1}{2}U_m I_m\sin2\omega t$$
$$= UI\sin2\omega t \tag{3-2-12}$$

纯电感电路中电压、电流、功率三者的波形如图3-2-3所示。

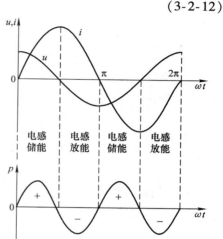

从波形图可以看出，由于电压、电流有90°相位差，所以瞬时功率随时间按正弦规律变化，且变化频率为电压、电流频率的2倍。在变化过程中，p数值为正，表明电感从电源吸收能量储存起来；p数值为负，表明电感向电路释放能量。在一个周期的时间内，瞬时功率的平均值为零，即$P=0$，说明电感不消耗功率，是储能元件。

用无功功率Q_L来表示电感元件与电源之间能量交换的规模，Q_L数值上等于电感元件上瞬时功率的最大值，即

$$Q_L = p_m = UI = \frac{U^2}{X_L} = I^2 X_L \tag{3-2-13}$$

图3-2-3　纯电感电路中电压、电流、功率的波形

Q_L单位为乏（var）。

例3-2-3　正弦交流电压 $u = 110\sqrt{2}\sin\left(314t - \dfrac{2\pi}{3}\right)$ V，有一电感量为350mH的电感元件接在该电压上，求电感元件上的电流及功率。

解： 从题中可知电压的初相位为 $-\dfrac{2\pi}{3}$、有效值为110V、角频率为314rad/s。

电感元件的感抗为　　$X_L = \omega L = 314 \times 350 \times 10^{-3}\Omega \approx 110\Omega$

电压在电感元件上产生的电流为　$I_L = \dfrac{U}{X_L} = \dfrac{110}{110}A = 1A$

电流的初相位为　　　$\varphi_i = \varphi_u - \dfrac{\pi}{2} = -\dfrac{2\pi}{3} - \dfrac{\pi}{2} = -\dfrac{7\pi}{6}$

所以　　　　$i_L = \sqrt{2}\sin\left(314t - \dfrac{7\pi}{6}\right)$ A $= \sqrt{2}\sin\left(314t + \dfrac{5\pi}{6}\right)$ A

或者 $\dot{U} = U\underline{/\varphi_u} = 110\ \underline{/-\dfrac{2\pi}{3}}$V，$\dot{I} = \dfrac{\dot{U}}{jX_L} = \dfrac{110\ \underline{/-\dfrac{2\pi}{3}}}{j110} = 1\ \underline{/-\dfrac{7\pi}{6}}$A，相应的，电流瞬时值表达式为 $i_L = \sqrt{2}\sin\left(314t - \dfrac{7\pi}{6}\right)$ A $= \sqrt{2}\sin\left(314t + \dfrac{5\pi}{6}\right)$ A。

电感元件的功率为 $P=0$，$Q_L = I^2 X_L = 110$var。

电阻、电感、电容元件上电压、电流的关系及功率计算见表3-2-1。

表3-2-1 电阻、电感、电容元件上电压、电流的关系及功率计算

元件	电阻 R	电感 L	电容 C
元件性质	耗能元件	储能元件 （电能与磁场能转换）	储能元件 （电能与电场能转换）
阻抗值（欧姆）	R	感抗 $X_L = \omega L = 2\pi f L$	容抗 $X_C = \dfrac{1}{\omega C} = \dfrac{1}{2\pi f C}$
电压与电流的关系 —— 瞬时值	$\begin{aligned}u_R &= \sqrt{2}IR\sin(\omega t + \varphi_i)\\ &= \sqrt{2}U\sin(\omega t + \varphi_u)\end{aligned}$	$\begin{aligned}u_L &= \sqrt{2}IX_L\sin(\omega t + \varphi_i + 90°)\\ &= \sqrt{2}U\sin(\omega t + \varphi_u)\end{aligned}$	$\begin{aligned}u_C &= \sqrt{2}IX_C\sin(\omega t + \varphi_i - 90°)\\ &= \sqrt{2}U\sin(\omega t + \varphi_u)\end{aligned}$
电压与电流的关系 —— 有效值	$U_R = IR$	$U_L = IX_L$	$U_C = IX_C$
电压与电流的关系 —— 相量关系	$\dot{U}_R = \dot{I}R$	$\dot{U}_L = \dot{I}(jX_L)$	$\dot{U}_C = \dot{I}(-jX_C)$
电压与电流的关系 —— 相位关系	电压、电流同相	电压超前电流90°相位	电压滞后电流90°相位
有功功率/W	$P = UI = I^2R$	0	0
无功功率/var	0	$Q_L = I^2X_L$	$Q_C = I^2X_C$

四、测试与训练

1. 元件识别

识别提供的三个元件"220V、15W"白炽灯（R）、500mH 电感线圈（L）和 4.7μF/500V 电容器（C），用万用表测量其直流参数，数据记入表3-2-2，判断元件质量。

表3-2-2 元件检测

元件	检测项目	检测数据	质量判断
白炽灯	直流电阻		
电感线圈	直流电阻		
电容器	充放电情况		

2. 电路测量

按图 3-2-4 连接电路。要注意，电源调节要求是输出电压为 220V，但在接入电感线圈时要降低电压从而使得其中电流小于线圈额定电流。

分别将三个元件单独接入电路，测量元件的电流、电压、功率、功率因数，数据记入表3-2-3 中。

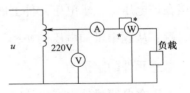

图 3-2-4 元件测量电路

3. 参数计算

计算元件参数，分析数据意义及产生误差的原因。

表3-2-3 元件测量数据

被测元件	测量值				电路等效参数		
	U/V	I/A	P/W	$\cos\varphi$	R/Ω	L/Hz	C/μF
15W 白炽灯 R							
电感线圈 L						—	—
电容器 C						—	

注：电感线圈不是纯粹的电感元件，它还包含电阻的性质，应理解为电感与电阻的串联，但在理想情况下可看成纯电感。同样道理，电容器也在理想情况下看成纯电容。

五、拓展知识

交流电路功率的测量方法

测量交流电路的功率要使用交流功率表。电路中的功率与电压和电流的乘积有关，所以测量功率的功率表应具有两个线圈（见图3-2-5）：①电流线圈，用来反映负载电流，测量时与被测电路串联；②电压线圈，用来反映负载电压，测量时与被测电路并联。为了保证功率表正确连接，两个线圈上标有"＊"的端子要连在一起接在电源的同一端。功率表测量电路如图3-2-6所示。

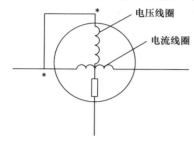

图 3-2-5　功率表内部线圈

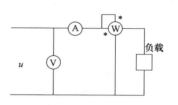

图 3-2-6　功率表测量电路

图 3-2-7 是实验台配套功率表，该功率表不但可以测量电路的有功功率，还可以测量电路的功率因数等。功率表在使用时要注意电路中电压、电流不能超过其电压线圈和电流线圈量程，否则容易烧毁功率表。

六、练习

1. 交流电压 $u = 220\sqrt{2}\sin(314t + 30°)$ V，加在 50Ω 的电阻元件上。求通过电阻元件的电流瞬时值表达式及相量表达式；求电阻元件在电路中消耗的功率。

2. $20\mu F$ 的电容器元件接在 $u = 50\sqrt{2}\sin(1000t - 45°)$ V 交流电压上，求电容元件的容抗；求通过电容元件的电流瞬时值表达式及电容器的无功功率。

图 3-2-7　实验台上的功率表

3. $80mH$ 的电感元件接到交流电路中，交流电压 $\dot{U} = 100\,\underline{/45°}$ V，频率为 $50Hz$。求电感元件的感抗；求电流相量并画出相量图；求电感元件在电路中的无功功率。

模块三　串并联电路的测试分析

一、学习目标

终极目标：掌握交流串并联电路的规律，能分析交流串并联电路。

促成目标：

1. 掌握交流串联电路中电压、电流的关系；

2. 掌握交流并联电路中电压、电流的关系；

3. 会使用交流电压表、交流电流表、功率表测量串并联交流电路；会分析交流电路。

二、工作任务

1. 测量串并联电路电压、电流、电功率；

2. 分析串并联电路。

三、理论知识

交流串并联电路在生产、生活中有着广泛的应用，电路的分析、计算与直流串并联电路有着很大的区别，要复杂得多，但应用相量形式就可将直流电路中涉及的欧姆定律、基尔霍夫定律等用来解决交流电路的问题。

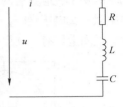

图 3-3-1 RLC 串联电路

1. 电阻、电容、电感串联电路的电压、电流关系

（1）交流电路的欧姆定律　如图 3-3-1 所示的 RLC 串联电路，在正弦电压 u 的作用下，电路中电流和各元件上的电压为同频率的正弦量。

RLC 串联电路中，有

$$u = u_R + u_L + u_C \tag{3-3-1}$$

根据前面所学知识，有

$$\dot{U}_R = \dot{I}R, \quad \dot{U}_L = jX_L\dot{I}, \quad \dot{U}_C = -jX_C\dot{I}$$

$$
\begin{aligned}
\dot{U} &= \dot{U}_R + \dot{U}_L + \dot{U}_C \\
&= \dot{U}_R + \dot{U}_X = \dot{I}R + \dot{I}(jX_L) + \dot{I}(-jX_C) \\
&= \dot{I}R + \dot{I}j(X_L - X_C) \\
&= \dot{I}R + \dot{I}jX \\
&= \dot{I}Z
\end{aligned}
$$

可得

$$\dot{I} = \frac{\dot{U}}{Z} \tag{3-3-2}$$

此即为 RLC 串联电路欧姆定律的相量形式。

取电流为参考正弦量，即 $\dot{I} = I\underline{/0°}$，则电压、电流的相量如图 3-3-2 所示。

从相量图可以看出电压有效值之间的关系为

$$U^2 = U_R^2 + U_X^2 = U_R^2 + (U_L - U_C)^2 \tag{3-3-3}$$

（2）复阻抗 Z　电路的复阻抗为

$$Z = R + jX = |Z|\underline{/\varphi} = \sqrt{R^2 + X^2}\underline{/\varphi} \tag{3-3-4}$$

它是一个复数，实部 R 是电路的电阻，虚部为电路的电抗，是电路中感抗与容抗之差，即

$$X = X_L - X_C \tag{3-3-5}$$

$|Z| = \sqrt{R^2 + X^2}$ 为电路复阻抗的模，其值也等于它的端电压及电流有效值之比，即

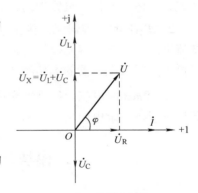

图 3-3-2 电压、电流相量图

$$|Z| = \frac{U}{I} \tag{3-3-6}$$

（3）阻抗角 φ　电路复阻抗的阻抗角为

$$\varphi = \varphi_u - \varphi_i = \arctan\frac{X_L - X_C}{R} \tag{3-3-7}$$

电路的性质由电路中的电抗值来决定，根据阻抗角可判断电路呈现的性质：

若 $X_L > X_C$，则 $\varphi > 0$，表示电路的电压超前电流，电路呈感性；

若 $X_L < X_C$，则 $\varphi < 0$，表示电路的电流超前电压，电路呈容性；

若 $X_L = X_C$，则 $\varphi = 0$，表示电路的电压与电流同相，电路处于串联谐振状态，呈电阻性。

2. 电阻、电容、电感串联电路的功率

（1）视在功率 S 表示电气设备的容量或电源提供的功率。

计算公式为

$$S = UI \tag{3-3-8}$$

S 的单位为 V·A（伏安）或 kV·A（千伏安）。

（2）有功功率（平均功率）P 表示交流负载中电阻元件消耗的功率。

计算公式为

$$P = U_R I = I^2 R = UI\cos\varphi \tag{3-3-9}$$

式中，$\cos\varphi$ 称为功率因数；P 的单位为 W（瓦）或 kW（千瓦）。

（3）无功功率 Q 表示储能元件电感和电容与电源之间进行能量交换的规模。

计算公式为

$$Q = I^2 X = I^2 (X_L - X_C) = UI\sin\varphi \tag{3-3-10}$$

Q 的单位为 var（乏）。

（4）功率之间的关系

$$S = \sqrt{P^2 + Q^2} \tag{3-3-11}$$

例 3-3-1 RLC 串联电路中，已知 $R = 50\Omega$，$X_L = 100\Omega$，$X_C = 50\Omega$，$U_R = 150V$。

（1）试求电路中电流 I、电路电压 U。

（2）求电路的有功功率、无功功率、视在功率和整个电路的功率因数。

解：（1）$I = \dfrac{U_R}{R} = \dfrac{150}{50}A = 3A$

$$Z = R + j(X_L - X_C) = 50 + j(100 - 50) = 50 + j50 = 50\sqrt{2}\underline{/45°}\,\Omega$$

$$|Z| = \sqrt{R^2 + X^2} = \sqrt{R^2 + (X_L - X_C)^2} = 50\sqrt{2}\,\Omega$$

$$U = I|Z| = 150\sqrt{2}\,V$$

（2）

$$\varphi = \arctan\frac{X_L - X_C}{R} = 45°$$

$$P = UI\cos\varphi = 450W$$

$$Q = UI\sin\varphi = 450\text{var}$$

$$S = UI = 450\sqrt{2}\,V\cdot A$$

$$\cos\varphi = \cos45° = \frac{\sqrt{2}}{2} = 0.707 > 0，电路呈感性$$

例 3-3-2 如图 3-3-3 所示的移相电路，$R = 1000\Omega$，输入电压 u_1 的频率为 300Hz，要使输出电压 u_2 的相位比 u_1 超前30°，则电容 C 的值应为多大？若将频率增高，则 u_2 超前 u_1 的角度如何变化？

解：以电路电流为参考相量，电路电压、电流相量图如图 3-3-3 所示。

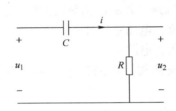

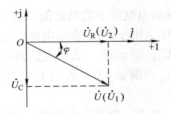

图 3-3-3 RC 移相电路及电压、电流相量图

$$U_R = U_2 = IR, \quad U_C = IX_C, \quad U = U_1 = I|Z|$$

从相量图可以看出 $\varphi = 30°$

$$\tan \varphi = \tan 30° = \frac{U_C}{U_R} = \frac{X_C}{R} = \frac{1}{\sqrt{3}}$$

所以 $X_C = \dfrac{1}{2\pi f C} = \dfrac{R}{\sqrt{3}} = \dfrac{1000}{\sqrt{3}}\Omega \approx 577.4\Omega$

$$C = \frac{1}{2\pi f X_C} = \frac{1}{2\pi \times 50 \times 577.4}F \approx 5.52\mu F$$

当电路频率增高时，电容器容抗减小，$\varphi = \arctan \dfrac{X_C}{R}$ 减小，即 u_2 超前 u_1 的角度减小。

3. 电阻、电容、电感并联电路的电压、电流关系

如图 3-3-4 所示的 RLC 并联电路，在正弦电压 u 的作用下，各支路的电流 i_R、i_L、i_C 为同频率的正弦量。电流、电压相量图如图 3-3-5 所示。

设电源电压为 $u = \sqrt{2}U\sin\omega t$，则 $\dot{U} = U \underline{/0°}$。

各支路电流对应的相量为

$$\dot{I}_R = \frac{\dot{U}}{R} = \frac{U}{R}\underline{/0°} = I_R\underline{/0°}$$

$$\dot{I}_L = \frac{\dot{U}}{jX_L} = \frac{U}{X_L}\underline{/-90°} = I_L\underline{/-90°}$$

$$\dot{I}_C = \frac{\dot{U}}{-jX_C} = \frac{U}{X_C}\underline{/90°} = I_C\underline{/90°}$$

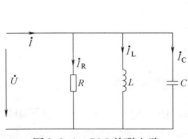

图 3-3-4 RLC 并联电路

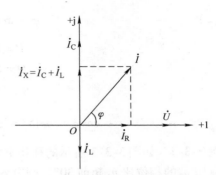

图 3-3-5   电流、电压相量图

由基尔霍夫电流定律，从相量图可得出并联电路的电流相量方程，即

$$\dot{I} = \dot{I}_R + \dot{I}_L + \dot{I}_C = \dot{U} \left(\frac{1}{R} - j\frac{1}{X_L} + j\frac{1}{X_C} \right) = \dot{U} \left[G + j(B_C - B_L) \right]$$

即

$$\dot{I} = \dot{U}Y, \qquad I^2 = I_R^2 + (I_C - I_L)^2 \qquad (3\text{-}3\text{-}12)$$

式中，$G = \dfrac{1}{R}$，为电路的电导；$B_L = \dfrac{1}{X_L}$，为电路的感纳；$B_C = \dfrac{1}{X_C}$，为电路的容纳。

则 $B = B_C - B_L$，为电路的电纳。

电路复导纳为

$$Y = G + j(B_C - B_L) = G + jB = |Y| \underline{/\varphi_Y} \qquad (3\text{-}3\text{-}13)$$

可综合反映电流与电压的大小及相位。

式（3-3-13）中，$|Y| = \sqrt{G^2 + B^2}$ 为复导纳的模，G、B_L、B_C、B、$|Y|$ 的单位均为 S（西门子）；$\varphi_y = \arctan \dfrac{B}{G} = \arctan \dfrac{B_C - B_L}{G}$，为导纳角。

4. 混联电路

交流电路中既有元件的串联又有元件的并联称为混联，如图 3-3-6 所示电路，混联电路的电压、电流计算比较复杂，但其相量形式完全满足欧姆定律、基尔霍夫定律等，有兴趣的同学可以自己学习一下。

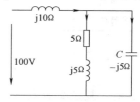

图 3-3-6 混联电路

四、测试与训练

1. 串联电路测试分析

将三个元件（$R = 1\text{k}\Omega$，$L = 100\text{mH}$，$C = 1\mu\text{F}$）组成串联电路（见图 3-3-7），电源输出调至 220V（也可根据元件情况调整，下同）。

测量有关电路参数，并将测得数据记入表 3-3-1 中，分析数据意义及产生误差的原因，分析串联电路的规律。

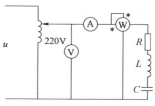

图 3-3-7 串联电路

表 3-3-1 串联电路测量数据

项目	U/V	U_R/V	U_L/V	U_C/V	U_X/V	I/A	P/W	$\cos\varphi$
测量值								
计算值								

2. 并联电路测量分析

将三个元件（$R = 1\text{k}\Omega$，$L = 100\text{mH}$，$C = 1\mu\text{F}$）组成并联电路（见图 3-3-8），电源输出调至 220V。

测量有关电路参数，并将测得数据记入表 3-3-2 中，分析数据意义及产生误差的原因，分析并联电路的规律。

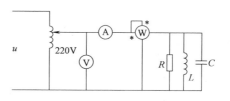

图 3-3-8 并联电路

表 3-3-2　并联电路测量数据

项目	I/A	I_R/A	I_L/A	I_C/A	I_X/A	U/V	P/W	$\cos\varphi$
测量值								
计算值								

3. 混联电路测量分析

将元件 $R = 1\text{k}\Omega$、$L = 100\text{mH}$ 串联后再与元件 $C = 1\mu\text{F}$ 并联组成混联电路，电源输出调至 220V。

测量有关电路参数，并将测得数据记入表 3-3-3 中，分析数据意义及产生误差的原因，分析混联电路的规律。

表 3-3-3　混联电路测量数据

项目	I/A	I_{RL}/A	I_C/A	U/V	P/W	$\cos\varphi$
测量值						
计算值						

五、拓展知识

复杂电路的分析计算方法

对于复杂交流电路，分析与计算仍然以欧姆定律和基尔霍夫定律等为依据，但采用的是相量形式，即相量形式的欧姆定律、基尔霍夫定律等和直流电路中所采用的对应公式在形式上完全相同，直流电路的电阻、电导分别用复阻抗、复导纳代替，直流电压、电流、电动势分别用电压相量、电流相量、电动势相量来代替。部分公式对比如下：

$$U = IR \qquad \dot{U} = \dot{I}Z$$

$$\sum I = 0 \qquad \sum \dot{I} = 0$$

$$U_{ab} = \frac{\sum \dfrac{U_S}{R}}{\sum \dfrac{1}{R}} = \frac{\sum I_S}{\sum G} \qquad \dot{U}_{ab} = \frac{\sum \dfrac{\dot{U}_S}{Z}}{\sum \dfrac{1}{Z}} = \frac{\sum \dot{I}_S}{\sum Y}$$

六、练习

1. 根据测量数据总结一下串联电路中各电压之间的关系以及与电流的关系。

2. 根据测量数据总结一下并联电路中各电流之间的关系以及与电压的关系。

3. 在 RLC 串联电路中，已知电路电流 $I = 2\text{A}$，各电压为 $U_R = 20\text{V}$，$U_L = 100\text{V}$，$U_C = 80\text{V}$。求：

1）电路总电压 U；

2）有功功率 P、无功功率 Q 及视在功率 S；

3）元件参数 R、X_L、X_C。

4. 移相电路如图 3-3-9 所示，电容 $C = 10\mu\text{F}$，输入电压 $U_1 = 10\text{V}$，频率 $f = 50\text{Hz}$，要使输出电压 U_2 较输入电压 U_1 相位后移 45°，则电阻 R 值应为多少？输出电压 U_2 数值为多少？

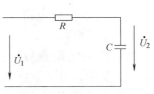

图 3-3-9　移相电路图

模块四　荧光灯电路及功率因数提高的测试分析

一、学习目标

终极目标：掌握荧光灯电路的工作原理及提高功率因数的原理。

促成目标：

1. 掌握荧光灯电路的工作原理；

2. 掌握提高感性电路功率因数的原理；

3. 会用仪表测量荧光灯电路的有关参数并分析。

二、工作任务

1. 分析荧光灯电路的工作原理；

2. 测量分析荧光灯电路。

三、理论知识

荧光灯是一般家庭普遍使用的照明灯具，其相比白炽灯光线柔和，但对电能的利用率较低，从节约能源的角度出发，我们要在利用好荧光灯的同时采取相应措施提高其电能利用率，并将此原理应用到其他电力领域。

1. 荧光灯电路的组成及工作原理

（1）电路组成及元件作用　如图 3-4-1 所示的荧光灯原理电路中显示了荧光灯电路的组成元件，其中：

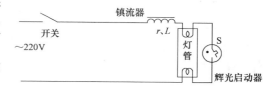

图 3-4-1　荧光灯原理电路

1）灯管：由玻璃管、灯丝和灯丝引出脚（俗称灯脚）等构成。

2）辉光启动器：由氖泡、小电容、引脚和外壳等构成。氖泡内装有动触片和静触片。

3）镇流器：主要由铁心和电感线圈组成，其品种分开启式、半封闭式、封闭式三种，其规格需与灯管功率配用。

4）开关：控制电路的通、断。

5）220V 交流电源：提供能量。

（2）电路工作原理　荧光灯工作全过程分为启辉和工作两种状态。

其工作原理是：灯管的灯丝又叫阴极，通电后发热，称阴极预热。但荧光灯管属长管放电发光类型，启辉前内阻较高，阴极预热发射的电子不能使灯管内形成回路，需要施加较高的脉冲电压。此时灯管内阻很大，镇流器因接近空载，其线圈两端的电压降极小，电源电压绝大部分加在辉光启动器上，在较高电压的作用下，氖泡内动、静两触片之间就产生辉光放电而逐渐发热，U 形双金属片因温度上升而动作，触及静触片，于是就形成启辉状态的电流回路。接着，因辉光放电停止，U 形双金属片随温度下降而复位，动、静两触片分断，于是，在电路中形成一个触发，使镇流器电感线圈中产生较高的感应电动势，与原来的电源电压一起产生高压脉冲；在脉冲电压作用下，使灯管内的惰性气体被电离而引起弧光放电，随着弧光放电而使管内温度升高，液态汞就汽化游离，游离的汞分子因运动剧烈而撞击惰性气体分子的机会骤增，于是就引起汞蒸气弧光放电，这时就辐射出紫外线，激励灯管内壁上的荧光材料而发出可见光，因其光色近似"日光色"而俗称为日光灯。

灯管启辉后内阻下降，镇流器两端的电压降随即增大（相当于电源电压的一半以上），加在辉光启动器氖泡两极间的电压也就大为下降，已不足以引起极间辉光放电，两触片保持分断状态，辉光启动器不起作用；电流即由灯管内气体电离而形成通路，灯管进入工作状态。

2. 提高功率因数的意义

1）提高功率因数，可以提高电源设备的利用率。

电源设备如发电机、变压器等是按照它的额定电压与额定电流设计的。根据公式 $P = S\cos\varphi$，在相同的设备容量时，电路的功率因数越高，电源设备发出的视在功率就能较多地形成有功功率供给负载，这样发电设备的能力就能得到充分利用。

2）提高功率因数可以降低输电线路的功率损耗。

在一定的电压下向负载输送一定的有功功率时，由公式 $I = \dfrac{P}{U\cos\varphi}$，在 P、U 一定时，$\cos\varphi$ 越大，电路电流 I 越小，线路上的电压降也越小，线路中的功率损耗也越小，在电源电压一定时，负载的端电压将减小很小，不会影响用电设备的正常工作。在供配电上，我国电力部门规定电力用户功率因数不应低于0.9，否则不予供电。

3. 提高功率因数的方法

提高功率因数就是在不改变感性负载原有电压、电流和功率的前提下，通过在感性负载两端并联适当容量的电容器来提高整个电路的功率因数，电路如图3-4-2a所示。其实质是让电感中的磁场能量与电容器的电场能量相交换，从而减少电源与负载间能量的互换，提高整个电路的功率因数。以电路电压作为参考相量，功率因数提高前后的电路相量图如图3-4-2b所示。

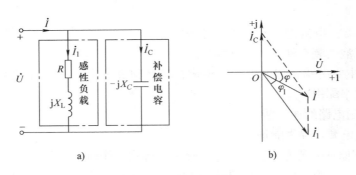

图3-4-2 功率因数的提高

有关计算公式：

$$C = \frac{P}{\omega U^2}(\tan\varphi_1 - \tan\varphi) \tag{3-4-1}$$

式中，φ_1 是电路在并联电容器前的阻抗角、φ 是电路并联电容器后的阻抗角（分别对应提高前后的功率因数）；P 是电路中电阻元件消耗的功率；U 为电路电压；C 为需要并联的电容器的容量值。

四、测试与训练

1. 分析荧光灯电路的工作原理

用万用表简单测量一下给定的元件，按荧光灯原理电路接线。

讨论各元件的作用、荧光灯启辉原理、荧光灯正常工作原理。

2. 荧光灯电路的测试

按图3-4-3将测量仪表接入电路，然后进行启辉数据的测量分析

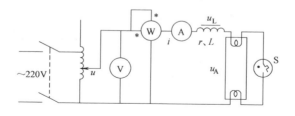

图3-4-3　荧光灯测试电路

接通220V电源，调节自耦调压器输出，使其输出电压从零缓慢增大，直到荧光灯刚启辉点亮为止，用电流表测量电路中电流，用电压表分别测量灯管两端电压、镇流器两端电压及总电压，用功率表测量电路中有功功率及功率因数，数据记入表3-4-1中，分析启辉条件。

再进行工作数据测量分析。将电压调至220V，荧光灯正常工作，测量数据并记入表3-4-1中。

表3-4-1　荧光灯电路测量数据

	测　量　数　值					计算值
	P/W	$\cos\varphi$	I/A	U/V	U_L/V	U_A/V	$\cos\varphi$
启辉值						
正常工作值						

3. 提高功率因数的研究

电路如图3-4-4所示，在荧光灯正常工作的电路两端并联一个电容，用电压表测量电路两端电压，用电流表分别测量荧光灯电流、电容器上电流及电路总电流，用功率表测量电路功率及功率因数，数据记入表3-4-2中。

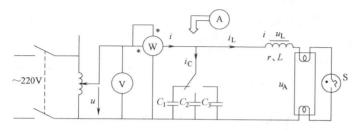

图3-4-4　提高荧光灯功率因数的实验电路

改变并联电容值，测量电路参数，分析并联电容对实验数据的影响，归纳功率因数提高原理。

表 3-4-2 荧光灯电路功率因数提高

电容值/μF	测量数值						计算值
	P/W	U/V	I/A	I_L/A	I_C/A	$\cos\varphi$	$\cos\varphi$
0							
1							
2							
3							
3.2							
4.2							
4.7							
5.7							
6.7							

五、拓展知识

1. 常用的电子镇流器

常用的电子镇流器有常用可调光电子镇流器、常用高强度放电灯电子镇流器、典型冷阴极荧光灯（CCFL）电子镇流器、数控电子镇流器等。具体可查询有关资料。

2. 功率因数提高在电力系统中的重大意义及实际措施

在电力系统的供配电上是采用并联补偿电容的方法提高功率因数的，如图 3-4-5 所示。

提高功率因数在电力系统中是一件比较重要的工作，实施过程远比家庭照明电路的功率因数提高复杂，请查询相关资料了解一下。

六、练习

1. 分析荧光灯电路的工作原理。

2. 根据荧光灯电路在并联电容前后的测量数据，分析电容器的作用及容量的确定。

3. 将一台功率因数为 0.75、功率为 1.5kW 的单相家庭用交流电动机接到 220V 的工频电源上，求：

1）线路上的电流及电动机的无功功率。

2）若要将电路的功率因数提高到 0.9，需并联多大的电容？这时线路中的电流及电源供给的有功功率、无功功率有何变化？

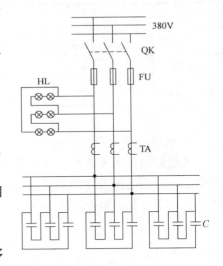

图 3-4-5 电力系统的补偿电容

模块五 交流电路的谐振分析

一、学习目标

终极目标：掌握谐振的概念及谐振的特点，会分析谐振电路。

促成目标：

1. 掌握交流电路谐振的概念、特点及品质因数的概念；
2. 会测试串联谐振电路幅频特性；
3. 会分析串联谐振电路，会应用谐振解决实际问题。

二、工作任务

1. 测量分析串联谐振电路；
2. 测量分析并联谐振电路。

三、理论知识

谐振的概念比较抽象，谐振电路的测量也比较复杂。我们要在熟练掌握谐振概念的基础上分析谐振电路，并应用于实践。

1. 谐振的概念

含有电感和电容元件的交流电路，在一定条件下，电路呈现电阻性，即电路的电压与电流为同相位，这种电路状态称为谐振。在工程技术中，对工作在谐振状态下的电路常称为谐振电路。

2. 串联谐振

（1）谐振条件 RLC 串联电路的复阻抗为

$$Z = R + \mathrm{j}(X_\mathrm{L} - X_\mathrm{C}) = R + \mathrm{j}\left(\omega L - \frac{1}{\omega C}\right) = R + \mathrm{j}X = |Z|\underline{/\varphi} \tag{3-5-1}$$

式中，$\varphi = \arctan\dfrac{\omega L - \dfrac{1}{\omega C}}{R}$。

当 $X_\mathrm{L} = X_\mathrm{C}$ 时，$\varphi = 0$，电路呈现电阻性，电压与电流同相位，这时电路发生了串联谐振。

由以上分析可见，RLC 串联电路发生谐振的条件是

$$X_\mathrm{L} = X_\mathrm{C} \tag{3-5-2}$$

即

$$\omega L = \frac{1}{\omega C} \tag{3-5-3}$$

在电路参数 L、C 一定时，调节电源的频率使电路发生谐振时的角频率称为谐振角频率，用 ω_0 表示，则有

$$\omega_0 = \frac{1}{\sqrt{LC}} \tag{3-5-4}$$

相应的谐振频率为

$$f_0 = \frac{\omega_0}{2\pi} = \frac{1}{2\pi\sqrt{LC}} \tag{3-5-5}$$

其中 L 的单位为 H（亨利），C 的单位为 F（法拉），f_0 的单位为 Hz（赫兹）。谐振时的角频率和频率仅决定于电路的电感和电容的值，是电路所固有的，所以，f_0 和 ω_0 常称为电路的固有频率和固有角频率。当电源频率等于电路的固有频率时，电路处于谐振状态。

（2）谐振特点

① 谐振时电路复阻抗 Z 就等于电路中的电阻 R，复阻抗的模达到最小值，即 $|Z| = R$。

② 谐振时电路中的电流 I 达到最大值，用 I_0 表示，并称为谐振电流。即

$$I_0 = \frac{U}{R} \tag{3-5-6}$$

③ 发生串联谐振时，电阻上的电压等于总电压；电感、电容上的电压大小相等、相位相反，数值上都等于总电压的 Q 倍。

各元件上的电压分别为

$$U_R = I_0 R = \frac{U}{R} R = U \tag{3-5-7}$$

$$U_L = U_C = I_0 X_L = I_0 X_C = \frac{\omega_0 L}{R} U = \frac{1}{\omega_0 C R} U = QU \tag{3-5-8}$$

式中，Q 称为谐振电路的品质因数，$Q = \dfrac{U_L}{U} = \dfrac{\omega_0 L}{R} = \dfrac{1}{R\omega_0 C} = \dfrac{1}{R}\sqrt{\dfrac{L}{C}}$。

④ 谐振时电能仅供给电路中的电阻元件消耗，电源与电路之间不发生能量转换，只在电感与电容间进行磁场能与电场能的转换。

（3）品质因数 Q　　Q 是一个仅与电路参数有关的常数，其值为几十以上。因此，发生串联谐振时电感及电容上的电压可以达到电源电压的 Q 倍，即 $U_{L0} = U_{C0} = QU$，故串联谐振也称为电压谐振。

3. 通频带与选择性

（1）幅频特性　　对于一个 RLC 串联电路，当外加电源电压的频率变化时，电路中的电流、阻抗等都随频率而变化，这种随频率变化的关系称为频率特性。

将串联谐振回路中电流有效值 I（或电阻上电压有效值 U_R）大小随电源频率变化的曲线称为电流（或电压）谐振曲线，又称为幅频特性曲线，如图 3-5-1 所示。

（2）Q 值与幅频特性曲线　　品质因数 Q 值不同，谐振曲线也不同。较大的 Q 值对应着较尖锐的电流谐振曲线，如图 3-5-2 所示，而较尖锐的电流谐振曲线就有较高的回路选择性。因此 Q 值越大，回路选择性就越好。

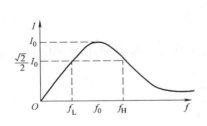

图 3-5-1　谐振曲线

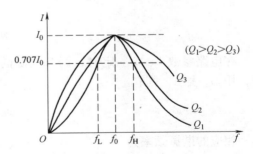

图 3-5-2　Q 值与谐振曲线

（3）通频带与选择性　　在实际应用中常把回路电流 I 不小于 $\dfrac{\sqrt{2}}{2} I_0$（即 $0.707 I_0$）的频率范围称为该回路的通频带，以 Δf 表示，如图 3-5-1 所示。则通频带为

$$\Delta f = f_H - f_L \tag{3-5-9}$$

式中，f_H 为上限截止频率；f_L 为下限截止频率，分别为电路电流值下降为谐振电流值的 $\dfrac{\sqrt{2}}{2}$ 倍

时所对应的最高频率和最低频率。

Q 值与通频带之间的关系为

$$\Delta f = \frac{f_0}{Q} \tag{3-5-10}$$

通频带规定了谐振电路允许通过信号的频率范围。可以看出，Q 值越大，通频带就越窄，电路的选择性越好；反之，通频带越宽，选择性越差。实际工作中要根据需要协调好电路的选择性与通频带的关系。

例 3-5-1 收音机输入电路可看成是一个 RLC 串联调谐回路，电感为 $250\mu H$，电阻为 25Ω，调节电容器至 $150pF$。求谐振频率及品质因数。

解：根据 $f_0 = \dfrac{\omega_0}{2\pi} = \dfrac{1}{2\pi\sqrt{LC}}$，有

$$f_0 = \frac{1}{2\pi\sqrt{LC}} = \frac{1}{2\pi\sqrt{250\times10^{-6}\times150\times10^{-12}}}\text{Hz} = 822\text{kHz}$$

$$Q = \frac{1}{R}\sqrt{\frac{L}{C}} = \frac{1}{25}\sqrt{\frac{250\times10^{-6}}{150\times10^{-12}}} = 51.6$$

4. 并联谐振

在图 3-3-4 所示的并联电路中，复导纳为 $Y = G + j(B_C - B_L) = G + jB$。

当 $B = B_C - B_L = 0$ 时，电路电压与电流同相位，电路发生并联谐振。谐振条件为

$$B_L = B_C, \quad \frac{1}{X_L} = \frac{1}{X_C}, \quad X_L = X_C \tag{3-5-11}$$

所以 $\omega L = \dfrac{1}{\omega C}$，与串联谐振条件相同。

谐振角频率、谐振频率为

$$\omega_0 = \frac{1}{\sqrt{LC}} \qquad f_0 = \frac{\omega_0}{2\pi} = \frac{1}{2\pi\sqrt{LC}} \tag{3-5-12}$$

并联谐振特点：

1）谐振时电路复导纳最小，即 $Y = G$；阻抗最大，$|Z| = R$。

2）在电压一定时，电路总电流最小，等于通过电阻元件的电流，即 $I_0 = \dfrac{U}{R}$。

3）电感和电容上电流大小相等、相位相反，数值上都等于总电流的 Q 倍，即

$$I_L = I_C = \frac{U}{\omega_0 L} = \frac{R}{\omega_0 L}\frac{U}{R} = QI_0 \tag{3-5-13}$$

$$Q = \frac{I_L}{I_0} = \frac{R}{\omega_0 L} = R\omega_0 C \tag{3-5-14}$$

Q 称为并联谐振电路品质因数，并联谐振又称为电流谐振。

4）谐振时电能仅供给电路中的电阻元件消耗，电源与电路之间不发生能量交换，只在电感与电容间进行磁场能与电场能的转换。

四、测试与训练

1. 电路准备

按图3-5-3给出的电路接线，取 $R=510\Omega$，$C=0.1\mu F$，$L=30mH$，调节信号源输出电压为1V正弦信号，并在整个实验过程中保持不变。调整示波器和毫伏表待用。

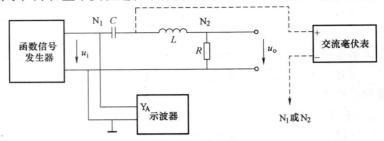

图3-5-3　串联谐振测量电路

2. 确定电路的谐振频率 f_0

将交流毫伏表跨接在电阻 R 两端，令信号源的频率由小逐渐变大（注意要维持信号源的输出幅度不变），当 U_o 的读数为最大时，读得频率计上的频率值即为电路的谐振频率 f_0，并测量元件上电压 U_o、U_L、U_C 之值（注意及时更换毫伏表的量限）。数据记入表3-5-1中。

表3-5-1　谐振测量数据1

$C=0.1\mu F$, $R=510\Omega$, $f_0=$, $\Delta f=$, $Q=$								
f/kHz								
U_o/V								
U_L/V								
U_C/V								

3. 绘制幅频特性曲线

1）在谐振点两侧，按频率递增或递减500Hz或1kHz，依次取若干测量点，逐点测出 U_o、U_L、U_C，测得的数据记入表3-5-1中。绘制曲线，计算通频带及 Q 值。

2）取 $R=2k\Omega$，重新测量数据，测得的数据记入表3-5-2中，绘制曲线，计算通频带及 Q 值。

表3-5-2　谐振测量数据2

$C=0.1\mu F$, $R=2k\Omega$, $f_0=$, $\Delta f=$, $Q=$								
f/kHz								
U_o/V								
U_L/V								
U_C/V								

3）取 $R=510\Omega$，$C=0.01\mu F$，重新测量，测得的数据记入表3-5-3中，绘制曲线，计算通频带及 Q 值。

表3-5-3　谐振测量数据3

$C=0.01\mu F$, $R=510\Omega$, $f_0=$, $\Delta f=$, $Q=$								
f/kHz								
U_o/V								

（续）

$C=0.01\mu\mathrm{F}$，$R=510\Omega$，$f_0=$　，$\Delta f=$　，$Q=$								
U_L/V								
U_C/V								

4）取 $R=2\mathrm{k}\Omega$，$C=0.01\mu\mathrm{F}$，重新测量，测得的数据记入表3-5-4中，绘制曲线，计算通频带及 Q 值。

表 3-5-4　谐振测量数据 4

$C=0.01\mu\mathrm{F}$，$R=2\mathrm{k}\Omega$，$f_0=$　，$\Delta f=$　，$Q=$								
f/kHz								
U_o/V								
U_L/V								
U_C/V								

4. 分析数据

对照各次计算数据 Δf、Q 值及得到的曲线，分析数据、曲线产生差异的原因。

五、拓展知识

1. 收音机调谐原理

收音机选台，实质就是利用了谐振电路的原理。天空中有很多电台信号，收音机通过天线将信号接收下来，送到 LC 选频电路，只有与选频电路频率相等的信号才会谐振，被选送到后级放大，我们才会听到该电台的声音。收音机输入电路原理图如图3-5-4所示。具体可查找相关收音机原理的书籍进行学习。

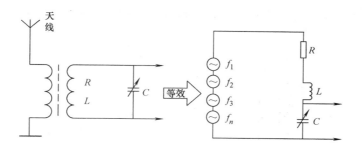

图 3-5-4　收音机输入电路原理图

2. 谐振在电力传输中的避免

谐振在许多地方得到应用，但在电力系统中要注意，有时候谐振将产生巨大的危险，原因就在于电力电路电压很高，谐振时谐振元件上的电压更高，会产生放电等现象，人体也将因此增加触电的危险。具体解释可参考有关资料。

六、练习

1. 根据测量数据绘制的幅频特性曲线是不同的，分析其中的原因。

2. 三个元件组成 RLC 串联电路，元件参数为 $L=30\mu\mathrm{H}$，$C=220\mathrm{pF}$，$R=10\Omega$，电源电压为 0.1V。若电路产生串联谐振，试求电源频率 f_0、回路的品质因数 Q 及谐振时电感上电

压 U_{L0}。

3. 有一串联谐振电路，谐振频率为 600kHz，通频带为 15kHz，求该电路的品质因数。若电容器电容为 165pF，求电感值为多少。

模块六 三相交流电路电压、电流的测试分析

一、学习目标

终极目标：掌握三相交流电路电压、电流的关系，会分析三相交流电路。

促成目标：

1. 理解三相交流电的概念；

2. 掌握与三相电路的电压、电流有关的规律；

3. 会使用仪表测量三相电路的电压、电流；

4. 会分析三相星形、三角形电路。

二、工作任务

1. 测量分析三相星形电路的电压、电流；

2. 测量分析三相三角形电路的电压、电流。

三、理论知识

三相电路比单相电路复杂，实际应用中电压值也比较高，我们首先要注意安全操作，其次要掌握正确的测量、分析方法。

1. 对称三相电源

（1）对称三相电源 三相交流电压通常是由三相交流发电机产生的。发电机的定子由结构相同、彼此独立的三相绕组 A–X、B–Y、C–Z 构成，A、B、C 是三相绕组的始端，X、Y、Z 是三相绕组的末端，三相绕组在空间彼此相隔 120°放置，如图 3-6-1 所示。

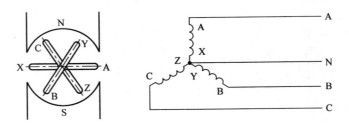

图 3-6-1 三相交流发电机

当转子以角速度 ω 匀速转动时，在定子三相绕组中将产生三个振幅相同、频率相同、相位上彼此相差 120°的正弦感应电动势，对外输出三相电压，用三个电压 u_A、u_B、u_C 分别表示三相交流发电机三相绕组的两端电压，这三个电压也频率相同、振幅相等、相位上彼此相差 120°。

以 A 相电压为参考正弦量（即初相位为 0°），A 相、B 相、C 相的电压分别为 u_A、u_B、u_C，则表达式为

$$u_A = U_m \sin\omega t$$

$$u_B = U_m \sin (\omega t - 120°)$$

$$u_C = U_m \sin (\omega t + 120°)$$

这组电压源称为对称三相电源。对称三相电源相量图如图 3-6-2 所示。

（2）相序 三相电压依次达到最大值（或零值）的先后次序称为相序。上式中，三相电压达到正的最大值的顺序是 $u_A \to u_B \to u_C \to u_A$，其相序为 A → B → C → A，这样的相序称为正序（或顺序），反之，A → C → B → A 这样的相序称为负序（或逆序）。

三相电源有两种连接方式：星形、三角形，可组成三相四线制或三相三线制。

2. 三相对称负载

三相对称负载指三相负载复阻抗的模及辐角都相等，即三相负载应完全相等，$Z_A = Z_B = Z_C = Z$。否则就称为不对称负载。

3. 三相负载星形联结时电压、电流关系

星形联结电路如图 3-6-3 所示。

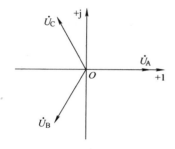

图 3-6-2 对称三相电源相量图

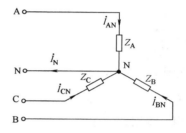

图 3-6-3 星形联结电路

（1）电源线的概念

1）端线：由电源始端 A、B、C 分别引出的三根导线称为端线，又称相线。

2）中性线：电源三个末端 X、Y、Z 连在一起构成公共点 N，又称为中性点、中点或零点。由中性点 N 引出的导线称为中性线，又称零线。

（2）有关电压、电流的概念

1）负载的相电压（U_p）：每相负载两端承受的电压称为负载的相电压。在星形联结电路中即为相线与中性线之间的电压。若忽略线路损耗，则负载相电压等于电源相电压，即 $\dot{U}_A$、$\dot{U}_B$、$\dot{U}_C$。

2）负载的线电压（U_L）：两根相线之间的电压，方向与相序一致，即 $\dot{U}_{AB}$、$\dot{U}_{BC}$、$\dot{U}_{CA}$。

3）负载相电流（I_P）：流过各相负载的电流叫作负载相电流，方向从相线指向中性线，即 $\dot{I}_{AN}$、$\dot{I}_{BN}$、$\dot{I}_{CN}$。

4）负载线电流（I_L）：流过电源相线的电流叫作线电流，方向从电源指向负载，即 $\dot{I}_A$、$\dot{I}_B$、$\dot{I}_C$。

5）中性线电流（I_N）：流过中性线的电流，方向从负载中点指向电源中点。

（3）星形电路电压、电流关系 负载作星形联结，若忽略线路损耗，则负载线电压等于电源线电压，相电压对称、线电压对称。

$$\dot{U}_{AB} = \dot{U}_A - \dot{U}_B \quad \dot{U}_{BC} = \dot{U}_B - \dot{U}_C \quad \dot{U}_{CA} = \dot{U}_C - \dot{U}_A \tag{3-6-1}$$

以 A 相相电压为参考相量，电压相量图如图3-6-4所示。

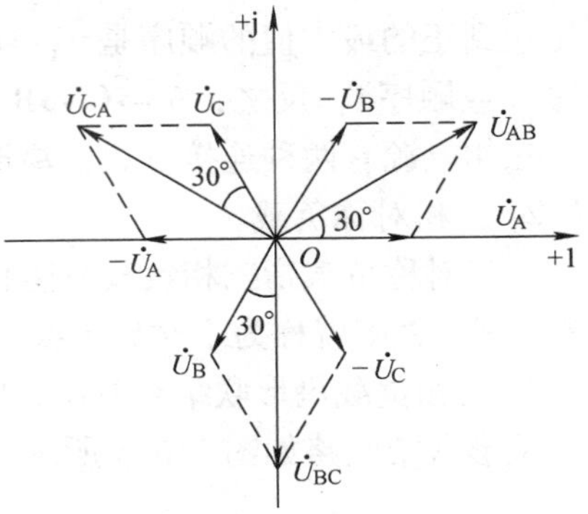

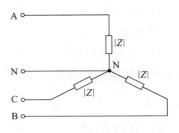

从相量图可以得出：

$$\dot{U}_{AB} = \sqrt{3}\dot{U}_A \, \underline{/30°} \quad \dot{U}_{BC} = \sqrt{3}\dot{U}_B \, \underline{/30°} \quad \dot{U}_{CA} = \sqrt{3}\dot{U}_C \, \underline{/30°} \tag{3-6-2}$$

即负载线电压大小等于负载相电压的$\sqrt{3}$倍，相位上超前相应的相电压30°。

负载作星形联结时，负载的线电流等于负载的相电流。

$$\dot{I}_A = \frac{\dot{U}_A}{Z_A} \qquad \dot{I}_B = \frac{\dot{U}_B}{Z_B} \qquad \dot{I}_C = \frac{\dot{U}_C}{Z_C} \tag{3-6-3}$$

图 3-6-4 线电压、相电压相量图

中性线电流 $\qquad\qquad \dot{I}_N = \dot{I}_A + \dot{I}_B + \dot{I}_C \tag{3-6-4}$

如果负载对称，则负载相电流对称，中性线电流为零（$\dot{I}_N = \dot{I}_A + \dot{I}_B + \dot{I}_C = 0$），电路可接成三相三线制或三相四线制。

如果负载不对称（如常见的照明供电电路），则只能接成三相四线制，用中性线来保证三相负载得到对称的三相电压。负载相电流并不对称，中性线电流不等于零，在这种情况下如果将中性线断开，负载上电压将重新分配，偏离额定值，负载将不能正常工作，甚至酿成事故。因此，在实际生活用电线路中，中性线要保证良好的机械性能，在中性线上不能安装开关和熔断器。

例 3-6-1 如图 3-6-5 所示的三相四线制电路，已知线电压为380V，每相负载阻抗为55Ω，求：

（1）负载的线电压、相电压、相电流和线电流；

（2）当中性线断开时，负载的相电压、相电流和线电流；

（3）当中性线断开且 A 相负载断路时，其余两相负载的相电压、相电流；

（4）当中性线断开且 A 相负载短路时，其余两相负载的相电压、相电流。

图 3-6-5 三相四线制电路

解：（1）在三相四线制电路中，线电压是相电压的$\sqrt{3}$倍，线电流等于相电流，所以

线电压 $U_l = 380\text{V}$，相电压 $U_p = \dfrac{U_l}{\sqrt{3}} = 220\text{V}$

线电流、相电流 $I_l = I_p = \dfrac{U_p}{|Z|} = \dfrac{220}{55}\text{A} = 4\text{A}$

（2）当中性线断开时，因为三相负载是对称的，负载上电压、电流的数值与中性线没有断开时是一样的。

（3）当中性线断开且A相负载断路时，则B、C两相负载呈串联状态，承受电源线电压，所以

负载相电压
$$U_B = U_C = \frac{1}{2}U_1 = 190V$$

负载相电流
$$I_B = I_C = \frac{U_B}{|Z|} = \frac{190}{55}A = 3.45A$$

（4）当中性线断开且A相负载短路时，则B、C两相负载直接承受电源线电压，这样容易造成事故。

负载相电压
$$U_B = U_C = U_1 = 380V$$

负载相电流
$$I_B = I_C = \frac{U_B}{|Z|} = \frac{380}{55}A = 6.9A$$

4. 三相负载三角形联结时电压、电流关系

三相负载三角形联结时电压、电流关系如图3-6-6所示，在三角形联结电路中负载相电压即为两根相线之间的电压，若忽略线路损耗，则负载相电压等于负载线电压、等于电源线电压。即 $\dot{U}_{AB} = \dot{U}_A$、$\dot{U}_{BC} = \dot{U}_B$、$\dot{U}_{CA} = \dot{U}_C$。

负载作三角形联结时，电路应是三相三线制，在这种情况下负载一般是对称的（如电机电路），负载相电流（$\dot{I}_{AB}$、$\dot{I}_{BC}$、$\dot{I}_{CA}$）对称、线电流（$\dot{I}_A$、$\dot{I}_B$、$\dot{I}_C$）也对称。

$$\dot{I}_{AB} = \frac{\dot{U}_{AB}}{Z_A} \qquad \dot{I}_{BC} = \frac{\dot{U}_{BC}}{Z_B} \qquad \dot{I}_{CA} = \frac{\dot{U}_{CA}}{Z_C} \tag{3-6-5}$$

$$\dot{I}_A = \dot{I}_{AB} - \dot{I}_{CA} \qquad \dot{I}_B = \dot{I}_{BC} - \dot{I}_{AB} \qquad \dot{I}_C = \dot{I}_{CA} - \dot{I}_{BC} \tag{3-6-6}$$

以A相相电流为参考相量，作电流相量图如图3-6-7所示。

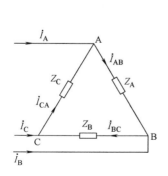

图3-6-6　三角形联结电路

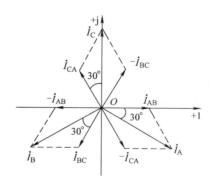

图3-6-7　线电流、相电流相量图

从相量图可以看出，负载的线电流比相电流大，是它的$\sqrt{3}$倍；相位上，线电流滞后相应的相电流30°。即

$$\dot{I}_A = \sqrt{3}\dot{I}_{AB}\underline{/-30°} \qquad \dot{I}_B = \sqrt{3}\dot{I}_{BC}\underline{/-30°} \qquad \dot{I}_C = \sqrt{3}\dot{I}_{CA}\underline{/-30°} \tag{3-6-7}$$

四、测试与训练

1. 测量分析三相对称星形负载电路的电压、电流

按图3-6-8所示组接电路，即三相灯组负载接成星形，经三相自耦调压器接通三相对称电源。

调节调压器的输出，使输出的三相电源线电压为220V。

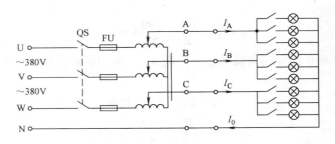

图3-6-8 三相星形负载实验电路

将三相灯负载全部接通，测量在中性线接通和断开两种情况下负载的电压、电流，数据填入表3-6-1中。

表3-6-1 星形对称负载测量数据

测量数据 负载情况	开灯盏数			线电流/A			线电压/V			相电压/V			中性线电流 I_0/A	中性点电压 U_{N0}/V
	A相	B相	C相	I_A	I_B	I_C	U_{AB}	U_{BC}	U_{CA}	U_{A0}	U_{B0}	U_{C0}		
中性线接通 （对称负载）	3	3	3											
中性线断开 （对称负载）	3	3	3											

分析相电压、线电压之间的关系，分析相电流、线电流之间的关系，分析中性线是否断开对测量结果有无影响。

2. 测量分析三相不对称星形负载电路的电压、电流

改变灯负载接通数量，使三相负载不对称，测量在中性线接通和断开两种情况下负载的电压、电流，数据填入表3-6-2中。

表3-6-2 星形不对称负载测量数据

测量数据 负载情况	开灯盏数			线电流/A			线电压/V			相电压/V			中性线电流 I_0/A	中性点电压 U_{N0}/V
	A相	B相	C相	I_A	I_B	I_C	U_{AB}	U_{BC}	U_{CA}	U_{A0}	U_{B0}	U_{C0}		
中性线接通 （不对称负载）	1	2	3											

（续）

测量数据 负载情况	开灯盏数			线电流/A			线电压/V			相电压/V			中性线电流 I_0/A	中性点电压 U_{N0}/V
	A 相	B 相	C 相	I_A	I_B	I_C	U_{AB}	U_{BC}	U_{CA}	U_{A0}	U_{B0}	U_{C0}		
中性线断开 （不对称负载）	1	2	3											
中性线接通 （B 相断）	1	0	3											
中性线断开 （B 相断）	1	0	3											

根据以上测得的数据分析相电压、线电压之间的关系，分析相电流、线电流之间的关系，分析中性线是否断开对测量结果有无影响。

3. 测量分析三相负载三角形联结时的电压、电流

将电路中的中性线去除，将三相灯负载接成三角形，电源调压器的输出调至220V，改变灯负载的接通数量，测量相应的电压、电流，数据填入表3-6-3中。

表3-6-3 三角形负载测量数据

测量数据 负载情况	开灯盏数			线电流/A			相电流/A			线电压/V		
	A 相	B 相	C 相	I_A	I_B	I_C	I_{AB}	I_{BC}	I_{CA}	U_{AB}	U_{BC}	U_{CA}
对称负载	3	3	3									
不对称负载	1	2	3									
不对称负载	1	2（电源线断）	3									
不对称负载	1	0	3									
不对称负载	3	2	3									
不对称负载	3	0	3									

根据以上测得的数据分析相电压、线电压之间的关系，分析相电流、线电流之间的关系。

测试中还可以在保证安全的前提下模拟实际生活中的情况连接电路，例如断开中性线，同时断开一条相线，观察负载现象，测量数据，还有一些短路情况也可以模拟，这样做比较具有实用价值。当然为了安全，电源电压数值可以调低至某一安全范围。

五、拓展知识

在三相负载的各种连接方式中，如果出现一相或若干相负载短路，各相电压、电流将发生怎样的变化？会产生什么后果？

六、练习

1. 什么是三相对称电源？人们生活用三相电的典型数值是多少？

2. 分析教学楼的负载连接方式，画出供电电路。实际测量教学楼各楼层的供电电压、电流，分析测量数据。

3. 某大楼采用荧光灯照明，所有荧光灯对称接在三相电源上，电源线电压为380V，荧光灯表现出来的每相负载为电阻6Ω、感抗8Ω，求负载的相电压、相电流。

模块七　三相交流电路功率的测试分析

一、学习目标

终极目标：掌握三相交流电路功率的计算方法，会分析三相电路。

促成目标：

1. 能掌握与三相电路功率有关的规律；

2. 会使用电压表、电流表、功率表测量三相电路；

3. 会分析三相星形、三角形联结电路的功率。

二、工作任务

1. 测量分析三相星形联结电路的功率；

2. 测量分析三相三角形联结电路的功率。

三、理论知识

在生产中经常发生三相电动机刚接通电源就烧毁的现象，这是什么原因呢？三相负载不同于单相负载，接在电路中可能承受线电压，也可能承受相电压。因此，电压不同，三相负载消耗的功率也不同，一旦与其功率额定值不一致，就会工作不正常甚至产生事故，而这往往是由于负载的接法不正确引起的。这一点要引起注意。图3-7-1所示是某电动机的铭牌，上面列出了电动机的各项参数、规定了电动机的接法，使用中要参照执行。

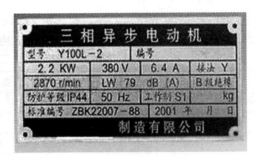

图 3-7-1　某电动机铭牌

1. 三相电路的功率

三相负载不论对称或不对称，不论是星形联结还是三角形联结，三相负载的有功功率应等于各相负载有功功率之和。即

$$P = P_A + P_B + P_C = U_{AP}I_{AP}\cos\varphi_A + U_{BP}I_{BP}\cos\varphi_B + U_{CP}I_{CP}\cos\varphi_C \tag{3-7-1}$$

同理有：

$$Q = Q_A + Q_B + Q_C = U_{AP}I_{AP}\sin\varphi_A + U_{BP}I_{BP}\sin\varphi_B + U_{CP}I_{CP}\sin\varphi_C \tag{3-7-2}$$

$$S^2 = P^2 + Q^2 \tag{3-7-3}$$

式中，U_{AP}、U_{BP}、U_{CP}是指各相负载的相电压；I_{AP}、I_{BP}、I_{CP}是指各相负载的相电流；φ_A、φ_B、φ_C是指各相负载的阻抗角，也是各相负载的相电压与相电流的相位差。

若负载对称，则三相负载的相电压、相电流都对称，即 $U_{AP} = U_{BP} = U_{CP} = U_P$，$I_{AP} = I_{BP} = I_{CP} = I_P$，$\varphi_A = \varphi_B = \varphi_C = \varphi_Z$，因此，各相负载的有功功率相等，三相负载的总有功功率为每相有功功率的3倍，即

$$\left. \begin{array}{l} P = 3U_P I_P \cos\varphi_z = \sqrt{3}U_L I_L \cos\varphi_z \\ Q = 3U_P I_P \sin\varphi_z = \sqrt{3}U_L I_L \sin\varphi_z \\ S = 3U_P I_P = \sqrt{3}U_L I_L \end{array} \right\} \tag{3-7-4}$$

例3-7-1　三相四线制的电源分别接入三相星形负载，已知 $Z_A = (6 - j8)\,\Omega$，$Z_B = 10\underline{/45°}\,\Omega$，$Z_C = 10\,\Omega$，对称三相电源的线电压为 $\dot{U}_{BC} = 380\underline{/-90°}\,V$，求：

（1）各相负载电压；

（2）各相负载电流；

（3）三相总的有功功率 P、无功功率 Q、视在功率 S。

解：（1）因为 $\dot{U}_{BC} = 380\underline{/-90°}\,V$，根据对称性可知

$$\dot{U}_{AB} = 380\underline{/30°}\,V \qquad \dot{U}_{CA} = 380\underline{/150°}\,V$$

根据三相四线制电路中线电压、相电压之间的关系，可有

$$\dot{U}_A = 220\underline{/0°}\,V \qquad \dot{U}_B = 220\underline{/-120°}\,V \qquad \dot{U}_C = 220\underline{/120°}\,V$$

（2）各相负载电流为

$$\dot{I}_A = \frac{\dot{U}_A}{Z_A} = \frac{220\underline{/0°}}{6 - j8} = \frac{220\underline{/0°}}{10\underline{/-53°}}\,A = 22\underline{/53°}\,A$$

$$\dot{I}_B = \frac{\dot{U}_B}{Z_B} = \frac{220\underline{/-120°}}{10\underline{/45°}}\,A = 22\underline{/-165°}\,A$$

$$\dot{I}_C = \frac{\dot{U}_C}{Z_C} = \frac{220\underline{/120°}}{10}\,A = 22\underline{/120°}\,A$$

由此可以看出，负载电流不对称，中性线上电流不为零，中性线不能除去，否则将影响负载、电源的正常使用。

（3）由于负载不对称，因此求三相电路总功率应先求三个单相负载功率，再进行叠加。

$$P_A = U_A I_A \cos\varphi_A = 220 \times 22 \times \cos(-53°)\ W = 2904\,W$$

$$Q_A = U_A I_A \sin\varphi_A = 220 \times 22 \times \sin(-53°)\ var = -3872\,var$$

$$P_B = U_B I_B \cos\varphi_B = 220 \times 22 \times \cos45°\,W = 3422\,W$$

$$Q_B = U_B I_B \sin\varphi_B = 220 \times 22 \times \sin45°\,var = 3422\,var$$

$$P_C = U_C I_C \cos\varphi_A = 220 \times 22 \times \cos0°\,W = 4840\,W$$

$$Q_C = U_C I_C \sin\varphi_A = 220 \times 22 \times \sin0°\,var = 0$$

$$P = P_A + P_B + P_C = 11166\,W$$

$$Q = Q_A + Q_B + Q_C = -450\,var$$

$$S = \sqrt{P^2 + Q^2} = 11175\,V \cdot A$$

2. 三相功率的测量方法

在实际测量中，可对三个单相负载的功率一一测量，相加后得到三相电路总功率；如果电路对称，则可只测一相电路的功率，电路总功率是此一相电路功率的三倍。

1）一表法：三相四线制电路中，用一只功率表测量单相负载的功率。若负载是对称的，再乘以3，就可得到三相负载的总功率；若不对称，测得三个单相功率后相加即可。这

种测量方法称为一表法。

2）二表法：对于三相三线制电路，不论负载对称与否，都可用图 3-7-2 所示的电路来测量总功率。这种测量方法称为二表法。

两只功率表的接线方法是：两只功率表的电流线圈分别串联在任意两根端线中，而电压线圈则分别并联在本端线与第三根端线之间，两只功率表的读数之和就是三相电路的总功率，即 $P = P_1 + P_2$。

3）三表法：三相四线制电路中，负载一般是不对称的，需分别测出各相功率后再相加，才能得到三相负载的总功率，测量电路如图 3-7-3 所示。这种测量方法称为三表法，即 $P = P_1 + P_2 + P_3$。

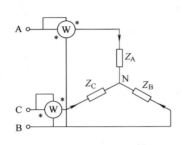

图 3-7-2　二表法测功率

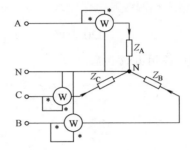

图 3-7-3　三表法测功率

四、测试与训练

1. 测量分析三相星形负载电路的有功功率

按图 3-7-4 所示的电路接线，将电路接成星形。电路中的电流表和电压表用于监视三相电流和电压，不得超过功率表电压和电流的量程。调节调压器输出，使输出线电压为 220V。

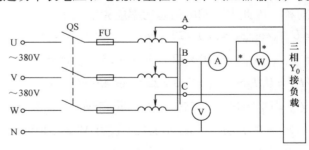

图 3-7-4　三相有功功率测量电路

首先将三只表按图 3-7-4 接入 B 相测量 P_B，然后分别将三只表换接到 A 相和 C 相，再测量 P_A 和 P_C，数据记入表 3-7-1 中，并计算总功率。将各测量数据与计算数据进行比较，分析两种数据产生差异的原因。

表 3-7-1　三相负载有功功率测量数据

负载情况	开灯盏数			测量数据			计算值
	A 相	B 相	C 相	P_A/W	P_B/W	P_C/W	ΣP/W
Y_0 接对称负载（测量）	3	3	3				
Y_0 接对称负载（计算）	3	3	3				

（续）

负载情况	开灯盏数			测 量 数 据			计算值
	A 相	B 相	C 相	P_A/W	P_B/W	P_C/W	ΣP/W
Y_0 接不对称负载（测量）	1	2	3				
Y_0 接不对称负载（计算）	1	2	3				
三角形对称负载（测量）	3	3	3	P_1/W	P_2/W	—	
三角形对称负载（计算）	3	3	3				
Y_0 接对称负载（测量）	3，4.7μF	3，4.7μF	3，4.7μF				
Y_0 接不对称负载（测量）	1，4.7μF	2，4.7μF	3，4.7μF				

比较两种连接方式下功率的数据，找出两种联结方式下功率之间的关系。

2. 测量分析三相对称星形负载电路的无功功率

按图 3-7-5 接线：I_U、U_{VW} 接法，每相负载由三盏白炽灯和 4.7μF 电容器并联而成，并由开关控制。将三相容性负载接成星形接法。将调压器的输出线电压调到 220V，读取三表的读数，并计算无功功率 ΣQ（对称三相电路总的无功功率等于功率表读数的 $\sqrt{3}$ 倍），记入表 3-7-2 中。

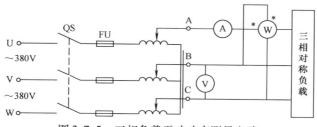

图 3-7-5 三相负载无功功率测量电路

分别按 I_V、U_{WU} 和 I_W、U_{UV} 接法，重复测量，并比较各自的 ΣQ 值，分析数据差异产生的原因。

将三相负载接成三角形，重新测量、分析。

表 3-7-2 三相负载无功功率测量数据

接法	负载情况	测量值			计算值
		U/V	I/A	Q/var	$\Sigma Q = \sqrt{3} Q$
I_U U_{VW}	（1）三相对称灯组（每相开 3 盏）				
	（2）三相对称电容器（每相 4.7μF）				
	（3）3 盏灯与 4.7μF 的电容器并联				
I_V U_{WU}	（1）三相对称灯组（每相开 3 盏）				
	（2）三相对称电容器（每相 4.7μF）				
	（3）3 盏灯与 4.7μF 的电容器并联				
I_W U_{UV}	（1）三相对称灯组（每相开 3 盏）				
	（2）三相对称电容器（每相 4.7μF）				
	（3）3 盏灯与 4.7μF 的电容器并联				

五、拓展知识

同一对称负载，接在同一三相电源上，星形联结和三角形联结时负载上电压、电流、负载消耗的功率有何不同？为什么三相电动机要按规定的接法接入电源？如果接错会产生什么后果？图3-7-6是某三相异步电动机的定子绕组接头，如何将电动机以星形联结或三角形联结接入三相电源？画出接线图。

六、练习

1. 三相负载对称或不对称，功率的测量方法有何不同？

2. 三相负载可以有几种接法？如何确定接法？

图3-7-6 三相异步电动机定子绕组接头

3. 对称三相负载星形联结，每相负载为电阻 $R = 4\Omega$、感抗 $X_L = 3\Omega$ 的串联，接于线电压为 $U_L = 380V$ 的对称三相电源上，试求负载的相电压、线电压、相电流、线电流及三相功率；若将负载三角形联结，再求负载的相电压、线电压、相电流、线电流及三相功率。

4. 三相异步电动机绕组接成三角形，电源线电压为380V，电动机功率因数为0.8、消耗功率10kW，求线电流、相电流。

项目四　磁路与变压器的测试

一、学习目标

终极目标：掌握磁路的基本概念及分析方法，掌握变压器的结构、工作原理，会测试分析交流铁心线圈、变压器。

促成目标：

1. 掌握磁路的基本概念、分析方法；
2. 掌握变压器的结构、类型及工作原理；
3. 会测试、分析交流铁心线圈、变压器。

二、工作任务

认识、测试交流接触器及变压器。

模块一　磁　　路

一、学习目标

终极目标：掌握磁路的基本概念及基本分析方法，会测试分析交流铁心线圈。

促成目标：

1. 理解磁场基本物理量；
2. 了解磁性材料的磁性能；
3. 掌握磁路的分析方法；
4. 了解交流铁心线圈的工作原理，会测试分析交流铁心线圈。

二、工作任务

交流接触器测试分析。

三、理论知识

1. 磁场基本物理量

（1）磁感应强度　磁感应强度用来表示磁场中某点磁场的强弱和方向，是个矢量，用符号 B 表示。

在磁场中某一点放置一段长度为 L、通过的电流为 I 的导体，导体与磁场方向垂直，导体所受到的磁场力为 F，则该点磁感应强度的大小为

$$B = \frac{F}{IL} \tag{4-1-1}$$

该点磁感应强度的方向与放置在该点的小磁针 N 极所指方向一致，这个方向就是该点磁场方向。

在国际单位制中，B 的单位为 T（特斯拉，简称为特）。

通常用磁感应线来描述磁场中各点的情况：磁感应线上各点的切线方向表示该点磁场方向，磁感应线疏密程度表示该点磁场强弱（磁感应线越密表示磁场越强，磁感应线越疏表

示磁场越弱)。

磁感应线是连续的闭合的曲线,磁场中任意两根磁感应线互不相交。

如果磁场内各点的磁感应强度大小相等、方向相同,则这个磁场称为匀强磁场。匀强磁场的磁感应线是一些分布均匀的平行直线。

(2) 磁通　磁场中某一面积 S 的磁感应强度 B 的通量称为磁通,用 $\varPhi$ 表示,表达式为

$$\varPhi = \int_s B\mathrm{d}S$$

若是匀强磁场,且磁场方向与 S 面垂直,则

$$\varPhi = BS \tag{4-1-2}$$

在国际单位制中,$\varPhi$ 的单位为 Wb(韦伯,简称为韦)。

根据 $\varPhi = BS$ 可得 $B = \varPhi / S$,磁感应强度可以看作是单位面积通过的磁通,所以磁感应强度通常又称为磁通密度。

(3) 磁导率　磁导率是用来表示物质导磁性能的物理量,用 μ 表示,单位是 H/m(亨/米)。

实验证明,磁场中各点的磁感应强度,不仅与产生磁场的电流和导体形状有关,还与磁场中媒介质的性质有关。媒介质不同,即 μ 不同,则磁场中同一点的磁感应强度也不同。

真空磁导率 μ_0 是一个常数,其数值为

$$\mu_0 = 4\pi \times 10^{-7} \mathrm{H/m}$$

物质按导磁性能可分成非磁性物质和磁性物质两类。非磁性物质如空气、玻璃、木材、铜、铝等,磁导率与真空磁导率接近,导磁性能较差;磁性物质如铁、钴、镍等金属及其合金,导磁性能比真空好很多,这类物质又称为铁磁性物质。

为了便于比较物质的导磁性能,引入"相对磁导率"。相对磁导率是指某种物质磁导率与真空磁导率的比值,用 μ_r 表示,即

$$\mu_r = \frac{\mu}{\mu_0} \text{或} \mu = \mu_r \mu_0 \tag{4-1-3}$$

相对磁导率没有单位,它表示在其他条件相同的情况下,媒介质中的磁感应强度是真空中的多少倍。

非磁性物质的 $\mu_r \approx 1$;磁性物质的 $\mu_r \gg 1$,且不是常数,在其他条件相同的情况下,磁性物质中所产生的磁场要比真空中的磁场强几千倍甚至几万倍,因而具有广泛的应用。

(4) 磁场强度　由于铁磁物质的磁导率不是常数,使得磁场的计算比较复杂,不便于确定磁场与产生磁场的电流之间的关系,为此引入一个新的物理量——磁场强度 H 来描述磁场性质。在磁场中,各点的磁场强度的大小与电流的大小及导体的形状有关,与媒介质的磁导率无关。磁场中某点磁场强度的大小等于该点磁感应强度与该点媒介质磁导率的比值,即

$$H = \frac{B}{\mu} \text{或} B = \mu H \tag{4-1-4}$$

磁场强度也是一个矢量,其方向与该点的磁感应强度方向一致。

在国际单位制中,H 的单位为 A/m(安/米)。

2. 磁性材料的磁性能

(1) 高导磁性　本来不具有磁性的物质,由于受外磁场的作用而具有磁性的现象称为磁化。只有铁磁性物质才能被磁化,非磁性物质是不能被磁化的。

铁磁性物质之所以能被磁化,是因为铁磁性物质是由许多称为磁畴的磁性小区域组成,

磁畴由分子电流产生，在无外磁场作用时，小磁畴杂乱无章地排列，磁性相互抵消，对外不显磁性，如图 4-1-1a 所示。但在外磁场的作用下，磁畴就会沿着磁场的方向排列，形成附加磁场，从而使原来的磁场增强，如图 4-1-1b 所示。有些铁磁性物质在去掉外磁场后，对外仍然能显示磁性，成为永久磁铁。

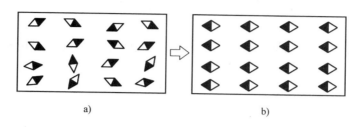

a)　　　　　　　　　　　b)

图 4-1-1　铁磁物质磁化

由于磁性材料的磁导率很高，$\mu_r \gg 1$，可达数百、数千乃至数万，所以磁性材料具有被强烈磁化的特性。

利用磁性材料的高导磁性，可将变压器、电动机等设备的线圈绕在由磁性材料做成的铁心上，线圈中通入不大的励磁电流便可以产生较强的工作磁场，从而减少线圈匝数，减轻设备的体积和重量。

（2）**磁饱和性**　将磁性材料放入磁场强度为 H 的磁场中（该磁场由线圈的励磁电流产生），磁性材料会被磁化，其磁化曲线（磁性材料的 B 随 H 的变化曲线，又称为 $B—H$ 曲线）如图 4-1-2 所示，开始时 B 随着 H 近乎正比例增长，而后，随着 H 的增加，B 的增加缓慢下来，最后趋向磁饱和。即 B 不会随着 H 的增强而无限增强，当磁场强度（由励磁电流 I 决定）增大到一定数值时，磁感应强度 B 达到饱和状态，即使再增加励磁电流，磁性材料的磁场也不会变得更强。

（3）**磁滞性**　在铁心线圈中通入交流电，铁心受到交变磁化，交流电变化一周，铁心中磁感应强度 B 随磁场强度 H 而变化的关系如图 4-1-3 所示。

从图中可以看出，磁感应强度的变化总是滞后于磁场强度的变化，这就称为磁滞性，图 4-1-3 的磁化曲线称为磁滞回线。

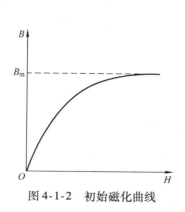

图 4-1-2　初始磁化曲线

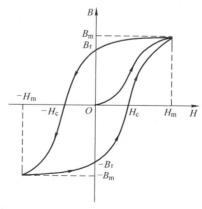

图 4-1-3　磁滞回线

当线圈中电流减小到零值（即 $H=0$）时，铁心中磁化时得到的磁性并没有完全消失，而是保留一定的磁感应强度，即剩磁感应强度 B_r（剩磁）。永久磁铁的磁性就是由剩磁产生的。

如果要使铁心的剩磁消失，就要改变线圈中励磁电流的方向（改变磁场强度 H 的方向）来对铁心反方向磁化，使铁心中磁感应强度 B 数值为零的磁场强度 H 称为矫顽力，用 H_c 表示。

不同的磁性物质，其磁滞回线也不同。磁性物质根据磁滞回线的形状可以分成软磁性物质、硬磁性物质和矩磁性物质三种类型。

1）软磁性物质：磁滞回线窄而陡，容易磁化，剩磁和矫顽力都较小，常见的有铸铁、硅钢、坡莫合金、铁氧体等，适用于需要反复磁化的场合，可以用来制造电机、变压器铁心及录音机的磁头等。

2）硬磁性物质：磁滞回线宽而平，不易磁化，但剩磁和矫顽力都较大，常见的有钨钢、碳钢、钡铁氧体等，适合制成永久磁铁。

3）矩磁性物质：磁滞回线接近矩形，用很小的外磁场就能让它达到饱和状态，去掉外磁场后磁感应强度仍然保持与饱和时一样，剩磁较大、矫顽力较小，常见的有锰镁铁氧体、锂镁铁氧体等，适用于制作计算机和控制系统的记忆元件等。

3. 磁路的分析方法

磁路就是磁通所经过的路径，图4-1-4所示就是几种常见的磁路。

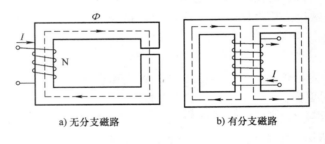

图4-1-4 磁路

没有铁心的线圈产生的磁通弥散在空间中；线圈绕在铁心上，由于铁心的磁导率远大于空气的磁导率，使得绝大多数的磁通集中在铁心内部，并形成通路，即使磁路上存在空气隙，空气隙处也只有少量磁通泄漏出去，可以认为空气隙处磁通和铁心内磁通相等。

以图4-1-4a所示的磁路为例，有安培环路定律：在磁路中，沿任一闭合路径，磁场强度的线积分等于闭合路径内电流的代数和。用公式表示为

$$\oint H \mathrm{d}L = \sum I$$

式中，L 为各段磁路的长度；H 为磁路铁心（或空气隙）的磁场强度。当电流的方向与磁场强度的方向符合右手螺旋定则时，电流取正，否则取负。

当磁路为无分支的均匀磁路、磁路各段材料和截面积相同时，公式可简化为

$$HL = NI \qquad\qquad (4\text{-}1\text{-}5)$$

式中，N 为线圈匝数；L 为磁路平均长度；HL 称为磁压降。

当磁路为无分支的均匀磁路、磁路由不同材料（如铁心和空气隙）构成时，公式可简化为

$$\sum HL = NI \tag{4-1-6}$$

根据公式 $B = \mu H$、$\Phi = BS$，可得

$$\Phi = BS = \mu HS = \mu \frac{NI}{L} S = \frac{NI}{\frac{L}{\mu S}} = \frac{F}{R_m} \tag{4-1-7}$$

该公式称为磁路的欧姆定律。

式中，$F = NI$ 称为磁动势，单位是 A（安）；$R_m = \frac{L}{\mu S}$ 称为磁阻，表示磁路对磁通的阻碍作用。

需要注意的是，由于铁磁材料的 μ 不是常数，所以磁阻 R_m 也不是常数，因此磁路欧姆定律一般不用来对磁路进行计算，而是常用来对磁路进行定性分析。

磁路欧姆定律与电路欧姆定律在形式上相似。磁路与电路对应的物理量及其关系见表4-1-1。

表 4-1-1 磁路与电路的比较

磁路	电路
磁动势 F	电动势 E
磁通 Φ	电流 I
磁阻 $R_m = \frac{L}{\mu S}$	电阻 $R = \frac{l}{\gamma S}$
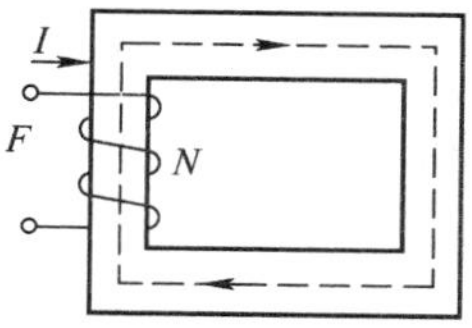	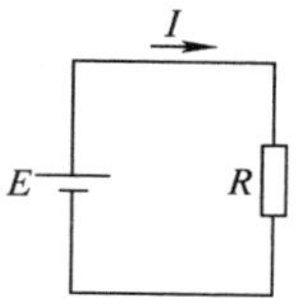
$\Phi = \frac{F}{R_m} = \frac{NI}{\frac{L}{\mu S}}$	$I = \frac{E}{R} = \frac{E}{\frac{l}{\gamma S}}$

例 4-1-1 如图 4-1-4a 所示磁路，铁心平均长度 $L_1 = 100\text{cm}$，空气隙长度 $L_0 = 2\text{cm}$，铁心和空气隙的截面积 $S = 10\text{cm}^2$。当磁路中磁通 $\Phi = 0.0012\text{Wb}$ 时，铁心中磁场强度 $H_1 = 600\text{A/m}$。求铁心和空气隙的磁阻及线圈磁动势。

解：先求铁心与空气隙的磁感应强度

$$B_1 = \frac{\Phi}{S} = \frac{0.0012\text{Wb}}{10 \times 10^{-4}\text{m}^2} = 1.2\text{T} = B_0$$

求铁心磁导率

$$\mu_1 = \frac{B_1}{H_1} = \frac{1.2\text{T}}{600\text{A/m}} = 2 \times 10^{-3}\text{H/m}$$

再求空气隙中磁场强度

$$H_0 = \frac{B_0}{\mu_0} = \frac{1.2\text{T}}{4\pi \times 10^{-7}\text{H/m}} \approx 955414\text{A/m}$$

分别求铁心和空气隙磁阻

$$R_{m1} = \frac{L_1}{\mu_1 S} = \frac{100 \times 10^{-2}\text{m}}{2 \times 10^{-3}\text{H/m} \cdot 10 \times 10^{-4}\text{m}^2} = 5 \times 10^5\text{H}^{-1}$$

$$R_{m0} = \frac{L_0}{\mu_0 S} = \frac{2 \times 10^{-2}\text{m}}{4\pi \times 10^{-7}\text{H/m} \times 10 \times 10^{-4}\text{m}^2} = 1.59 \times 10^7\text{H}^{-1}$$

求线圈中磁动势

$$F = NI = H_1 L_1 + H_0 L_0$$
$$= 600\text{A/m} \times 100 \times 10^{-2}\text{m} + 955414\text{A/m} \times 2 \times 10^{-2}\text{m}$$
$$\approx 19708\text{A}$$

4. 交流铁心线圈

铁心线圈分成直流铁心线圈和交流铁心线圈两种。直流铁心线圈用直流电来励磁，因为是直流电，产生的磁通恒定。在一定电压下，线圈中电流只和线圈本身的直流电阻有关，电路分析比较简单。

交流铁心线圈通入交流电，电路如图4-1-5所示，设交流电压为u，线圈中产生的电流为i，线圈匝数为N，磁动势Ni产生交变磁通，磁通的大部分通过铁心闭合，即主磁通Φ，还有少部分磁通通过空气或其他非导磁介质闭合，即漏磁通Φ_σ。主磁通和漏磁通在线圈中分别产生感应电动势——主电动势e和漏电动势e_σ。

铁心线圈交流电路的电压和电流之间的关系由基尔霍夫电压定律可以得出：

$$u = u_R + (-e) + (-e_\sigma) = Ri + N\frac{\mathrm{d}\Phi}{\mathrm{d}t} + N\frac{\mathrm{d}\Phi_\sigma}{\mathrm{d}t} \tag{4-1-8}$$

式中，R是铁心线圈的电阻。

一般情况下，电阻上电压降$u_R = Ri$很小，漏磁通Φ_σ及其产生的感应电动势e_σ也很小，通常可以忽略不计，因此式（4-1-8）可以简化成

$$u \approx N\frac{\mathrm{d}\Phi}{\mathrm{d}t} \tag{4-1-9}$$

设主磁通$\Phi = \Phi_m \sin \omega t$（$\Phi_m$是铁心中交变磁通的最大值，单位为Wb）

则

$$u \approx N\frac{\mathrm{d}\Phi}{\mathrm{d}t} = N\omega\Phi_m\cos \omega t = 2\pi f N\Phi_m\cos \omega t = 2\pi f N\Phi_m\sin (\omega t - 90°)$$

铁心线圈上电压最大值为

$$U_m = 2\pi f N\Phi_m = 2\pi f N B_m S \tag{4-1-10}$$

式中，B_m是铁心磁感应强度的最大值，单位为T；S是铁心截面积，单位为m^2。

铁心线圈上电压有效值为

$$U = \frac{U_m}{\sqrt{2}} = 4.44 f N\Phi_m = 4.44 f N B_m S \tag{4-1-11}$$

交流铁心线圈的功率损耗由铜损耗ΔP_{Cu}和铁损耗ΔP_{Fe}两部分组成。铜损耗即线圈电阻R的功率损耗$I^2 R$；铁损耗即铁心的功率损耗，又包括磁滞损耗ΔP_h和涡流损耗ΔP_e。

由磁滞产生的损耗称为磁滞损耗，它与磁滞回线包围的面积成正比，磁滞损耗会引起铁

心发热，为了减小磁滞损耗，应选用磁滞回线狭小的软磁性材料如硅钢片等制作铁心。

由涡流产生的损耗称为涡流损耗。由于铁磁材料既导磁又导电，当线圈中通入交流电时，产生的交变磁通不仅在线圈里产生感应电动势，而且在铁心里也产生感应电动势和感应电流，感应电流在铁心中与磁通垂直的平面上呈旋涡状，称为涡流，如图4-1-6所示。涡流损耗也会引起铁心发热，整块铁心涡流路径短、电阻小，产生的涡流很大，这样形成的涡流会使铁心急剧发热，为了减小涡流损耗，可将彼此绝缘的硅钢片叠成铁心，这样可加大铁心回路电阻，减小涡流。当然，涡流效应也有有益的一面，如工业上感应加热炉就利用涡流来冶炼金属、家庭中使用的电磁炉就是利用电磁感应原理产生涡流将电能转化成热能加热食物等。

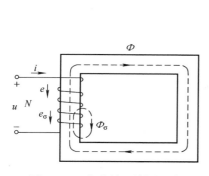

图4-1-5 交流铁心线圈电路

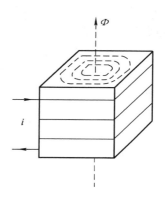

图4-1-6 铁心中的涡流

5. 电磁铁

电磁铁是根据电磁感应原理，利用通电的铁心线圈吸引衔铁动作的一种电器，衔铁的动作使得其他机械装置发生联动，完成机械控制或电路控制。电磁铁可分为线圈、铁心、衔铁三部分，其结构通常有图4-1-7所示的几种。电磁铁的工作原理为：线圈通电，励磁电流在铁心中产生磁场，吸力使衔铁吸合；线圈断电，励磁电流消失，铁心中磁场消失，失去吸力，衔铁释放。

电磁铁在生产生活中的应用极为普遍，如可以用它来提放较重材料（如钢铁等）、夹持工件、电动机抱闸制动，还可以以电磁铁为核心制作自动控制电器，如接触器、继电器、电磁阀等。

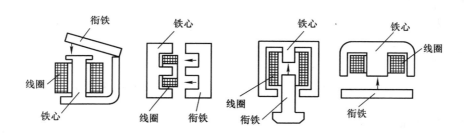

图4-1-7 电磁铁的结构形式

电磁铁的吸力是它的主要参数之一。电磁铁铁心线圈通电后，对衔铁的吸力计算公式为

$$F = \frac{10^7 B^2 S}{8\pi} = \frac{10^7 \Phi^2}{8\pi S} \qquad (4\text{-}1\text{-}12)$$

式中，B 是空气隙中磁感应强度，单位是 T（Φ 是空气隙中磁通，单位是 Wb），与铁心中磁感应强度、磁通近似相等；S 是空气隙截面积，单位是 m^2；F 为铁心对衔铁的吸力，单位是 N（牛）。

对于直流电磁铁，励磁电流与线圈电阻有关，与空气隙无关，因此在衔铁吸合前后线圈中电流不变、磁动势 NI 不变。但是随着吸合过程，空气隙变小，磁路磁阻变小，磁通增大，吸力增大。衔铁吸合后，磁路中磁通比吸合前大得多，吸力也比吸合前大得多。直流电磁铁的铁心一般由整块的铸钢、软钢等制成。

对于交流电磁铁，通入交变励磁电流，产生交变磁通，产生的吸力也随时间而变化，如图 4-1-8 所示。设空气隙处磁通为

$$\Phi = \Phi_m \sin \omega t$$

则交变电磁吸力为

$$
\begin{aligned}
f &= \frac{10^7 \left(\Phi_m \sin \omega t \right)^2}{8\pi S} \\
&= F_m \sin^2 \omega t \\
&= F_m \left(\frac{1 - \cos 2\omega t}{2} \right) \\
&= \frac{1}{2} F_m - \frac{1}{2} F_m \cos 2\omega t
\end{aligned}
$$

式中，$F_m = \dfrac{10^7 \Phi_m^{\,2}}{8\pi S}$ 为电磁吸力的最大值。

电磁吸力的平均值为

$$F = \frac{1}{2} F_m = \frac{10^7 \Phi_m^{\,2}}{16\pi S} \qquad (4\text{-}1\text{-}13)$$

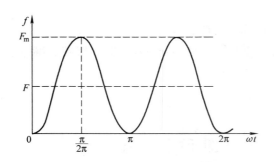

图 4-1-8 交流电磁铁的吸力

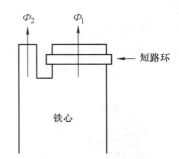

图 4-1-9 短路环

交流电磁铁通入电压大小和频率不变的交流电时，在衔铁吸合过程磁路中磁通最大值基本不变，电磁吸力平均值基本不变，随着空气隙的减小，磁路磁阻减小，磁动势随之减小，线圈中电流也逐渐减小，即励磁电流在衔铁吸合前大、吸合后小（吸合前电流比吸合后电流大几倍至几十倍）。在衔铁频繁开、合的情况下，交流电磁铁线圈中的冲击电流很大，很

容易造成线圈过热损坏,所以应减少交流电磁铁单位时间内操作次数。

另外,从图 4-1-8 可以看出,交流电磁铁的电磁吸力是周期性变化的(在某一瞬间吸力为零),会引起衔铁振动,产生噪声,造成机械磨损,降低电磁铁使用寿命。为了消除这种现象,可在铁心的部分端面上套一个短路环,如图 4-1-9 所示。工作时短路环上产生感应电流,阻碍原磁通的变化,使得这部分铁心上磁通与其他部分铁心上磁通出现相位差,因此铁心各部分吸力也就不会同时为零,这样就消除了衔铁的振动。

为了减小损耗,交流电磁铁的铁心和衔铁由硅钢片叠成。

例 4-1-2　有一交流接触器,加 24V 直流电时电流为 1A。将其接在电路中,加 220V 交流电,电流为 1.5A,消耗功率 110W。求接触器感抗、工作时铜损、铁损及功率因数。

解:(1) 接触器接直流电,接触器直流电阻起作用,则 $R = \dfrac{U}{I} = \dfrac{24}{1}\Omega = 24\Omega$

(2) 接触器接上交流电,其阻抗为 $|Z| = \dfrac{U}{I} = \dfrac{220}{1.5}\Omega = 146.7\Omega$

因为 $|Z| = \sqrt{R^2 + X_L^2}$,所以 $X_L = \sqrt{|Z|^2 - R^2} = \sqrt{146.7^2 - 24^2}\Omega = 144.7\Omega$

接触器铜损为 $\Delta P_{Cu} = I^2 R = 1.5^2 \times 24W = 54W$

接触器铁损为 $\Delta P_{Fe} = P - \Delta P_{Cu} = 110W - 54W = 56W$

接触器功率因数为 $\cos\varphi = \dfrac{P}{S} = \dfrac{P}{UI} = \dfrac{110}{220 \times 1.5} = 0.33$

四、测试与训练

1. 分析 CJX1 – 9/22 交流接触器的工作原理

CJX1 – 9/22 交流接触器(见图 4-1-10)在电力系统中供远距离接通和分断电路使用,适用于控制交流电动机的起动、停止和反转。有 3 对常开主触点(L1 – T1、L2 – T2、L3 – T3)、2 对常开辅助触点(13-14、43-44)、2 对常闭辅助触点(21-22、31-32),额定工作电流 9A(AC – 3/380V)。分析该交流接触器的工作原理。

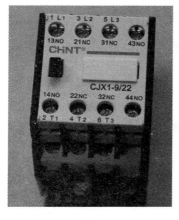

图 4-1-10　CJX1 – 9/22 交流接触器及其线圈

2. CJX1 – 9/22 交流接触器静电测试

将 CJX1 – 9/22 交流接触器不通电,用万用表测量接触器线圈电阻、各触点之间电阻。按下接触器衔铁,重新测量数据。数据填入表 4-1-2,判断接触器质量。

表4-1-2　接触器静电测试

项目	线圈	主 L1 – T1	主 L2 – T2	主 L3 – T3	辅 13 – 14	辅 21 – 22	辅 31 – 32	辅 43 – 44
电阻值/Ω								
电阻值/Ω (压下衔铁)								

3. CJX1 – 9/22 交流接触器通电测试

按图4-1-11连接电路，合上开关，将观察到的现象填入表4-1-3中。

表4-1-3　接触器通电测试

项目	线圈	主触点			辅助触点			
	衔铁	EL1	EL2	EL3	EL1	EL2	EL3	EL4
未合上开关时								
合上开关								

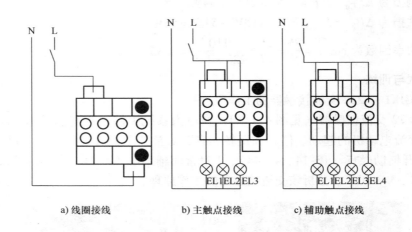

a) 线圈接线　　　　b) 主触点接线　　　　c) 辅助触点接线

图4-1-11　接触器接线图

五、拓展知识

电气控制电路中用到大量的接触器（交流接触器、直流接触器）、继电器（电流继电器、电压继电器、中间继电器、时间继电器、热继电器以及温度继电器、压力继电器、计数继电器、频率继电器等），具体介绍见项目七模块二。

六、练习

1. 有一交流铁心线圈，线圈匝数为1000匝，铁心截面积为10cm^2，磁路的平均长度为31.4cm，铁心的相对磁导率为3500，线圈中电流为0.2A，求线圈铁心中磁通大小。

2. 有一交流线圈，接在交流电路中，电压为220V、电流为2A、消耗功率100W。求线圈电阻和感抗、线圈功率因数。

模块二　变压器的测试与使用

一、学习目标

终极目标：掌握变压器的结构及工作原理，会测试变压器。

促成目标：

1. 了解变压器的类型；

2. 掌握变压器的结构及工作原理；

3. 会测试小型变压器。

二、工作任务

1. 变压器工作原理分析。

2. 变压器常规测试。

三、理论知识

变压器是输变电能的常用电器，它可以把电能进行同频率的电压、电流、阻抗和相位变换，在日常生产、生活中应用十分广泛。

1. 变压器的类型

变压器有很多类型，常见的分类方法有以下几种：

（1）按用途不同分类　分为电力变压器（又可分为升压变压器、降压变压器、配电变压器、厂用变压器等）、特种变压器（电炉变压器、整流变压器、电焊变压器等）、仪用互感器（电压互感器、电流互感器）、试验用的高压变压器和调压器等。部分变压器实物如图4-2-1所示。

图 4-2-1　按用途分类的部分变压器实物图

（2）按绕组结构不同分类　分为双绕组变压器、三绕组变压器、多绕组变压器和自耦变压器。部分变压器如图4-2-2所示。

a) 双绕组变压器　　　　　　　b) 三绕组变压器　　　　　　　c) 自耦变压器

图 4-2-2　按绕组结构分类的部分变压器实物图

（3）按铁心结构不同分类　分为心式变压器和壳式变压器。

（4）按工作电压相数不同分类　分为单相变压器、三相变压器、多相（如整流用的六相）变压器。

（5）按调压方式不同分类　分为无励磁调压变压器、有载调压变压器。

（6）按冷却方式不同分类　分为干式变压器、油浸自冷变压器、油浸风冷变压器、强迫油循环冷却变压器、强迫油循环导向冷却变压器、充气式变压器等。

（7）按容量不同分类　分为小型变压器（容量为630kV·A及以下）、中型变压器（容量为800～6300kV·A）、大型变压器（容量为8000～63000kV·A）、特大型变压器（容量为900000kV·A及以上）。

2. 变压器的结构

（1）铁心　铁心是变压器的磁路部分。为了减小涡流损耗和磁滞损耗，变压器的铁心一般由含硅量约为5%、相互绝缘的0.35mm或0.5mm厚的硅钢片叠压而成。为了减小气隙，硅钢片通常采用交错方式叠装，如采用E形、F形、日形、C形，使硅钢片的接缝错开，如图4-2-3所示。如图4-2-4所示为E形铁心实物图。

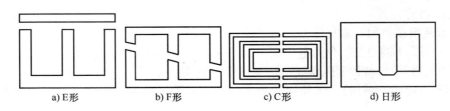

a) E形　　　　b) F形　　　　c) C形　　　　d) 日形

图4-2-3　小型变压器的铁心硅钢片

变压器铁心可分为心式和壳式两种。

心式变压器的结构特点是绕组包围铁心，构造比较简单，这种结构在单相和三相电力变压器中应用最多。壳式变压器的结构特点是铁心包围绕组，这种结构在单相和小容量变压器中普遍应用，某些特殊变压器也采用此结构，如电焊变压器等。图4-2-5为心式和壳式变压器结构示意图。

图4-2-4　E形铁心实物图

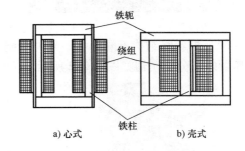

a) 心式　　　　b) 壳式

图4-2-5　心式和壳式变压器结构

铁心的紧固方式分铁柱夹紧和铁轭夹紧。铁柱的夹紧可用楔柱楔紧、夹紧螺杆夹紧及绝缘带或金属带扎紧，如采用夹紧螺杆必须与硅钢片绝缘。

（2）绕组　绕组是变压器的电路部分。绕组由绝缘铜导线或铝导线绕制而成。

　　变压器中，和电源相连的绕组称为一次绕组（旧称初级绕组），和负载相连的绕组称为二次绕组（旧称次级绕组），如图 4-2-6 所示。

　　　　　　a）一次绕组　　　　　　　　　　　b）二次绕组

图 4-2-6　变压器绕组

　　小容量变压器的绕组可制成长方形或正方形，结构简单，制造方便。电力变压器和其他容量较大的心式变压器的绕组都做成圆筒形，按照一、二次绕组套在铁心上的位置不同，可分为同心式绕组和交叠式绕组。

　　同心式绕组是将一、二次绕组套在同一铁柱上，为了便于绝缘，一般将低压绕组放在内层，如图 4-2-7a 所示。同心式绕组结构简单、制造方便，是一种常用的形式。

　　交叠式绕组是将一、二次绕组交替地套在铁柱上，为了便于绝缘，通常在铁轭处放置低压绕组，如图 4-2-7b 所示。

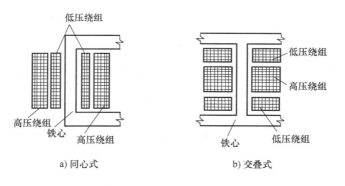

　　　　　　a）同心式　　　　　　　　　　　b）交叠式

图 4-2-7　变压器绕组的结构

　　大多数电力变压器都采用同心式绕组。

　　（3）附件　为了保证变压器的安全和可靠运行，变压器还要装配有一些其他部件，如铁壳、铝壳外罩、冷却设施等。工农业生产上用的电力变压器就有油箱、储油柜、分接开关、安全气道、气体继电器、绝缘套管等附件。图 4-2-8 所示为三相油浸式电力变压器外形结构图。

　　3. 变压器的工作原理

　　变压器是根据电磁感应原理工作的。如图 4-2-9 为变压器的工作原理图。

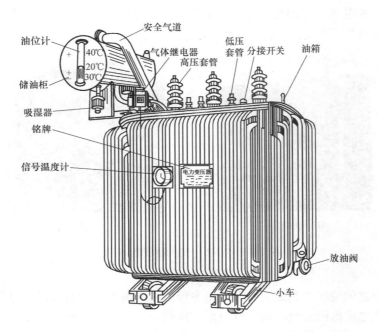

图4-2-8 三相油浸式电力变压器外形结构图

当变压器一次绕组通以交流电流时，交变电流将在铁心中产生交变磁通，这个变化的磁通经过闭合磁路同时穿过一次绕组、二次绕组，根据电磁感应原理，在一、二次绕组都产生感应电动势（即自感电动势、互感电动势）。对于负载来说，二次绕组的感应电动势相当于电源，电能将通过负载进行能量转换。这就是变压器的基本工作原理。

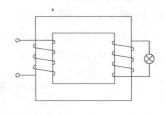

图4-2-9 变压器工作原理图

（1）变压器的空载运行与电压变换 在一般情况下，变压器的损耗和漏磁都很小，可以看作是理想变压器。

将变压器二次侧负载断开，变压器一次绕组中只有很小的空载电流（励磁电流），在一、二次绕组中产生感应电动势为 $e_1 = -N_1 \dfrac{\Delta\varphi}{\Delta t}$ $e_2 = -N_2 \dfrac{\Delta\varphi}{\Delta t}$

式中，"–"号表示感应电动势总是阻碍原磁通的变化。

感应电动势的绝对值为 $e_1 = N_1 \left| \dfrac{\Delta\varphi}{\Delta t} \right|$, $e_2 = N_2 \left| \dfrac{\Delta\varphi}{\Delta t} \right|$

感应电动势的有效值为 $E_1 = 4.44 f N_1 \Phi_m$, $E_2 = 4.44 f N_2 \Phi_m$

一、二次绕组两边的电压近似等于一、二次绕组的电动势，即 $U_1 \approx E_1$、$U_2 \approx E_2$。

所以有

$$\frac{U_1}{U_2} \approx \frac{E_1}{E_2} = \frac{4.44 f N_1 \Phi_m}{4.44 f N_2 \Phi_m} = \frac{N_1}{N_2} = K \qquad (4\text{-}2\text{-}1)$$

K 称为变压器的电压比，可见变压器一、二次绕组的端电压之比等于这两个绕组的匝数比。

1）$K > 1$ 时，$N_1 > N_2$，$U_1 > U_2$，变压器为降压变压器。

2）$K < 1$ 时，$U_1 < U_2$，$N_1 < N_2$，变压器为升压变压器。

3）$K = 1$ 时，$N_1 = N_2$，$U_1 = U_2$，变压器用作隔离变压器。

（2）变压器的负载运行与电流变换　当变压器接上负载后，一次绕组上的电流为 i_1（比空载电流大）、二次绕组中的电流为 i_2，一、二次绕组的电阻、铁心的磁滞损耗和涡流损耗都会损耗一定的能量，但该能量通常远小于负载消耗的电能，在分析计算时可忽略不计，也认为是理想状况。此时，变压器输入功率等于负载消耗的功率，即

$$U_1 I_1 \cos\varphi_1 = U_2 I_2 \cos\varphi_2 \qquad \cos\varphi_1 = \cos\varphi_2$$

所以有

$$\frac{I_1}{I_2} = \frac{U_2}{U_1} = \frac{N_2}{N_1} = \frac{1}{K} \tag{4-2-2}$$

可见变压器带负载工作时，一、二次电流有效值之比等于匝数比的反比。变压器在变换电压的同时，电流也跟着变换。

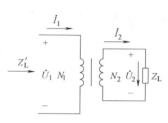

图 4-2-10　变压器的阻抗变换

（3）变压器的阻抗变换　变压器的阻抗变换如图 4-2-10 所示。对于理想变压器，忽略掉各种功率损耗，变压器一、二次侧的视在功率、有功功率、无功功率均相同。设变压器二次回路阻抗为 Z_L，一次回路的等效阻抗为 Z'_L，可以推导出：

$$|Z'_L| = \frac{U_1}{I_1} = \frac{\frac{N_1}{N_2} U_2}{\frac{N_2}{N_1} I_2} = \left(\frac{N_1}{N_2}\right)^2 \frac{U_2}{I_2} = \left(\frac{N_1}{N_2}\right)^2 |Z_L| \tag{4-2-3}$$

可见，二次侧接入的阻抗 $|Z_L|$ 就相当于从一次侧的电源上直接接上一个阻抗，即

$$|Z'_L| = K^2 |Z_L| \tag{4-2-4}$$

4. 变压器的额定容量、效率

（1）额定容量　额定容量表示在额定工作条件下变压器的输出功率，是指变压器的视在功率。

1）对单相变压器，二次绕组的额定电压 U_2 与额定电流 I_2 的乘积是其容量，一次绕组的额定电压 U_1 与额定电流 I_1 的乘积也是其容量，即 $S = U_2 I_2 = U_1 I_1$。

2）对三相变压器，其容量为 $S = \sqrt{3} U_2 I_2 = \sqrt{3} U_1 I_1$。

S 的单位为 $V \cdot A$（伏安）、$kV \cdot A$（千伏安）、$MV \cdot A$（兆伏安）。

（2）效率　变压器是应用电磁感应原理，把输入的交流电升高或降低为同频率的交流电压输出。传输电能过程中，不可避免地要产生损耗（主要是铁损耗和铜损耗两部分），表现为变压器一次侧输入有功功率 P_1 和二次侧输出有功功率 P_2 之差。

我们将变压器的输出功率 P_2 与输入功率 P_1 的比值定义为变压器的效率，用符号 η 表示。计算公式为

$$\eta = \frac{P_2}{P_1} \times 100\% \tag{4-2-5}$$

变压器的效率高低反映了变压器运行的经济性，是运行性能的重要指标。由于变压器是

一种静止的电气设备，在能量传输过程中没有机械损耗，所以它的效率很高。

5. 变压器的外特性

当一次电压 U_1 和负载的功率因数 $\cos\varphi_2$ 一定时，二次绕组输出的电压 U_2 与负载电流 I_2 的关系，称为变压器的外特性。

1）当负载为纯电阻时，$\cos\varphi_2 = 1$，随着负载电流 I_2 的增大，变压器二次绕组的输出电压逐渐降低，即变压器输出电压具有下降的外特性，但下降并不多。

2）当负载为电感性时，$\cos\varphi_2 < 1$，随着负载电流 I_2 的增大，变压器二次绕组的输出电压下降较快。

3）当负载为电容性时，$\cos\varphi_2 < 1$，φ_2 为负值，U_2 会随 I_2 的增加而增加。

即功率因数对变压器外特性的影响是很大的，负载的功率因数确定之后，变压器的外特性曲线也就随之确定了。

6. 变压器常见故障分析与处理

小型变压器的故障主要是铁心故障和绕组故障，此外还有装配或绝缘不良等故障。这里只介绍小型变压器常见故障的现象、原因与处理方法，见表 4-2-1。

表 4-2-1　小型变压器的常见故障与处理方法

故障现象	造成原因	处理
电源接通后无电压输出	1. 一次绕组断路或引线脱焊 2. 二次绕组断路或引线脱焊	1. 拆换修理一次绕组或焊牢引线接头 2. 拆换修理二次绕组或焊牢引线接头
温升过高或冒烟	1. 绕组匝间短路或一、二次绕组间短路 2. 绕组匝间或层间绝缘老化 3. 铁心硅钢片间绝缘太差 4. 铁心叠厚不足 5. 负载过重	1. 拆换绕组或修理短路部分 2. 重新绝缘或更换导线重绕 3. 拆下铁心，对硅钢片重新涂绝缘漆 4. 加厚铁心或重做骨架、重绕绕组 5. 减轻负载
空载电流偏大	1. 一、二次绕组匝数不足 2. 一、二次绕组局部匝间短路 3. 铁心叠厚不足 4. 铁心质量太差	1. 增加一、二次绕组匝数 2. 拆开绕组，修理局部短路部分 3. 加厚铁心或重做骨架、重绕绕组 4. 更换或加厚铁心
运行中噪声过大	1. 铁心硅钢片未插紧或未压紧 2. 铁心硅钢片不符合设计要求 3. 负载过重或电源电压过高 4. 绕组短路	1. 插紧铁心硅钢片或固紧铁心 2. 更换质量较高的同规格硅钢片 3. 减轻负载或降低电源电压 4. 查找短路部位，进行修复
二次电压下降	1. 电源电压过低或负载过重 2. 二次绕组匝间短路或对地短路 3. 绕组对地绝缘老化 4. 绕组受潮	1. 增加电源电压，使其达到额定值或降低负载 2. 查找短路部位，进行修复 3. 重新绝缘或更换绕组 4. 对绕组进行干燥处理
铁心或底板带电	1. 一次或二次绕组对地短路或一、二次绕组间短路 2. 绕组对地绝缘老化 3. 引出线头碰到铁心或底板 4. 绕组受潮或底板感应带电	1. 加强对地绝缘或拆换修理绕组 2. 更新绝缘或更换绕组 3. 排除引出线头与铁心或底板的短路点 4. 对绕组进行干燥处理或将变压器置于环境干燥场合使用

四、测试与训练

1. 分析变压器的工作原理

图 4-2-11 是 BK-50 型控制变压器，容量为 50V·A。在额定容量下可长期连续工作，广泛应用于机床等机械设备中的一般电器和控制电源、局部照明及指示灯电源。一次侧可以接 220V、380V 两种电源电压使用，二次侧有 6.3V、12V、24V、36V、127V 等几组电压输出，还可进行适当组合输出需求电压。

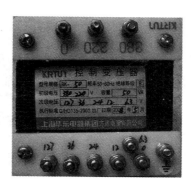

图 4-2-11 BK-50 型控制变压器

分析该变压器工作原理及具体工作数据意义。测量变压器各绕组直流电阻，连同绕组电压指标一起填入表 4-2-2。

表 4-2-2 变压器直流电阻数值

绕组电压指标/V					
绕组直流电阻/Ω					

2. 绝缘检查

用绝缘电阻表测量 BK-50 型控制变压器各绕组间、绕组与铁心间、绕组与屏蔽层间的绝缘电阻。一般小型电源变压器应在几十到一百多兆欧以上。对于 400V 以下的变压器，其值应不低于 50MΩ。变压器绝缘检查见表 4-2-3。

表 4-2-3 变压器绝缘检查

项目	一次侧与二次测	一次侧与铁心	二次侧与铁心	一次侧与屏蔽层	二次侧与屏蔽层
绝缘电阻/Ω					
绝缘判断					

3. 空载试验

（1）测定 BK-50 型控制变压器的空载电流、电压比　按图 4-2-12 连接电路，接通电源使变压器空载运行，当一次电压加到额定值时，电流表 A 的读数即为空载电流。一般变压器的空载电流约为额定电流值的 5%～8%，若空载电流大于额定电流的 10% 时，损耗较大；当空载电流超过额定电流的 20% 时，它的温升将超过允许值，不能使用。

将待测变压器接入电路，接通电源使其空载运行，当一次电压加到额定值时，电压表 V_2 的读数即为该变压器的空载电压。各绕组的空载电压允许误差为：二次高压绕组误差范围为 ≤ ±10%；二次低压绕组误差范围为 ≤ ±5%；中心抽头电压误差范围为 ≤ ±2%。

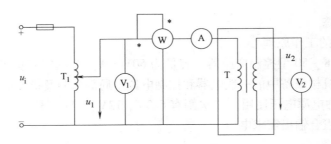

图 4-2-12　变压器空载试验

选择变压器一组输入、输出，接通电源，调节调压变压器，使输入一次绕组的电压从零逐步增大到额定值的 1.2 倍，记录空载电流 I_0，并测量二次绕组两端的电压 U_2，将数据填入表 4-2-4 中。

表 4-2-4　空载试验数据

U_1/V						
U_2/V						
I_0/mA						
K						

计算电压比 K 的平均值。

按表 4-2-4 式样分别测量数据，计算其他几组输出电压时的电压比平均值。

（2）测试 BK – 50 型控制变压器的外特性　接入若干灯泡作为负载，逐步增加负载直至一次电流 I_1 到额定值，在表 4-2-5 中记录每次负载变动后的一次电流 I_1、功率 P_1 以及二次绕组的电压 U_2 和电流 I_2。在负载变动过程中必须调节调压变压器，使输入一次绕组的电压 U_1 始终保持在额定电压。

表 4-2-5　外特性测试数据

灯泡	U_1/V	I_1/A	P_1/W	U_2/V	I_2/A	P_2/W（计算值）	η
无							
1							
2							
3							

计算有关数据，绘制变压器外特性曲线 $U_2 = f(I_2)$。

4. 测试 BK – 50 型控制变压器电压调整率

电压调整率是衡量变压器负载特性的重要指标，是指当输入电压不变时，负载电流从零升到额定值时输出电压 U_2 的相对变化值，电压调整率越小越好，一般变压器的电压调整率在 5% 左右。

$$\Delta U = \frac{U_{20} - U_2}{U_{20}} \times 100\% \tag{4-2-6}$$

式中，ΔU 为电压调整率；U_{20} 为空载输出电压（V）；U_2 为变压器额定负载时的输出电压（V）。

分别测量变压器空载时二次电压、额定状态时二次电压和电流，数据记入表 4-2-6 中，计算电压调整率，分析变压器负载特性。

表 4-2-6 电压调整率测试

U_{20}	U_2	I_2	ΔU

5. 损耗与温升的测定

若要求进一步测定变压器的损耗功率与温升，可按图 4-2-13 给出的测试电路进行。

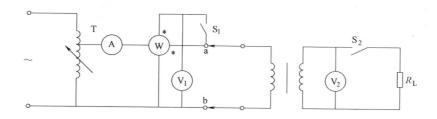

图 4-2-13 变压器测试电路

在被测变压器未接入电路前，合上开关 S_1（见图 4-2-13），调节调压器 T 使它的输入电压为额定电压，此时功率表的读数为电压表、电流表的功率损耗为 P_1。将被测变压器接在 a、b 两端，重新调节调压器 T，直至 V_1 的读数为额定电压，这时功率表的读数为 P_2。则空载损耗功率 $P' = P_2 - P_1$。

先用万用表或电桥测量一次绕组的冷态直流电阻 R_1（因一次绕组常在变压器绕组内层，散热差、温升高，以它为测试对象较为适宜）。然后，加上额定负载，接通电源，通电数小时后，切断电源，再测量一次绕组热态直流电阻值 R_2。这样连续测量几次，在几次热态直流电阻值近似相等时，即可认为所测温度是终端温度，并用下列经验公式求出温升 ΔT 的数值：

$$\Delta T = \frac{R_2 - R_1}{3.9 \times 10^{-3} R_1} \tag{4-2-7}$$

要求温升不得超过 50K。

五、拓展知识

1. 互感器的工作原理

互感器是一种专用测量仪表及控制设备和保护设备中使用的变压器。

在高电压和大电流的电气设备和输电线路中，是不能直接用仪表测量电压、电流的，必须用互感器将高电压、大电流变换成低电压、小电流，然后再进行测量。互感器可分为电压互感器和电流互感器。

（1）电压互感器 电压互感器的构造与双绕组变压器相同，如图 4-2-14a 所示。在使用时，一次绕组（高压绕组）并联在高压电源上、二次绕组（低压绕组）接低压电压表，

如图 4-2-14b 所示，只要读出电压表的读数 U_1，即可得到待测高压为

$$U_1 = KU_2 \qquad (4-2-8)$$

在使用电压互感器时，二次绕组严禁短路，二次绕组的一端和铁壳应可靠接地，以确保安全。

（2）电流互感器　电流互感器使用时，一次绕组串接在待测电路中，将大电流通过二次绕组变成小电流，由电流表读出其电流值，如图 4-2-15 所示。

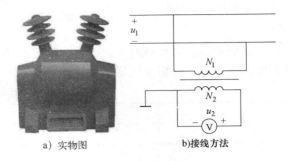

图 4-2-14　电压互感器

电流互感器的一次绕组匝数很少，只有一匝或几匝，绕组的线径较粗。二次绕组匝数较多，通过的电流较小，但二次绕组上的电压很高，它的工作原理也满足电流、电压变换关系：

$$I_1 = \frac{I_2}{K} \qquad (4-2-9)$$

在使用时，电流互感器的二次绕组严禁开路。二次绕组的一端和外壳都应可靠接地。

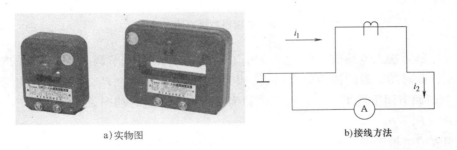

图 4-2-15　电流互感器

常用的钳形表是一种电流互感器，如图 4-2-16 所示。当电流不是很大、电路又不便分断时，可用钳形表卡在导线上，由钳形表上的电流表可直接读出被测电流的大小。使用时，将量程开关转到合适位置，手持胶木手柄，用食指勾紧铁心开关，便可打开铁心，将被测导线从铁心缺口引入到铁心中央。然后，放松勾紧铁心开关的食指，铁心被自动闭合，被测导线的电流就在铁心中产生交变磁力线，表上便有感应电流产生，可以直接读数。

图 4-2-16　钳形表

2. 绝缘电阻表的使用方法

绝缘电阻表俗称摇表，它是用于测量各种电气设备绝缘电阻的仪表，如图 4-2-17 所示。

（1）绝缘电阻表的使用方法　绝缘电阻表有三个接线柱，其中两个较大的接线柱上标有"接地 E"和"线路 L"，另一个较小的接线柱上标有"保护环"或"屏蔽 G"。

图 4-2-17　绝缘电阻表

1）测量照明或电力线路对地的绝缘电阻。按图 4-2-18a 把线接好，顺时针摇摇把，转速由慢变快，约 1min 后，发电机转速稳定时（120r/min），表针也稳定下来，这时表针指示的数值就是所测得的绝缘电阻。

2）测量电机的绝缘电阻。将绝缘电阻表的接地柱接机壳，L 接电机的绕组，如图 4-2-18b 所示，然后进行摇测。

3）测量电缆的绝缘电阻。测量电缆的线芯和外壳的绝缘电阻时，除将外壳接 E、线芯接 L 外，中间的绝缘层还需和 G 相接，如图 4-2-18c 所示。

a)测量线路的绝缘电阻　　　b)测量电机的绝缘电阻　　　c)测量电缆的绝缘电阻

图 4-2-18　绝缘电阻表的接线图

（2）使用绝缘电阻表的注意事项

1）测量电气设备的绝缘电阻时，必须先断电，经放电后才能测量。

2）测量时绝缘电阻表应水平放置，未接线前先转动绝缘电阻表做开路试验，观察指针是否指在"∞"处，再把 L 和 E 短接，轻摇发电机，看指针是否为"0"，若开路指"∞"，短路指"0"，则说明绝缘电阻表是好的。

3）绝缘电阻表接线柱的引线应采用绝缘良好的多股软线，同时各软线不能绞在一起。

4）绝缘电阻表测完后应立即使被测物放电，在绝缘电阻表摇把未停止转动和被测物未放电前，不可用手去触及被测物的测量部分或进行拆除导线，以防触电。

六、练习

1. 使用钳形表测电动机线路电流。

2. CA6140 车床上的照明灯使用的是把 220V 的交流电降压后得到的 36V 电压，设变压器一次绕组是 1140 匝，则二次绕组应该是多少匝？车床上接了一盏 25W 的电灯，求变压器一次、二次电流（不考虑变压器损耗）。

3. 变压器容量为 1.5kV·A，一次额定电压 220V，二次额定电压 36V，求一、二次电流。

项目五　MF47 型万用表的装配

一、学习目标

终极目标：掌握 MF47 型万用表的工作原理，会装配、调试 MF47 型万用表。

促成目标：

1. 掌握 MF47 型万用表的工作原理；
2. 会用仪表检测万用表有关元器件；
3. 会按工艺要求焊接电路、整机装配。

二、工作任务

完成 MF47 型万用表的装配。

模块一　MF47 型万用表元器件的识别、检测

一、学习目标

终极目标：会识别、检测 MF47 型万用表有关元器件。

促成目标：

1. 掌握电阻器、电感器、电容器、二极管等常用元器件的识别方法；
2. 会检测有关元器件。

二、工作任务

1. 识别万用表装配所用元器件；
2. 检测元器件，保证装配元器件质量符合要求。

三、理论知识

一块成品万用表中要用到很多元器件，在装配之前要能识别出将要使用的元器件。图 5-1-1 是装配 MF47 型万用表所用的部分元器件。

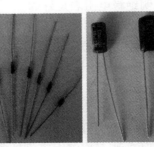

图 5-1-1　部分元器件

1. 电阻器

电阻器是组成电路的最基本元件之一，主要用于控制和调节电路中的电流、电压，在电

路中消耗电能，是耗能元件。

电阻器的主要参数有标称阻值和允许偏差等。标示方法主要有以下几种：

（1）直标法　它是直接将电阻器的标称阻值和允许偏差，用阿拉伯数字和文字符号直接标记在电阻体上，如图5-1-2所示。

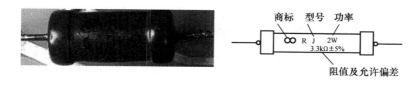

图5-1-2　电阻直标法

（2）文字符号法　它是将电阻器的标称阻值用文字符号表示，具体标示方法为：电阻阻值的整数部分写在单位标志的前面，阻值的小数部分写在单位标志的后面。例如，R33表示阻值为0.33Ω；5R1表示5.1Ω；4k7表示4.7kΩ；2M2表示2.2MΩ等。

（3）色环法　小功率碳膜和金属膜电阻，一般都用色环表示电阻器的标称阻值和允许偏差，如图5-1-3所示。每种颜色代表不同的数字，可以根据色环的颜色及排列顺序来识读阻值。

图5-1-3　色环电阻

色环电阻分为四色环电阻和五色环电阻。

1）四色环电阻色环含义为（见图5-1-4）：

第一条色环：表示阻值的第一位数字；

第二条色环：表示阻值的第二位数字；

第三条色环：表示阻值乘数的10的幂数；

第四条色环：表示阻值允许偏差。

图5-1-4　四色环电阻表示法

2）五色环电阻色环含义为（见图5-1-5）：

图5-1-5　五色环电阻表示法

第一条色环：表示阻值的第一位数字；

第二条色环：表示阻值的第二位数字；

第三条色环：表示阻值的第三位数字；

第四条色环：表示阻值乘数的10的幂数；

第五条色环：表示允许偏差（常见是棕色，允许偏差为1%）。

具体色环颜色含义见表5-1-1。

表5-1-1 电阻器的色环颜色含义

颜色	有效数字	乘数	允许偏差（%）
银色	—	10^{-2}	±10
金色	—	10^{-1}	±5
黑色	0	10^{0}	—
棕色	1	10^{1}	±1
红色	2	10^{2}	±2
橙色	3	10^{3}	—
黄色	4	10^{4}	—
绿色	5	10^{5}	±0.5
蓝色	6	10^{6}	±0.2
紫色	7	10^{7}	±0.1
灰色	8	10^{8}	
白色	9	10^{9}	±50 −20
无色	—	—	±20

色标法则也可熟记以下口诀：棕一红二橙三，黄四绿五蓝六，紫七灰八白九，金五银十黑零。

2. 电容器

电容器是组成电路的另一个基本元件之一，它由两个互相靠近的导体与中间所夹的绝缘介质组成，是储能元件，常用于耦合、滤波、隔离等电路中。

电容器按制造材料的不同可以分为：瓷介电容、涤纶电容、电解电容、聚丙烯电容等。电容器的参数主要为标称容量、误差、耐压值等。

（1）直标法 在电容器表面直接标出标称容量的数值、单位以及耐压值，如470pF/10V、0.22μF/50V、100μF/500V等，如图5-1-6所示。

图 5-1-6　电容直标法

注意： 大多数电路图中对以 pF 为单位的小容量电容器，仅标出数值而不标出单位，如 10 用来表示 10pF，1000 表示 1000pF。而对以 μF 为单位、在数值上存在小数点的电容器，μF 也均在电路原理图上省略，如 0.22 表示 0.22μF；0.47 表示 0.47μF；也有些电容器将小数点用 R 来表示，如 R47 表示 0.47μF。

电容器容量常用单位有 pF（皮法）、nF（纳法）、μF（微法）、F（法拉）。换算关系为

$$1F = 10^6 \mu F = 10^9 nF = 10^{12} pF$$

（2）全数字表示法　全数字表示法的单位用 pF，由三位数字构成：第一位、第二位表示容量的有效数字，第三位表示在前两位有效数字后面加 "0" 的个数。如 102 表示 1000pF；224 表示 $22 \times 10^4 pF$，即 0.24μF。表示 "0" 的个数的第三位数字最大只表示到 "8"，一旦第三位数字为 "9" 时，则表示的是 10^{-1}，如 569 表示 $56 \times 10^{-1} pF$，即 5.6pF。

（3）色标法　电容器的色标与电阻器相似。色标通常有三种颜色，沿着引线方向，前两种色标表示有效数字，第三色标表示有效数字后面零的个数，单位为 pF。有时一、二色标为同色，就涂成一道宽的色标，如橙橙红，两个橙色标就涂成一道宽的色标，表示 3300pF。

3. 二极管

二极管是电路中经常使用的器件，常用的有整流二极管、检波二极管、稳压二极管，还有发光二极管、光敏二极管、变容二极管、开关二极管等。

二极管由一个 PN 结组成，具有单向导电特性，正向电阻较小，反向电阻较大。

普通二极管一般在它们的外壳上印有型号和标记。标记有箭头、色点、色环三种，箭头所指方向或靠近色环的一端为负极，有色点的一端为正极。若遇到型号和标记不清楚时，可用万用表的欧姆档判别二极管的正负两极及二极管的质量好坏。

四、测试与训练

1. 识别、检测电阻器

1）按料单核对电阻器：核对数量、色环，填入表 5-1-2 中。

表5-1-2　电阻器料单

序号	电阻	阻值	数量	核对结果	色环	测量值
1	R_1	0.47Ω	1			
2	R_2	5Ω	1			
3	R_3	50.5Ω	1			
4	R_4	555Ω	1			
5	R_5	15kΩ	1			
6	R_6	30kΩ	1			
7	R_7	150kΩ	1			

（续）

序号	电阻	阻值	数量	核对结果	色环	测量值
8	R_8	800kΩ	1			
9	R_9	84kΩ	1			
10	R_{10}	360kΩ	1			
11	R_{11}	1.8MΩ	1			
12	R_{12}	2.25MΩ	1			
13	R_{13}	4.5MΩ	1			
14	R_{14}	17.3kΩ	1			
15	R_{15}	55.4kΩ	1			
16	R_{16}	1.78kΩ	1			
17	R_{17}	165Ω	1			
18	R_{18}	15.3Ω	1			
19	R_{19}	6.5Ω	1			
20	R_{20}	4.15kΩ	1			
21	R_{21}	20kΩ	1			
22	R_{22}	2.69kΩ	1			
23	R_{23}	141kΩ	1			
24	R_{24}	20kΩ	1			
25	R_{25}	20kΩ	1			
26	R_{26}	6.75MΩ	1			
27	R_{27}	6.75MΩ	1			
28	R_{28}	0.025Ω（分流器）	1		/	
29	RV	压敏电阻	1		/	
序号	可调电阻	阻值	数量	核对结果	色环	测量值
1	RP₁	10kΩ	1		/	
2	RP₂	500Ω（1kΩ）	1		/	

2）用万用表测量电阻元件的阻值，记录数据，对测量值与标称值相差较大的元件提出更换。

通常在测试允许偏差为 ±5%、±10%、±20% 的电阻器时，可采用万用表适当量程测量，看其阻值是否与标称值相符，准确度要求更高的可用电桥测量。

对于电位器（料单中 RP₁ 为电位器，RP₂ 为微调电位器，其图形符号见图5-1-7），先要用万用表合适的欧姆档档位，测量电位器两固定端的电阻值是否与标称值相符，然后再测量滑动端与任一固定端之间阻值的变化情况，慢慢移动滑动端，质量良好的电位器应表现为万用表指针移动平稳，没有跳动和跌落现象；转动转轴或移动滑动端时，应感觉平滑，且松紧适中，听不到"呲呲"声。

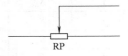

图5-1-7 电位器图形符号

2. 识别、检测电容器

1）核对提供的电容器。

核对电容器数量、标称容量、耐压值等是否与料单（见表5-1-3）相符。

表5-1-3 电容器料单

序号	电容器	参数	数量	核对结果	质量
1	C_1	10μF/16V	1		
2	C_2	0.01μF（103）	1		

2）用万用表检测电容器。

检测电容器质量的一般方法是用万用表电阻档测试电容器的充放电现象。模拟万用表两只表笔与电容器两条引线接触时，给电容器充电，万用表指针右摆然后回摆；将两只表笔调换一次再测量，指针将再次右摆然后回摆。指针右摆幅度越大，说明电容器容量越大。

对于容量较小的电容器（小于5000pF），用这种方法现象不明显。

对于容量较大的电容器（如电解电容器），用这种方法较好。用模拟万用表 $R×1kΩ$ 档（或 $R×100Ω$ 档）直接测试电容器充放电现象。电容器如果质量较好，应该表现为指针迅速右摆至零处，然后再回摆至无穷大处。若指针右摆至零，然后不回摆，说明电容器已击穿；若指针根本不动，说明电容器已失效；若指针可以右摆，但回摆不到无穷大，说明电容器有漏电。有这些现象发生，电容器都要更换。

数字万用表上有直接测量电容器容量的端子，操作时按要求进行即可。

还可用小型电容表准确测量电容器的电容量。

3. 识别、检测二极管

1）核对提供的二极管数量，填入表5-1-4中。

表5-1-4 二极管料单

序号	二极管	型号	数量	核对结果	正向电阻/Ω	反向电阻/Ω
1	VD_1	1N4007	1			
2	VD_2	1N4007	1			
3	VD_3	1N4007	1			
4	VD_4	1N4007	1			
5	VD_5	1N4007	1			
6	VD_6	1N4007	1			

2）用万用表测量二极管。

利用二极管的单向导电特性，用模拟万用表测量二极管的正、反向电阻，可以判断二极管极性及二极管质量好坏。

用模拟万用表的 $R×100Ω$ 档（或 $R×1kΩ$ 档），黑表笔（"－"端）、红表笔（"＋"端）接在二极管的两极测量二极管两极间电阻，再对调表笔重新测量，若两次测量的电阻一次为几百欧~几千欧（正向电阻）、一次为几千欧~无穷大（表针基本不动）（反向电阻），则二极管质量合格，且阻值较小的那次黑表笔接触的电极为二极管正极、红表笔接触的为负极。

如正、反向测量的电阻值同为零或表针都不动，说明二极管已损坏；若正、反向电阻相差不大，说明二极管性能不佳。

五、拓展知识

1. 压敏电阻的工作原理

电阻器料单中 RV 即为压敏电阻。

压敏电阻是一种以氧化锌为主要成分的金属氧化物半导体非线性电阻元件，其电阻值对电压较敏感，当电压达到一定数值时，电阻迅速导通。由于压敏电阻具有良好的非线性特性、通流量大、残压水平低、动作快和无续流等特点，因此被广泛应用于电子设备防雷装置中。

2. 2A103J 涤纶电容（即电容器料单中的 C_2）识读方法

（1）A 表示电容器的耐压值　Ⅰ类、Ⅱ类电容器的耐压代号：

代号	A	B	C	D	E	F	G	W	H	J	K	Z
耐压值/V	1.0	1.25	1.6	2.0	2.5	3.15	4.0	4.5	5.0	6.3	8.0	9.0

如果耐压高的话，前面的数字表示倍率。

（2）J 表示电容器容量允许偏差　允许偏差的规定是：

代号	D	F	G	J	K	M
允许偏差	±0.5%	±1%	±2%	±5%	±10%	±20%

（3）容量　全数字表示法：103 表示 10000pF。

所以，该电容器参数为：耐压值为 2V、容量为 10000pF、允许偏差为 ±5%。

3. 电感器的识别与检测

电感器是将绝缘的导线在绝缘的骨架上绕一定的圈数制成。常见的电感器有扼流圈、小型振荡线圈等，变压器是具有互感作用的电感器。

电感器的电感量常用 H（亨利）表示；电感量小的用 mH（毫亨）表示；更小的用 μH（微亨）表示。其换算关系为

$$1H = 10^3 mH = 10^6 \mu H$$

电感器可用万用表粗略检查质量好坏。用万用表欧姆档 $R \times 1\Omega$ 档或 $R \times 10\Omega$ 档来测量，若测得阻值为无穷大，表明电感器已断路；如测得阻值很小，说明电感器正常。

电感器的电感量和品质因数 Q 的测量，需要用到专门仪器，如万用电桥或高频 Q 表等。

六、练习

1. 根据下列色环电阻的色环写出各电阻器电阻值及允许偏差：棕黑棕银，橙橙黑金，金紫蓝绿，红红棕白红，黄紫黑棕棕。

2. 写出各电容器电容量：560，47n，223，0.22，2p2。

3. 如何用模拟万用表判断二极管正、负极？

模块二　MF47 型万用表元器件的焊接、整机装配

一、学习目标

终极目标：掌握 MF47 型万用表的工作原理，初步掌握电子产品的焊接、装配技术。

促成目标：

1. 掌握 MF47 型万用表的工作原理；

2. 掌握元器件安装、焊接技术；

3. 掌握模拟万用表装配工艺，会使用工具装配 MF47 型万用表。

二、工作任务

1. 正确安装、焊接元器件到电路板上；

2. 正确安装有关元器件；

3. 正确装配万用表，并调试万用表使之能正常使用。

三、理论知识

在电子产品的生产过程中，元器件安装、焊接技术直接影响产品的质量，产品的最后装配工序更能体现企业的技术水准，而这一切都是由生产线上技术工人的技能水平决定的，所以我们要对相关专业的学生作严格的训练。图 5-2-1 是师生正在装配万用表，图 5-2-2 是已装配好的 MF47 型万用表。

图 5-2-1　万用表装配

图 5-2-2　已装配好的万用表

1. 电子元器件的引线成形

电子元器件引线成形主要是为了使元器件排列整齐美观、满足安装尺寸与印制电路板的配合要求等。手工操作中主要用尖嘴钳或镊子将插装焊接的元器件引线加工成形（见图 5-2-3）。具体成形可根据电路板上元器件排放位置与元器件体形大小等决定，可有跨接式、立式、卧式等。

在元器件引线成形过程中应注意：

① 引线不应在根部弯曲，至少要离根部 2mm 以上。

② 弯曲处的圆角半径 R 要大于两倍的引线直径。

③ 弯曲后的两根引线要与元器件本体垂直，且与元器件中心位于同一平面内。

④ 元器件的标志符号应方向一致，处于便于观察的位置。

2. 元器件在印制电路板上的插装原则

① 电阻、电容、半导体管和集成电路的插装应使标记和色码朝上，易于辨认。元器件的插装方向在工艺图样上没有明确规定时，可以以某一基准来统一元器件的插装方向。

② 有极性的元器件由极性标记方向决定插装方向，如电解电容等，插装时只要求能看

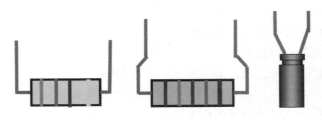

图 5-2-3　元器件引线成形

出极性标记即可。

③ 插装顺序应该先轻后重、先里后外、先低后高。如先插卧式电阻、二极管，其次插立式电阻、电容和晶体管，再插大体积元器件，如大电容、变压器等。

④ 印制电路板上元器件的距离不能小于 1mm，引线间的间隔要大于 2mm，当有可能接触时，引线要套绝缘套管。

⑤ 特殊元器件的插装方法。

特殊元器件是指较大、较重的元器件，如大电解电容、电位器、变压器、扼流圈及磁棒等，插装时必须用金属固定件或固定架加强固定。

3. 手工焊接技术

手工焊接的基本工具是电烙铁，它的作用是加热焊料和被焊元件，使焊料浸润被焊元件表面金属并生成合金。常用的电烙铁根据加热方式可分为外热式、内热式两大类，如图 5-2-4 所示，其基本结构一般由烙铁头、烙铁心、手柄、电源线、插头等组成，电烙铁有多种功率规格，功率越大发热量越大，可根据需要选择使用。

a) 外热式电烙铁　　　　b) 内热式电烙铁

图 5-2-4　电烙铁

（1）焊前准备　电烙铁（见图 5-2-5）的准备：烙铁头应保持清洁，并且镀上一层焊锡，这样才能使传热效果好，容易焊接。新的电烙铁使用前必须先对烙铁头进行处理，按需要将烙铁头锉成一定形状，再通电加热，将电烙铁沾上焊锡在松香中来回摩擦，直至烙铁头上镀上一层锡为止。电烙铁在使用了很长一段时间后，烙铁头表面会产生氧化层并导致凹凸不平，这时需先锉去氧化层，修整后再镀锡。

图 5-2-5　焊接用电烙铁

元器件引脚处理：长期存放的元器件，其表面的氧化层较厚，在焊接前要进行处理，以提高焊接质量。可用小刀等锋利工具沿引线反向距引线根部 2～4mm 向外刮一周，将氧化层、杂质刮去，也可用铁砂布擦。将刮净后的元器件引脚蘸上助焊剂用电烙铁上锡，为下一步焊接做好准备。

（2）焊接操作　焊接的工序：准备焊接、送电烙铁预热焊接、送焊锡丝、移开焊锡丝、移开电烙铁，如图 5-2-6 所示。

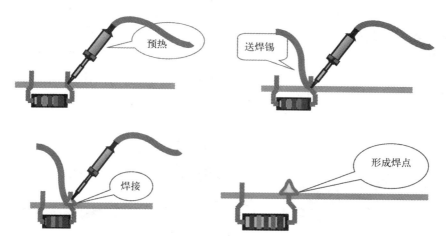

图 5-2-6　焊接流程

对于热容量小的焊件，例如印制电路板上元器件细引线的焊接，要特别注意焊接时间的掌握，以防损坏电路板及元器件。

焊接集成电路等器件时，要保证电烙铁可靠接地，以免损坏器件。无法保证时，可将加热好的电烙铁从电源上取下，利用余热焊接。

（3）焊点质量要求

① 焊点必须焊牢，要具有足够的机械强度，每一个焊接点都是被焊料包围的接点。

② 焊接点的锡液必须充分渗透，焊点无空隙、无污垢、无焊剂残留物，接触电阻要小。要避免虚焊、假焊，如图 5-2-7 所示。

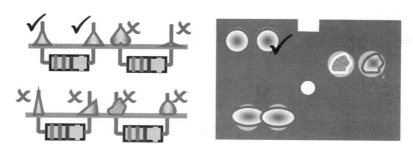

图 5-2-7　焊点质量判断

（4）拆焊　在装配调试工作中或维修过程中，常常需要更换一些元器件，把元器件从电路板上拆焊下来。

1）直接拆焊：对于一些体积较小、引脚不多的元器件（如电阻等），可用电烙铁直接拆焊。具体方法是：用电烙铁加热待拆元器件焊脚，同时用镊子或尖嘴钳夹住元器件引脚，在焊点熔化时拔出引脚，如图5-2-8所示。

2）采用专用工具拆焊：对于焊点较多的元器件（如集成电路等），在拆焊时要采用一些专用工具，如吸焊电烙铁、拆焊专用热风枪等，必要时可使用一些辅助工具如吸焊器等。其工作原理就是将元器件焊点同时加热熔化，拔出元器件，或将元器件焊脚上的焊料逐个熔化吸除，元器件自动脱落。常见的拆焊工具如图5-2-9所示。

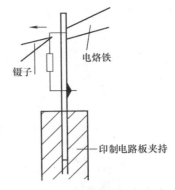

图5-2-8　一般元器件的拆焊方法

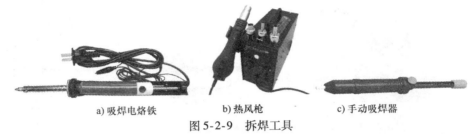

a) 吸焊电烙铁　　　b) 热风枪　　　c) 手动吸焊器

图5-2-9　拆焊工具

四、测试与训练

1. 元器件安装

根据印制电路板电路图（见图5-2-10）安装电阻、电容、二极管等元器件。

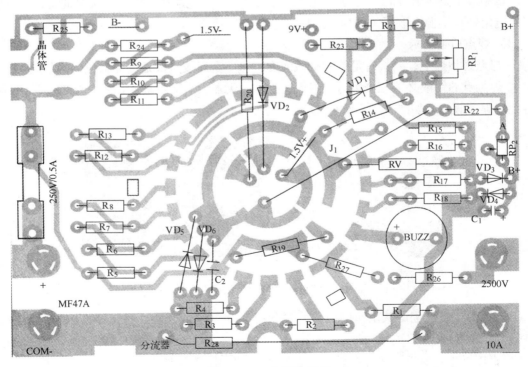

图5-2-10　印制电路板

安装过程中应注意电阻对应阻值、二极管极性、电解电容的极性等不要出错。

安装完毕应检查元器件安装的位置及参数是否与印制电路板上标注一致。

2. 焊接已插装好的元器件

注意焊接质量，注意操作安全。

3. 装配

1）核对配件，备用。将核对结果填入表5-2-1 中。

表5-2-1　MF47 型万用表配件清单

序号	名称	单机数量	核对结果	备注
1	电池连接线	4		接电池
2	短路线	1		
3	熔丝	1		
4	熔丝夹	2		
5	电池夹	4		
6	面板、表头（一体化）	1		46.2μA
7	电池盖板	1		
8	后盖	1		
9	电位器旋钮	1		
10	档位开关旋钮	1		
11	电刷旋钮	1		
12	钢珠	1		
13	弹簧	1		
14	V 形电刷片	1		
15	输入插座	4		
16	插座（晶体管）	1		
17	晶体管插片	6		
18	蜂鸣器	1		
19	螺钉	2		

2）安装配件。注意安装顺序，注意动作力度，防止损坏印制电路板及有关元器件。

安装电位器 RP_1、RP_2（从铜箔面插入），固定 RP_1 引脚，焊接。

安装晶体管测试插座（从铜箔面插入），测试引脚插入插座稳定好，引脚与铜箔接触处用焊锡焊接牢固。

安装熔丝座、输入插座（从铜箔面插入），焊接。

安装电池线、短路线。

检查电路元器件安装是否正确，检查焊接质量，发现错误及时纠正。

组装转换开关：将电刷片放入电刷旋钮的方框内，方位是正对档位开关旋钮的白色指示箭头。

3）调试表头。用数字万用表校准模拟万用表：表头引线正端焊接到电路上 B + 处、负端悬空，数字万用表调至"20K"档，红表笔接电路板 A 点、黑表笔接表头引线负端，调节可调电阻 RP_2，使数字万用表读数为 2.5kΩ，校准完毕，将表头负端焊接到电路 B - 处，万用表可正常使用。如不能校准，应分析原因，要逐一排除表头本身故障和相关元器件故障。

4）总成。

安装、固定印制电路板；安装熔丝管、安装电池；盖上后盖，装好螺钉。

五、拓展知识

1. MF47 型万用表的工作原理

已调试好的 MF47 型万用表如图 5-2-11 所示，其工作原理图如图 5-2-12 所示。

图 5-2-11　MF47 型万用表

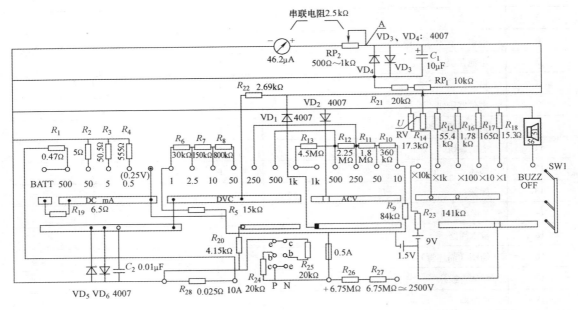

图 5-2-12　MF47 型万用表原理图

（1）万用表表头电路　常用的万用表表头是微安表或毫安表。表头的电阻值（表头内阻）R_g 为几百到几千欧，表头允许通过的最大电流 I_g 很小，一般为几十微安到几毫安。每个表头都有它的 R_g 值和 I_g 值，当通过它的电流为 I_g 时，它的指针偏转到最大刻度，所以 I_g 也叫满偏电流。

MF47 型万用表表头 $I_g = 46.2\mu A$，串联可调电阻 RP_2 后表头内阻可调节到 $R_g = 2.5k\Omega$（见图 5-2-13）。原理图中二极管（VD_3、VD_4）、电解电容（C_1）构成表头保护电路。

（2）直流电压测量原理　用万用表测量电压时，应将电表与被测电路并联。

在实际测量中，如果表头上承受的电压较大使得流过表头的电流超过满偏电流，会因电流过大而烧毁表头，因此，不能直接用该表头来测量较大的电压。在实践中可以通过给表头串联电阻，让其分担一部分电压，使表头上仍然承受很小的电压，从而可以间接测量较大电压。

电压表所能测量的最大电压就是其量程，多量程的电压表是由表头与不同阻值的电阻串联而成的，各分压电阻对应一个相应电压表量程，如图5-2-14所示。

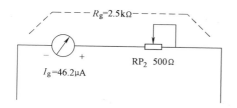

图5-2-13　万用表表头电路

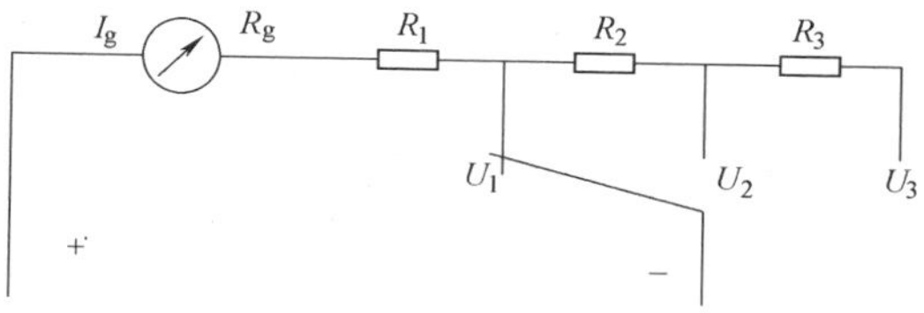

图5-2-14　万用表电压档（多量程）

例5-2-1　某直流电压表电路如图5-2-14所示，表头内阻 $R_g = 1000\Omega$，满偏电流 $I_g = 100\mu A$，电压表扩大后的量程分别为 U_1（2.5V）、U_2（50V）、U_3（250V），求各分压电阻值应该为多大？

解：扩大量程至 $U_1 = I_g (R_g + R_1)$，所以

$$R_1 = U_1/I_g - R_g = 24k\Omega$$

量程从 U_1 扩大到 U_2，R_2 承担了扩大的部分，即

$$U_2 - U_1 = I_g R_2$$

所以

$$R_2 = (U_2 - U_1)/I_g = 475k\Omega$$

同理

$$R_3 = (U_3 - U_2)/I_g = 2000k\Omega$$

（3）**直流电流测量原理**　用万用表测量电流时，应将电表与被测电路串联。

待测实际电流往往比表头的满偏电流大得多，如果将电表直接接入会因电流过大而烧毁电表，可以在微安表或毫安表的表头上并联一个分流电阻，分流掉一部分电流，使得表头上实际通过的电流不超过满偏电流，就可以间接测量较大的电流了。电路如图5-2-15所示，R 为电流表的分流电阻，对应量程 I。

例5-2-2　电路如图5-2-15所示，设该电流表参数如下：表头 $R_g = 1000\Omega$，$I_g = 100\mu A$，扩展后的电流表量程 $I = 1A$，求分流电阻 R 的数值。

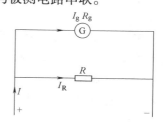

图5-2-15　万用表电流档量程扩大

解：分流电阻与表头并联，两端电压相等，则

$$I_R R = I_g R_g$$

而

$$I = I_R + I_g$$

所以

$$R = \frac{I_g R_g}{I - I_g} = \frac{0.0001 \times 1000}{1 - 0.0001}\Omega \approx 0.1\Omega$$

即并联 0.1Ω 的电阻就可将电流表的量程扩大到1A。

并联不同的电阻可以得到不同的量程。并联的电阻越小，分流作用越大，电流表的量程就可以越大。

（4）**电阻测量原理**　测量电路如图5-2-16所示。R 是调零电阻，电池（即机内的1.5V

或9V电池）的电动势为 E、内阻为 r，表头参数为 I_g、R_g。

① 调零。电路如图5-2-17所示。将万用表调到适当量程上，并将红、黑表笔短接，调节 R 使电表指针指到零欧姆处。

原理公式为

$$I_g = \frac{E}{R_g + r + R} \tag{5-2-1}$$

断开表笔，指针回偏到电阻无穷大处，准备测量。

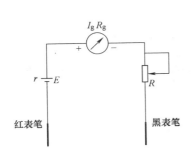

图5-2-16　电阻测量原理

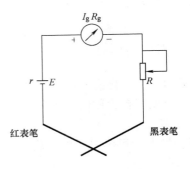

图5-2-17　欧姆档调零

② 实际测量。将待测电阻 R_x 接入红、黑表笔之间，指针偏转，电路中电流为

$$I_x = \frac{E}{R_g + r + R + R_x} \tag{5-2-2}$$

可以看出，每一个待测电阻 R_x 都有一个对应的电流 I_x，刻度盘上刻上电阻数值就可以测量电阻了。

注意：电阻测量刻度与电流、电压测量刻度方向是相反的，电阻刻度是不均匀的（与电流呈非线性），在读数时要注意。

（5）交流电压测量原理　表头不能直接测量交流电，要将交流电变换成直流电进入表头测量，电路如图5-2-19所示。

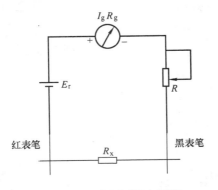

图5-2-18　实际测量电阻值

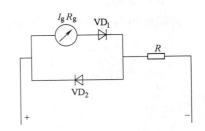

图5-2-19　测量交流电压原理

交流电压表与直流电压表所不同的地方，只是增加了一个与表头串联的二极管 VD_1 及并联的二极管 VD_2，被测的交流电压 U 经分压电阻 R 分压。二极管 VD_1 和 VD_2 均具有单向导电的性能，在交流电压的正半周时，VD_2 不导通、VD_1 导通，此时有电流通过表头；相反，

在交流电压的负半周时，则 VD_2 导通、VD_1 不导通，这时，被测的交流电流被 VD_1 断开，并被 VD_2 所短路，因而没有电流通过表头。所以，虽然被测电压是交流电压，但通过表头的却是单方向的电流，指针所偏转的角度基本上与被测的交流电压 U 成正比，从而测出被测电压的值。

（6）测试晶体管直流电流放大系数 h_{FE}（即 β）　将选择开关旋到"ADJ"（校准）位置，将测试笔短接，调节电阻调零旋钮，使指针对准 $300h_{FE}$ 刻度线，然后旋动开关到"h_{FE}"位置，将测量的晶体管管脚分别插入晶体管测试座的 e、b、c 管脚座内，指针偏转所示的数值即为 β 值。NPN 型晶体管插入 N 型管孔内，PNP 型插入 P 型管孔内。

2. 工业生产焊接技术

手工焊接只适用于小批量、零散的装配与维修，现代企业生产过程，需要采用高科技含量的自动化焊接系统，以满足大批量、高质量的生产需求。根据焊接设备、焊接工艺不同，可分为浸焊、波峰焊、回流焊等。

1）浸焊：就是将插装好元器件的印制电路板浸入熔化的锡锅内，一次完成电路板上所有焊点的焊接。这种方式适于批量焊接小型电路板。

2）波峰焊：就是让装有元器件的电路板与熔化的焊料波接触，一次性完成全部焊点的焊接。相比浸焊，这种方式氧化物少，焊接质量和焊接效率大大提高。

3）回流焊：就是将焊料加工成粉末，与液体黏合剂搅拌后成为糊状焊膏，使用时用焊膏将元器件粘在印制电路板上，加热后焊膏中焊料熔化，将元器件焊到电路板上。这种方式主要用于表面安装的片状元器件焊接，在微电子产品装配中大量使用。

六、练习

1. 元器件安装应注意哪些问题？

2. 如何评价焊点的焊接质量？

3. 在装配过程中发现元器件装错了，该如何处理？

4. MF47 型万用表调试好后进行数据测量，发现 $R \times 1k\Omega$ 档在调零时指针不能右偏，反而左偏，请问万用表装配中出现了什么问题？

项目六　家庭用电线路的安装与调试

一、学习目标
终极目标：能设计、安装家庭用电线路。

促成目标：

1. 掌握家庭用电线路的控制原理；
2. 掌握荧光灯、白炽灯、插座、灯具开关的工作原理；
3. 会按原理图安装线路，能排除线路故障；
4. 会选择并装配模数化终端组合式电器。

二、工作任务
1. 按要求安装家庭照明线路；
2. 分析、判断、排除线路故障；
3. 选用模数化终端组合式电器；
4. 安装模数化终端组合式电器。

模块一　常用照明装置的安装

一、学习目标
终极目标：能安装、维护家庭用电线路。

促成目标：

1. 掌握家庭用电线路的控制原理；
2. 掌握荧光灯、白炽灯、插座、灯具开关的工作原理；
3. 会按原理图安装线路，能排除线路故障；
4. 会使用电工仪表、工具，能安全用电。

二、工作任务
1. 按要求安装家庭照明线路；
2. 分析、判断、排除线路故障。

三、理论知识
日常生活中，大多数人通常在睡前跑到客厅大门口关灯，再摸黑通过客厅进卧室。如果在客厅门口和临近卧室的两个位置都能打开或关闭客厅顶灯，那将会方便很多。此类照明要求将如何实现？下面我们连接一个常见家庭用电线路来了解家庭用电基本控制原理。

家庭用电线路一般包含几个常见的用电设备，即单相电能表（计量）、刀开关（总电源）、熔断器（保护）、插座（用于电视、冰箱、空调等家用电器）、开关（单个单联开关控制、两个双联开关双控）、白炽灯、荧光灯（照明）。家庭用电线路的原理如图 6-1-1 所示。

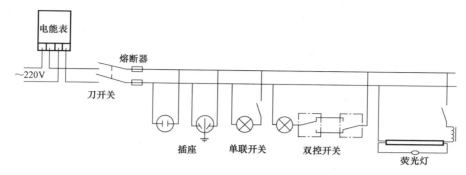

图 6-1-1 家庭用电线路原理图

1. 电源部分

家庭用电线路电源部分由计量部分（电能表）、电源开关（刀开关或断路器）、保护部分（熔断器）组成。

（1）计量部分 计量部分是用来计算用户消耗电能的单元。

电能表种类很多，按工作原理分为电动系和感应系两类。电动系电能表一般用于直流的测量，感应系电能表一般用于交流的测量。目前，感应系电能表根据测量对象，分为有功电能表和无功电能表两大类。有功电能表的规格常用的有 3A、5A、10A、25A、50A、75A、100A 等多种；无功电能表的额定电流通常只制成 5A。按结构分，电能表又分为单相电能表、三相三线电能表、三相四线电能表。单相电能表用于单相用电器和照明电路，三相电能表用于三相动力电路或其他三相电路。

本模块计量单相用电量，采用 1 只 DD282 型单相电能表计量。DD282 型单相电能表如图 6-1-2 所示。

1）电能表的结构。我们所用的电能表属于感应系电能表。图 6-1-3 为单相感应系电能表的结构原理示意图。

图 6-1-2 DD282 型单相电能表

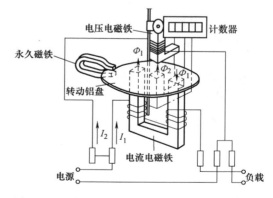

图 6-1-3 单相感应系电能表的结构原理示意图

2）电能表的选择。根据线路要求选择单相电能表或三相电能表。具体选择方法如下：

① 电能表的种类很多，应根据电流类型分别选用（即电动系电能表一般用于直流的测量，感应系电能表一般用于交流的测量）。

② 电能表选型时应选用换代的新产品。

③ 电能表的额定电压必须符合被测电路电压的规格。

④ 电能表的额定电流必须与负载的总功率相适应。在电压一定（220V）的情况下，根据公式 $P = UI$ 可以计算出对于不同安培数的单相电能表，可装用电器的最大总功率，见表6-1-1。

表6-1-1 不同规格的单相电能表可装用电器的最大功率

单相电能表安培数/A	1	2.5	3	5	10
可装用电器最大总功率/W	220	550	660	1100	2200

注：若照明电路中用电器不完全是照明灯具，如有带单相电动机的家用电器，则电路的功率、电压、电流的关系是：$P = UI\cos\varphi$，所以表6-1-1中单相电能表安培数对应的可装用电器最大功率数应小于对应表中的数值。

即电能表的额定电压、电流的选择原则是，必须使负载电压、电流等于或小于其额定值。

如果被测电流、电压都比较大，则还应选择配套的电压互感器或电流互感器配合完成测量任务。

3）电能表的使用。电能表的正确接线：电能表的接线比较复杂，在接线前要查看附在电能表上的说明书，根据说明书的要求和接线图把进线和出线依次对号接在电能表的接线端子上。接线时遵循"电压线圈并联在被测线路上，电流线圈串联在被测线路中"的原则。各种电能表的接线端子均按由左至右的顺序编号。国产单相有功电能表统一规定为1、3孔接进线，2、4孔接出线，如图6-1-4所示。DD282型单相电能表接线如图6-1-5所示。

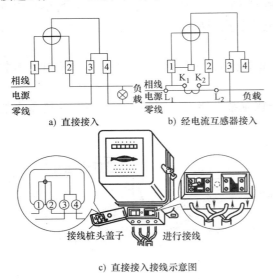

a) 直接接入   b) 经电流互感器接入

c) 直接接入接线示意图

图6-1-4 DD型单相电能表的正确接线

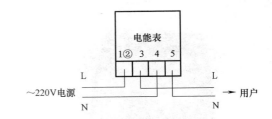

图6-1-5 DD282型单相电能表接线图

正确读数：当电能表不经互感器而直接接入电路时，可以从电能表上直接读出实际电度数（kW·h，即度）；如果电能表利用电流互感器或电压互感器扩大量程时，则实际消耗电度数应为电能表的读数乘以电流比或电压比。

（2）开关

1）刀开关。

刀开关俗称闸刀开关，是结构最简单、应用最广泛的一种低压电器，其种类很多，这里介绍两种带有熔断器的刀开关。

① 开启式负荷开关又称开启式开关熔断器组，俗称瓷底胶盖刀开关。HK 系列开启式负荷开关是由刀开关和熔断体组合而成的一种电器，瓷底板上装有进线座、静触点、熔丝、出线座及刀片式的动触点，上面覆有胶盖以保证用电安全，其结构及外形如图 6-1-6 所示。

HK 系列开启式负荷开关没有专门的灭弧设备，用胶木盖来防止电弧灼伤人手，拉闸和合闸时应动作迅速，使电弧较快地熄灭，这样可减轻电弧对刀片和触座的灼伤。

这种开关易被电弧烧坏，引起接触不良等故障，因此不宜用于经常分合的电路。但因其价格便宜，在一般的照明电路和功率小于 5.5kW 电动机的控制电路中仍常采用。用于照明电路时可选用额定电压为 250V、额定电流等于或大于电路最大工作电流的两极开关；用于电动机的直接起动时，可选用额定电压为 380V 或 500V、额定电流等于或大于电动机额定电流 3 倍的三极开关。

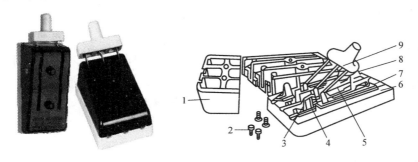

图 6-1-6　HK 系列开启式负荷开关

1—胶盖　2—胶盖紧固螺钉　3—进线座　4—静触点　5—熔丝　6—瓷底　7—出线座　8—动触点　9—瓷柄

这种开关分为两极和三极两种，两极的额定电压为 220V 或 250V，额定电流有 10A、15A、30A 三种；三极的额定电压为 380V 或 500V，额定电流有 15A、30A 和 60A 三种。

型号含义：

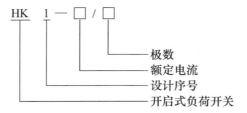

② 封闭式负荷开关又称封闭式开关熔断器组，俗称铁壳开关。常用 HH 系列封闭式负荷开关的结构及外形如图 6-1-7 所示。这种开关装有速断弹簧，弹力使刀片快速从夹座拉开或嵌入夹座，提高了灭弧效果。为了保证用电安全，它还装有机械联锁装置，必须将壳盖闭合后，手柄才能（向上）合闸；只有手柄（向下）拉闸后，壳盖才能打开。

常用的三极结构封闭式负荷开关的额定电压为 380V，额定电流有 15A、30A、60A、100A 和 200A 等多种。60A 及以下的用铸铁制成壳体；60A 以上的，用薄钢板制成壳体。动触点基本上有两种结构形式：30A 及以下的采用 Π 形双断点刀片；30A 以上的采用单刀式，但附有弧刀片。在静触点上通常还装有灭弧罩。

刀开关在电气原理图中的图形及文字符号如图6-1-8所示。

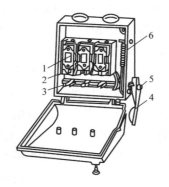

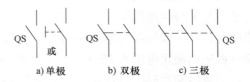

a) 单极　　　b) 双极　　　c) 三极

图6-1-7　HH系列封闭式负荷开关

1—熔断器　2—夹座　3—闸刀　4—手柄

5—转轴　6—速断弹簧

图6-1-8　刀开关在电气原理图中的图形及文字符号

安装时，刀开关在合闸状态下手柄应该向上，不能倒装和平装，以防止闸刀松动落下时误合闸。接线时，电源进线应接在静触点一边的进线端，用电设备应接在动触点一边的出线端。这样，当拉闸后刀片与电源隔离，用电器件和熔丝均不带电，以保证更换熔丝时的安全。

2）组合开关。

组合开关又称转换开关，其外形结构及图形符号如图6-1-9所示。它是由多节触点组合而成，故称组合开关。同一平面上的两个触片构成一对触点。

组合开关有三副静触片，分别装在三层绝缘垫板上，并附有接线柱，伸出盒外，以便和电源、用电设备相接。三个动触片是由两个磷铜片或硬紫铜片和消弧性能良好的绝缘钢纸板铆合而成的，和绝缘垫板一起套在附有手柄的绝缘杆上，手柄每次转动90°，带动三个动触片分别与三对静触片接通和断开。顶盖部分由凸轮、弹簧及手柄等零件构成操作机构，这个机构由于采用了弹簧储能，可使开关快速闭合及分断。

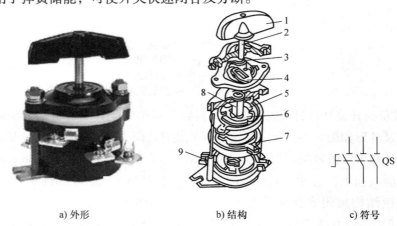

a) 外形　　　　　　　b) 结构　　　　　　　c) 符号

图6-1-9　HZ10-10/3型组合开关

1—手柄　2—转轴　3—扭簧　4—凸轮　5—绝缘垫板　6—动触片　7—静触片　8—绝缘杆　9—接线柱

　　组合开关在低压电气系统中多用作电源隔离开关，也可用于小容量电动机不频繁的起停控制。在控制电动机正反转时，要使电动机必须先经过完全停止的位置，然后才能接通反向旋转电路。

　　HZ10 系列组合开关的额定电压在 500V 以下，额定电流有 10A、25A、60A、100A 几个等级。

　　HZ10 系列组合开关根据电源种类、电压等级、所需触点数、电动机的容量进行选用。开关的额定电流一般取电动机额定电流的 1.5～2.5 倍。

　　型号含义：

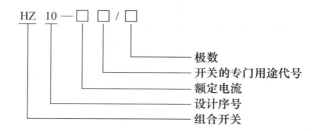

　　HZ 10 — □□/□
- 极数
- 开关的专门用途代号
- 额定电流
- 设计序号
- 组合开关

　　3）低压断路器。

　　低压断路器俗称自动空气开关或自动开关，它是既具有开关作用又能进行自动保护的电器。正常情况下，可用于不经常接通或断开电路，当电路中发生短路、过载、欠电压等不正常的现象时，能自动切断电路（俗称自动跳闸）；或在正常情况下用来不太频繁地切换电路。

　　① 低压断路器的结构和工作原理。

　　低压断路器有塑壳式（又称装置式）和万能式（又称框架式）两种，常用的 DZ5－20 型低压断路器是塑壳式，属于容量较小的一种，其额定工作电流为 20A；容量较大的有 DZ10 系列，其额定工作电流为 100～600A；万能式有 DW1、DW2、DW10 系列。

　　低压断路器主要由触点系统、操作机构和保护元件三部分组成。全部机构装在塑料外壳内，外壳上有"分"按钮（红色）和"合"按钮（绿色）及触点接线柱，其工作原理如图 6-1-10 所示。

　　开关的三个主触点 1 串接在被保护的三相电路中，电磁脱扣器 3 的线圈和热脱扣器的热元件 5 电阻丝与电路串联，失电压脱扣器 6 和分励脱扣器 4（用于远距离控制）的线圈与电路并联。

　　当按下绿色"合"按钮时，三个触点被自由脱扣器的搭钩 2 钩住，保持闭合状态。当按下红色"分"按钮时，搭钩松钩，触点分断；或按下按钮 7，分励脱扣器线圈通电，衔铁被吸合，撞击自由脱扣器机构杠杆，把搭钩顶上去，触点分断。

　　低压断路器的优点是：与使用刀开关和熔断器相比，其体积较小，安装方便，操作安全。电路短路时，电磁脱扣器自动脱扣进行短路保护，故障排除后可重复使用，不像熔断器短路保护那样要更换新的熔体。短路时，低压断路器将三相电源同时切断，因而可避免电动机的断相运行。所以低压断路器在机床自动控制中广泛应用。

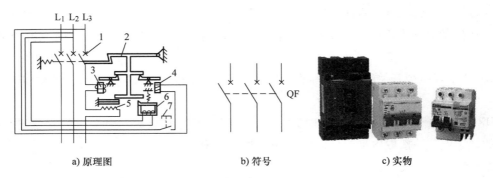

a) 原理图   b) 符号   c) 实物

图 6-1-10 低压断路器

1—主触点 2—自由脱扣器的搭钩 3—电磁脱扣器 4—分励脱扣器

5—热脱扣器的热元件 6—失电压脱扣器 7—按钮

型号含义：

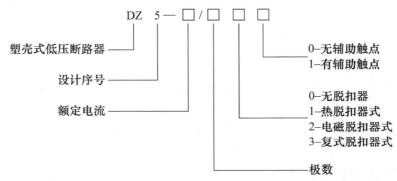

例如型号 DZ5－20/330 表示是无辅助触点、复式脱扣、三极、主触点额定电流为20A 的塑壳式低压断路器。

② 低压断路器的选用。

额定电压和额定电流应不小于电路的正常工作电压和工作电流。

各脱扣器的整定：

热脱扣器的整定电流应与所控制电动机的额定电流或负载额定电流相等。

失电压脱扣器的额定电压等于主电路的额定电压。

电流脱扣器又称过电压脱扣器，整定电流应大于负载正常工作时的尖峰电流，对于电动机负载，通常按起动电流的 1.7 倍整定。

电磁脱扣器的瞬时脱扣整定电流应大于负载电路正常工作时的尖峰电流。对于电动机来说，DZ 型低压断路器电磁脱扣器的瞬时脱扣整定电流值为

$$I_Z \geqslant K I_{st} \tag{6-1-1}$$

式中，K 为安全系数，可取 1.7；I_{st} 为电动机的起动电流，单位为 A。

（3）熔断器

1）熔断器介绍。熔断器是配电电路及电动机控制电路中用作短路保护的电器。它串联在线路中，当线路或电气设备发生短路故障时，熔断器中的熔体首先熔断，使线路或电气设备脱离电源，起到保护作用。

　　熔断器主要由熔体和安装熔体的熔管（或熔座）两部分组成。熔体是熔断器的主要部分，常做成片状或丝状；熔管是熔体的保护外壳，在熔体熔断时兼有灭弧作用。

　　熔体的材料有两种：一种是低熔点材料，如铅、锡等合金，可制成不同直径的圆丝（俗称保险丝），由于熔点低，不易熄弧，一般用在小电流电路中；另一种是高熔点材料，如银、铜等，多用在大电流电路中，它熄弧较容易，但会引起熔断器过热，对过载时保护作用较差。

　　每一种规格的熔体都有额定电流和熔断电流两个参数。通过熔体的电流小于其额定电流时，熔体不会熔断，只有在超过其额定电流并达到熔断电流时，熔体才会发热熔断。通过熔体的电流越大，熔体熔断越快，一般规定熔体通过的电流为额定电流的 1.3 倍时，应在 1min 以上熔断；通过额定电流的 1.6 倍时，应在 1min 内熔断；电流达到 2 倍额定电流时，熔体在 30~40s 内熔断；当达到 8~10 倍额定电流时，熔体应瞬间熔断。熔断器对于过载是很不灵敏的，当设备轻度过载时，熔断时间延迟很长，甚至不熔断。因此，熔断器不宜作为过载保护用，它主要作为短路保护用。熔断电流一般是熔体额定电流的 2 倍。

　　熔管有三个参数：额定工作电压、额定电流和断流能力。

　　若熔管的工作电压大于其额定工作电压，则当熔体熔断时可能会出现电弧不能熄灭的现象，熔管内所装熔体的额定电流必须小于或等于熔管的额定电流；断流能力是表示熔管断开线路故障所能切断的最大电流。

　　2）熔断器的选择方法。熔断器必须经过正确的选择才能起到应有的保护作用。

　　① 熔体额定电流的选择。

　　对变压器、电炉及照明等负载的短路保护，熔体的额定电流应稍大于线路负载的额定电流。

　　对于一台电动机负载的短路保护，熔体的额定电流 I_{RN} 应大于或等于 1.5~2.5 倍的电动机额定电流 I_N，即

$$I_{RN} \geqslant (1.5~2.5)\ I_N \tag{6-1-2}$$

　　对几台电动机同时保护时，熔体的额定电流应大于或等于其中最大容量的一台电动机的额定电流 I_{Nmax} 的 1.5~2.5 倍加上其余电动机的额定电流总和 $\sum I_N$，即

$$I_{RN} \geqslant (1.5~2.5)I_{Nmax} + \sum I_N \tag{6-1-3}$$

　　在电动机功率较大而实际负载较小时，熔体额定电流可适当选小些，小到以起动时熔体不断为准。

　　② 熔管的选择。

　　熔管的额定电压必须大于或等于线路的工作电压。

　　熔管的额定电流必须大于或等于所装熔体的额定电流。

　　3）常用熔断器系列产品介绍。

　　① 瓷插式熔断器。

　　常用产品有 RC1A 系列，主要用于交流 50Hz、额定电压 380V 及以下的线路中，作为供配电系统导线及电气设备的短路保护，也可作为民用照明等电路保护。常用 RC1A 系列瓷插式熔断器的外形及结构如图 6-1-11 所示。

　　RC1A 系列瓷插式熔断器的额定电压为 380V，额定电流有 5A、10A、15A、30A、60A、100A 及 200A 等。RC1A 系列瓷插式熔断器规格见表 6-1-2。

　　RC1A系列熔断器价格便宜，更换方便，因而广泛用作照明和小容量电动机的短路保护。因熔丝熔断过程中产生声光现象，因而对于易爆炸、有腐蚀的工作场合禁止使用。

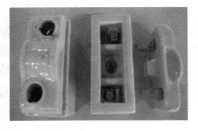 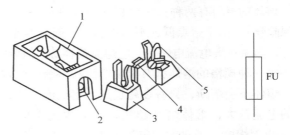

a) 实物　　　　　　　　　　　　　　　　　b) 结构图　　　　　　　c) 熔断器符号

图6-1-11　RC1A系列瓷插式熔断器

1—瓷座底　2—静触点　3—瓷插件　4—熔丝　5—动触点

表6-1-2　常用低压熔断器

类别	型号	额定电压/V	额定电流/A	熔体额定电流等级/A
瓷插式熔断器	RC1A	380	5	2、4、5
			10	2、4、6、10
			15	15、20、25、30
			60	30、40、50、60
			100	60、80、100
			200	100、120、150、200
螺旋式熔断器	RL1	500	15	2、4、5、6、10、15
			60	20、25、30、35、40、50、60
			100	60、80、100
			200	100、150、200
	RL2	500	25	2、4、6、10、15、20、25
			60	25、35、50、60
			100	80、100
有填料封闭管式熔断器	RT0	380	100	30、40、50、60、80、100
			200	80、100、120、150、200
			400	150、200、250、300、350、400
			600	350、400、450、500、550、600
			1000	700、800
无填料封闭管式熔断器	RM10	交流：220、380、500 直流：220、440	15	6、10、15
			60	15、20、25、35、45、60
			100	60、80、100
			200	100、125、160、200
			350	200、225、260、300、350
			600	350、430、500、600

② 螺旋式熔断器。

常用产品有 RL1、RL6、RL7、RLS2 等系列，其中 RL1、RL6、RL7 多用于机床电路中，RLS2 为快速熔断器，主要用于保护硅整流元件和晶闸管等半导体元件。螺旋式熔断器主要由瓷帽、熔体、瓷套、上接线端、下接线端及底座六部分组成。常用 RL1 系列螺旋式熔断器的外形及结构如图 6-1-12 所示。

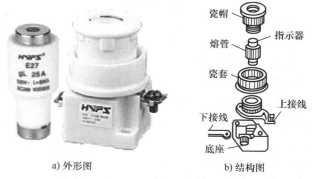

a) 外形图　　　　b) 结构图

图 6-1-12　RL1 系列螺旋式熔断器

RL1 系列螺旋式熔断器的熔断管内，除了装熔丝外，在熔丝周围填满石英砂，作为熄灭电弧用。熔体的一端有一小红点，熔丝熔断后红点自动脱落，显示熔丝已熔断。使用时将熔断管有红点的一端插入瓷帽，瓷帽上有螺纹，将瓷帽连同熔管一起拧进瓷底座，熔丝便接通电路。

在安装接线时，用电设备的连接线应接到连接金属螺纹壳的上接线端，电源线接到瓷底座上的下接线端，这样在更换熔丝时，旋出瓷帽后螺纹壳上不会带电，保证了安全。

RL1 系列螺旋式熔断器的额定电压为 500V，额定电流有 15A、60A、100A 及 200A 等。RL1 系列螺旋式熔断器的规格见表 6-1-2。

RL1 螺旋式熔断器的断流能力大，体积小，安装面积小，更换熔丝方便，安全可靠，熔丝熔断后有显示。在额定电压为 500V、额定电流为 200A 以下的交流电路或电动机控制电路中作为短路保护。

③ 无填料封闭管式熔断器。

常用产品有 RM10 系列，其外形及结构如图 6-1-13 所示。

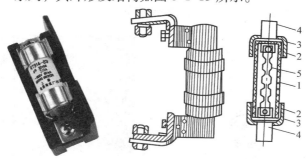

图 6-1-13　RM10 系列无填料封闭管式熔断器

1—反白管　2—黄铜套管　3—铜帽　4—插刀　5—熔体

它由钢纸管两端紧套黄铜套管用两排铆钉固定，防止熔断时钢纸管爆破。在套管上旋有黄铜帽用来固定熔体，熔片在装入钢纸管前用螺钉固定在插刀上。使用时将插刀插进夹座。熔断器的熔体用锌片制成，锌片冲成有宽有窄的不同截面，宽处电阻小，窄处电阻大。当有大电流通过时，窄处温度上升较宽处快，首先达到熔化温度而熔断。

为保证能可靠地切断所规定的断流能力的电流，按规定，RM 系列熔断器在切断过三次相当于断流能力的电流后，必须更换新的。

RM 系列无填料封闭管式熔断器的规格见表 6-1-2。

④ 有填料封闭管式熔断器。

随着低压电网容量的增大，当线路发生短路故障时，短路电流常高达 25～50kA。上面三种系列的熔断器都不能分断这么大的短路电流，必须采用 RT0 系列有填料封闭管式熔断器。RT0 系列熔断器的外形及结构如图 6-1-14 所示。

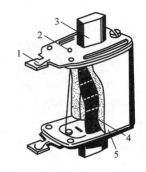

图 6-1-14　RT0 系列有填料
封闭管式熔断器
1—盖板　2—指示器　3—触角
4—熔体　5—熔管

图中熔管采用高频陶瓷制成，它具有耐热性强、机械强度高、外表面光洁美观等优点。熔体是两片网状紫铜片，中间用锡把它们焊接起来，这个部分称为"锡桥"，熔管内填满石英砂，在切断电流时起迅速灭弧作用，熔断指标器为一机械信号装置，指标器有与熔体并联的康铜熔断丝，能在熔体烧断后烧断，弹出醒目的红色指标件表示熔断信号，熔断器的插刀插在底座的插座内。

RT0 系列有填料封闭管式熔断规格见表 6-1-2。

2. 插座的工作原理及安装

现代住宅一般将电视、冰箱、空调等家用电器连接的用电线路称为动力线路。其实就是传统所说的插座线路。插座是为了方便用户在使用电视、冰箱、空调等家用电器时不需要重新布线而设置的电源接线板，其作用等同于接线端子，只不过插座是一个特殊的接线端子。一般家用电器电源引出线上有一个插头，使用时将插头直接插入插座即可。插头根据电器要求分为两插（相线、零线）及三插（相线、零线、接地线），对应的插座也就分为两孔插座及三孔插座。根据电工接线规则，插座接线如图 6-1-15 所示。

（1）插座的接线方法　现代家庭常用五孔式面板插座，如图 6-1-16 所示。插座的接线方法很简单，将来自电源的相线连接至标有"L"的接线端子上，零线接至标有"N"的接线端子上，保护接地线接至标有"⏚"的接线端子上。

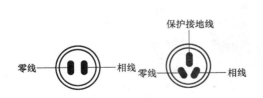

图 6-1-15　插座接线规则

图 6-1-16　五孔式面板插座

（2）插座的使用要求

① 插座应有质量监督管理部门认定的防雷检测标志，壳体应使用阻燃的工程塑料，不能使用普通塑料和金属材料。

② 插头、插座的额定电流应大于被控负荷电流，以免接入过大负载因发热而烧坏或引起短路事故。

③ 插座宜固定安装，切忌吊挂使用。插座吊挂会使电线受摆动，造成螺钉松动，并使

插头与插座接触不良。

④ 对于单相双线或三线的插座，接线时必须按照左零线、右相线、上接地的方法进行，与所有家用电器的三线插头配合。

⑤ 空调、电冰箱、洗衣机、电饭锅、饮水机等功率较大和需要接地的家用电器，应使用单独安装的专用插座，不能与其他电器共用一个多联插座。

3. 照明灯具（白炽灯、荧光灯）的工作原理及安装

传统的家庭照明装置分白炽灯照明与荧光灯照明。现代住宅常采用节能灯泡替代白炽灯灯泡，环形、U 形、H 形、双 D 形等吸顶灯替代长管形荧光灯灯管，其基本控制方法和工作原理与传统的白炽灯、荧光灯相同。本书以传统的照明装置为例来讲述家庭照明装置的安装方法。

（1）白炽灯控制线路安装　白炽灯结构简单，使用可靠，价格低廉，电路便于安装和维修，应用较广。

① 白炽灯的选用与安装。

在白炽灯颈状端头上有灯丝的两个引出线端，电源由此通入灯泡内的灯丝。根据灯丝出线端的构造不同，灯泡分为插口式（也称卡口）和螺口式两种。

灯丝的主要成分是钨，为防止受振而断裂，盘成弹簧圈状安装在灯泡内中间，灯泡内抽真空后充入少量惰性气体，以抑制钨的蒸发而延长其使用寿命。通电后，靠灯丝发热至白炽化而发光，故称为白炽灯。其规格以功率标称，如 15W、100W。

② 灯座的选用与安装。

灯座上有两个接线端子，一个与电源的中性线（俗称零线）连接，另一个与来自开关的一根连接线（即通过开关的相线，俗称火线）连接。

插口灯座上两个接线端子可任意连接上述两个线头。但是对于螺口灯座上的接线端子，为了使用安全，切不可任意乱接，必须把中性线线头连接在连通螺纹圈的接线端子上，而把来自开关的连接线线头连接在连通中心铜簧片的接线端子上，如图 6-1-17 所示。

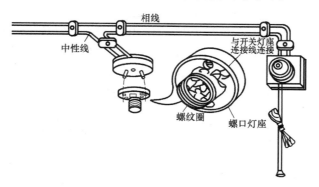

图 6-1-17　螺口灯座的安装

吊灯灯座必须采用塑料软线（或花线）作为电源引线。两端连接前，均应先削去线头的绝缘层，接着将一端套入挂线盒罩，在近线端处打个结，另一端套入灯座罩盖后，也应在近线端处打个结，如图 6-1-18 所示，其目的是不使导线线芯承受吊灯的重量。然后分别在灯座和挂线盒上进行接线（如果采用花线，其中一根带花纹的导线应接在与开关连接的线

上），最后装上两个罩盖和遮光灯罩。

安装时，把多股线芯拧绞成一体，接线端子上不应外露线芯。挂线盒应安装在木台上。

（2）荧光灯控制电路安装　荧光灯俗称日光灯，是应用比较普遍的一种电光源。

1）荧光灯的组成。

荧光灯由灯管、辉光启动器、镇流器、灯架和灯座等组成。

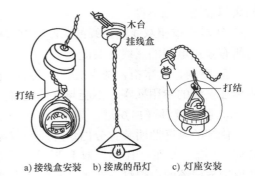

a）接线盒安装　b）接成的吊灯　c）灯座安装

图 6-1-18　避免线芯承受吊灯重量的方法

① 灯管。由玻璃管、灯丝和灯丝引出脚（俗称灯脚）等构成。

② 辉光启动器。由氖泡、小电容、出线脚和外壳等构成。氖泡内装有动触片和静触片。其规格分 4～8W 用的、15～20W 用的和 30～40W 用的以及通用型 4～40W 用的多种。

③ 镇流器。主要由铁心和电感线圈组成，分为开启式、半封闭式、封闭式三种，其规格需与灯管功率配用。

④ 灯架。有木制的和铁制的两种，其规格配合灯管长度选用。

⑤ 灯座。分弹簧式（也称插入式）和开启式两种，规格有小型的、大型的两种。小型的只有开启式，配用 6W、8W 和 12W（细管）灯管，大型的适用于 15W 以上各种灯管。

2）荧光灯的工作原理。

荧光灯的电路图如图 6-1-19 所示。荧光灯工作全过程分启辉和工作两种状态。其工作原理是：灯管的灯丝（又叫阴极）通电后发热，称阴极预热。荧光灯管属长管放电发光类型，启辉前内阻较高，阴极预热发射的电子不能使灯管内形成回路，需要施加较高的脉冲电压。此时灯管内阻很大，镇流器因接近空载，其线圈两端的电压降极小，电源电压绝大部分加在辉光启动器上，在较高电压的作用

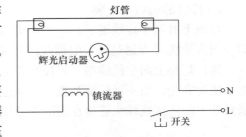

图 6-1-19　荧光灯电路图

下，氖泡内动、静两触片之间就产生辉光放电而逐渐发热，U 形双金属片因温度上升而动作，触及静触片，于是就形成启辉状态的电流回路。接着，因辉光放电停止，U 形双金属片随温度下降而复位，动、静两触片分断，于是，在电路中形成一个触发，使镇流器电感线圈中产生较高的感应电动势，出现瞬时高压脉冲；在脉冲电动势作用下，使灯管内惰性气体被电离而引起弧光放电，随着弧光放电而使管内温度升高，液态汞就汽化游离，游离的汞分子因运动剧烈而撞击惰性气体分子的机会骤增，于是就引起汞蒸气弧光放电，这时就辐射出紫外线，激励灯管内壁上的荧光材料发出可见光，因光色近似"日光色"而称日光灯。

灯管启辉后，内阻下降，镇流器两端的电压降随即增大（相当于电源电压的一半以上），加在氖泡两极间的电压也就大为下降，已不足以引起极间辉光放电，两触片保持分断状态，不起作用；电流即由灯管内气体电离而形成通路，灯管进入工作状态。

荧光灯附件要与灯管功率、电压和频率等相适应。

3）荧光灯的安装。

安装荧光灯时，主要是按线路图连接电路。常用荧光灯的线路图，除图 6-1-19 所示以

外，还有四个线头镇流器的接线图，如图 6-1-20 所示。

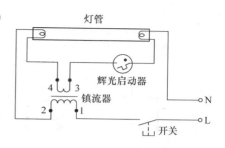

图 6-1-20　四个线头镇流器的接线图

荧光灯管是细长形管，光通量在中间部分最高。安装时，应将灯管中部置于被照面的正上方，并使灯管与被照面横向保持平行，力求得到较高的照度。

吊式灯架的挂链吊钩应拧在平顶的木结构或木棒上，或挂在预制的吊环上，这样才安全可靠。

接线时，把相线接入控制开关，开关出线必须与镇流器相连，再按镇流器接线图接线。

当四个线头镇流器的线头标记模糊不清时，可用万用表电阻档进行测量，电阻小的两个线头是副线圈，标记为 3、4，与辉光启动器构成回路。电阻大的两个线头是主线圈，标记为 1、2，接法与两个线头镇流器相同。

在工矿企业中，往往把两盏或多盏荧光灯装在一个大型灯架上，仍用一个开关控制，接线按并联电路接法，如图 6-1-21 所示。

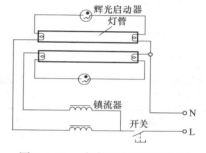

图 6-1-21　多支灯管的并联电图

4）新型荧光灯灯管。

近年来，环形、U 形、H 形、双 D 形等荧光灯管相继得到大力推广应用。与直管型荧光灯管相比较，它们具有体积小、照度集中、布光均匀、外形美观等优点。常见的新型荧光灯管如图 6-1-22 所示。

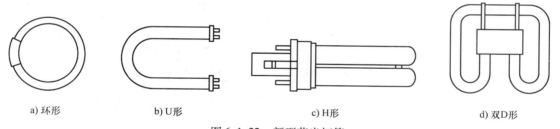

a) 环形　　　　b) U 形　　　　c) H 形　　　　d) 双 D 形

图 6-1-22　新型荧光灯管

4. 开关的选用与安装

开关的种类很多，按应用结构可分为单联（单刀单掷）和双联（单刀双掷）两种。

单联开关内有两个接线端子，一个与电源线路中的一根相线连接，另一个接至灯座的一个接线端子。

双联开关内有三个接线端子，中间一个端子为公共端，与电源相线连接，另两个是与灯座相连的接线端子，如图 6-1-23 所示。

图 6-1-23　双联开关内部接线柱

一个开关控制一盏灯时，如图 6-1-24 所示，开关接线端子中间公共端与电源相线连接，另两个接线端子只需选用其中一个与灯座连接，但接线时需注意，开关向下按压时为开灯，图 6-1-25 所示的开关位置为开灯状态。

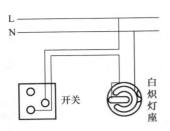

图 6-1-24　一个开关控制一盏灯

图 6-1-25　开灯时开关的状态

两个开关控制一盏灯时，如图 6-1-26 所示，一个开关接线端子中间公共端与电源相线连接，另一个开关接线端子中间公共端与灯座中心铜簧片的接线端子连接，两个开关剩余的接线端子需要相互并联。

5. 家庭用电线路故障检修

（1）白炽灯的常见故障排除　白炽灯的常见故障和排除方法见表 6-1-3，以供参考。

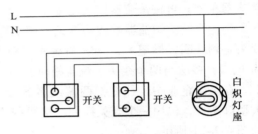

图 6-1-26　两个开关控制一盏灯

表 6-1-3　白炽灯的常见故障和排除方法

故障现象	产生故障的可能原因	排除方法
灯泡不发光	1. 灯丝断裂	1. 更换灯泡
	2. 灯座或开关触点不良	2. 把接触不良的触点修复，无法修复时，应更换
	3. 熔丝烧毁	3. 更换熔丝
	4. 电路开路	4. 修复电路
灯泡发光强烈	灯丝局部短路（俗称搭丝）	更换灯泡
灯光忽亮忽暗，或时亮时熄	1. 灯座或开关触点（或接线）松动，或因表面存在氧化层	1. 修复松动的触头或接线，去除氧化层后重新接线
	2. 电源电压波动	2. 更换配电变压器，增加容量
	3. 熔丝接触不良	3. 正确选配熔丝规格
	4. 导线连接不妥，连接处松散	4. 修复线路、更换灯座
灯光暗红	1. 灯座、开关或导线对地严重漏电	1. 更换完好的灯座或导线
	2. 灯座、开关接触不良，或导线连接处接触电阻增加	2. 修复接触不良的触点，重新连接接头
	3. 线路导线太长太细，线压降太大	3. 缩短线路长度，或更换较大截面积的导线

（2）荧光灯常见故障排除　荧光灯的常见故障较多，故障原因、现象和排除方法参见表 6-1-4。

表6-1-4　荧光灯的常见故障和排除方法

故障现象	产生故障的可能原因	排除方法
灯管不发光	1. 无电源	1. 验明是否停电，或熔丝烧断
	2. 灯座触点接触不良，或电路线头松散	2. 重新安装灯管，或重新连接已松散线头
	3. 辉光启动器损坏，或与基座触点接触不良	3. 检查辉光启动器、线头；更换辉光启动器
	4. 镇流器线圈或管内灯丝断裂或脱落	4. 用万用表低电阻档测量线圈和灯丝是否通路
灯管两端发亮，中间不亮	辉光启动器接触不良，或内部小电容击穿，或辉光启动器已损坏	按上例方法3检查；小电容击穿，可剪去后复用
启辉困难，（灯管两端不断闪烁，中间不亮）	1. 辉光启动器配用不成套	1. 换上配套的辉光启动器
	2. 电源电压太低	2. 调整电路，检查电压
	3. 环境气温太低	3. 可用热毛巾在灯管上来回烫熨（但应注意安全）
	4. 镇流器配用不成套，启辉电流过小	4. 换上配套镇流器
	5. 灯管老化	5. 更换灯管
灯光闪烁或管内有螺旋形滚动光带	1. 辉光启动器或镇流器连接不良	1. 接好连接点
	2. 镇流器不配套	2. 换上配套的镇流器
	3. 新灯管暂时现象	3. 使用一段时间，现象自行消失
	4. 灯管质量不佳	4. 更换灯管
镇流器过热	1. 镇流器不佳	1. 更换镇流器
	2. 灯具散热条件差	2. 改善灯具散热条件
镇流器发出嗡嗡声	镇流器内铁心松动	插入垫片或更换镇流器
灯管两端发黑	1. 灯管老化	1. 更换灯管
	2. 启辉不佳	2. 排除启辉系统故障
	3. 电压过高	3. 调整电压
	4. 镇流器不配套	4. 换上配套的镇流器

四、测试与训练

1. 材料准备

根据家庭用电线路的原理图准备好所需材料，材料清单见表6-1-5。

表6-1-5　家庭用电线路材料清单

序号	名称	数量	备注
1	单相电能表	1只	
2	单相刀开关	1只	
3	熔断器	2只	一般刀开关上自带熔断器，可不准备
4	单相五孔面板插座	1只	
5	面板式跷板开关	3只	

（续）

序号	名称	数量	备注
6	PVC明装盒	4只	插座1只，开关3只
7	白炽灯套件	1套	螺口白炽灯灯座，螺口灯泡
8	荧光灯套件	2套	灯管、镇流器、灯座、辉光启动器等
9	电工实训接线板	1块	
10	导线	若干	
11	常用电工工具	1套	
12	万用表	1块	MF47型

注：如有条件可用单相断路器替换刀开关，多个1P的断路器分别控制各回路。

2. 安装元器件

在安装接线前用万用表检查各元器件的质量情况，更换已损坏的部件。按图6-1-27所示的布置图把相应元器件固定在电工实训接线板上，要做到安装牢固、排列整齐、布置合理、便于走线和更换元器件。

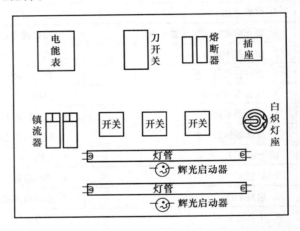

图6-1-27 元器件布置图

3. 安装、调试

（1）插座线路安装 按图6-1-28所示安装好插座线路。

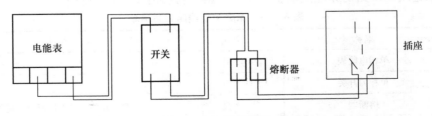

图6-1-28 插座接线

安装完毕后进行检验，将检验结果填入表6-1-6中。

表 6-1-6　插座线路测试

检验项目	测试数据	单位	备注
不通电测试			
电能表 L～刀开关 L		Ω	
电能表 N～刀开关 N		Ω	
刀开关 L～熔断器 L		Ω	
刀开关 N～熔断器 N		Ω	
熔断器 L～插座 L		Ω	
熔断器 N～插座 N		Ω	
插座插孔 L－N		Ω	刀开关操作手柄断开

能否通电：_____

检验项目	测试数据	单位	备注
通电测试			
电能表输入端 L－N		V	
电能表输出端 L－N		V	
刀开关输入端 L－N		V	
刀开关输出端 L－N		V	合上刀开关操作手柄
熔断器输入端 L－N		V	合上刀开关操作手柄
熔断器输出端 L－N		V	合上刀开关操作手柄
插座插孔 L－N		V	合上刀开关操作手柄

线路性能：_____；在插座上使用任一家用电器（如台灯），电器工作情况：_____

（2）白炽灯控制线路安装　图 6-1-29 所示为一个开关控制一盏白炽灯，按图连接好电路。图 6-1-30 所示为两个开关异地控制一盏白炽灯，按图连接好电路。

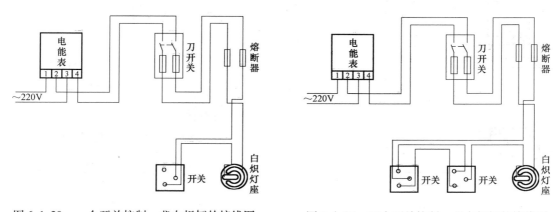

图 6-1-29　一个开关控制一盏白炽灯的接线图　　　图 6-1-30　两个开关控制一盏白炽灯的接线图

安装完毕后进行检验，将检验结果填入表 6-1-7 中。

表 6-1-7 白炽灯控制电路测试

检验项目	图 6-1-29 测试数据	图 6-1-30 测试数据	备注
不通电测试			
电能表 L ~ 灯座 L		—	开关处于关灯状态
电能表 L ~ 灯座 L		—	开关处于开灯状态
电能表 L ~ 灯座 L	—		关灯状态
电能表 L ~ 灯座 L	—		操作一只开关
电能表 L ~ 灯座 L	—		操作另一只开关
电能表 N ~ 灯座 N			
灯座 L – N			不装灯泡
能否通电：_____			
通电测试			
灯座 L – N		—	开关处于关灯状态
灯座 L – N		—	开关处于开灯状态
灯座 L – N	—		关灯状态
灯座 L – N	—		操作一只开关
灯座 L – N	—		操作另一只开关
灯座 L – N			
灯泡工作情况：_____			

（3）荧光灯控制电路安装　图 6-1-31 所示为一个开关控制一盏荧光灯，按图连接好电路。图 6-1-32 所示为一个开关控制多盏荧光灯，按图连接好电路。

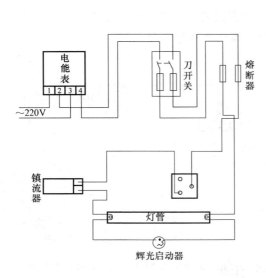

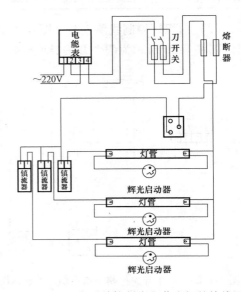

图 6-1-31　一个开关控制一盏荧光灯的接线图　　　　图 6-1-32　一个开关控制多盏荧光灯的接线图

安装完毕后进行检验，将检验结果填入表 6-1-8 中。

表 6-1-8　荧光灯控制电路测试

检验项目	图6-1-31测试数据	图6-1-32测试数据	备注
不通电测试			
电能表 L ~ 荧光灯 L			开关处于关灯状态
电能表 L ~ 荧光灯 L			开关处于开灯状态
电能表 N ~ 荧光灯 N			
荧光灯 L – N			不装灯管
镇流器两端			
能否通电：_____			
通电测试			
辉光启动器两端电压			不开灯
镇流器两端电压			不开灯
辉光启动器两端电压			开灯
镇流器两端电压			开灯
荧光灯工作情况：_____			

五、拓展知识

1. 室内布线方式及布线工艺

（1）室内布线的类型与方式

① 室内布线的类型。室内布线就是敷设室内用电器具或设备的供电和控制线路。室内布线有明装式和暗装式两种。明装式是导线沿墙壁、顶棚、横梁及柱子等表面敷设；暗装式是将导线穿管埋设在墙内、地下或装设在顶棚里。

② 室内布线的方式。室内布线有（塑料）夹板布线、绝缘子布线、槽板布线、护套线布线及线管布线等方式，最常用的是护套线布线和线管布线。

（2）室内布线的技术要求　室内布线不仅要使电能传送安全可靠，而且要使线路布置正规、合理、整齐、安装牢固，其技术要求如下：

① 所用导线的额定电压应大于线路的工作电压。导线的绝缘应符合线路的安装方式和敷设环境的条件。导线的截面积应满足供电安全电流和机械强度的要求，一般的家用照明线路以选用 2.5mm^2 的铝芯绝缘导线或 1.5mm^2 的铜芯绝缘导线为宜，常用的橡胶、塑料绝缘导线的安全载流量见表6-1-9。

表 6-1-9　500V 单芯橡胶、塑料绝缘电线在常温下的安全载流量

线芯截面积/mm^2	橡胶绝缘电线安全载流量/A		聚氯乙烯绝缘电线安全载流量/A	
	铜芯	铝芯	铜芯	铝芯
0.75	18	—	16	—
1.0	21	—	19	—
1.5	27	19	24	18
2.5	33	27	32	25
4	45	35	42	32
6	58	45	55	42
10	85	65	75	59
16	110	85	105	80

② 布线时应尽量避免导线接头。若必须有接头时，应采用压接或焊接，按导线的连接方法进行，然后用绝缘胶布包缠好。要求导线连接和分支处不应受机械力的作用；穿在管内的导线不允许有接头，必要时尽可能把接头放在接线盒或灯头盒内。

③ 布线时应水平或垂直敷设。水平敷设时，导线距地面不小于2.5m；垂直敷设时，导线距地面不小于2m。否则，应将导线在钢管内加以保护，以防机械损伤。布线位置应便于检查和维修。

④ 当导线穿过楼板时，应设钢管加以保护，钢管长度应从离楼板面2m高处至楼板下出口处。导线穿墙要用瓷管（塑料管）保护，瓷管两端出线口伸出墙面不小于10mm，这样可防止导线与墙壁接触，以免墙壁潮湿而产生漏电等现象。当导线互相交叉时，为避免碰线，在每根导线上套以塑料管或其他绝缘管，并将套管牢靠地固定，不使其移动。

⑤ 为确保安全用电，室内电气管线和配电设备与其他管道、设备间的最小距离都有一定规定，详见表6-1-10（表中有两个数字者，分子数为电气管线敷设在管道上的距离，分母数为电气管线敷设在管道下面的距离）。施工时如不能满足表中所列距离，则应采取其他的保护措施。

表6-1-10　室内电气管线和配电设备与其他管道、设备间的最小距离　（单位：m）

类别	管线及设备名称	管内导线	明敷绝缘线	裸母线	滑触线	配电设备
平行	煤气管	0.1	1.0	1.0	1.5	1.5
	乙炔管	0.1	1.0	2.0	3.0	3.0
	氧气管	0.1	0.5	1.0	1.5	1.5
	蒸汽管	1.0/0.5	1.0/0.5	1.0	1.0	0.5
	暖气管	0.3/0.2	0.3/0.2	1.0	1.0	0.1
	通风管	—	0.1	1.0	1.0	0.1
	上下水管	—	0.1	1.0	1.0	0.1
	压缩气管	—	0.1	1.0	1.0	0.1
	工艺设备	—	—	1.5	1.5	—
交叉	煤气管	0.1	0.3	0.5	0.5	—
	乙炔管	0.1	0.5	0.5	0.5	—
	氧气管	0.1	0.3	0.5	0.5	—
	蒸汽管	0.3	0.3	0.5	0.5	—
	暖气管	0.1	0.3	0.5	0.5	—
	通风管	—	0.1	0.5	0.5	—
	上下水管	—	0.1	0.5	0.5	—
	压缩气管	—	0.1	0.5	0.5	—
	工艺设备	—	—	1.5	1.5	—

（3）室内布线的主要工序

① 按设计图样确定灯具、插座、开关、配电箱、启动装置等的位置。

② 沿建筑物确定导线敷设的路径、穿越墙壁或楼板的位置。

③ 在土建未涂灰前，将布线所有的固定点打好孔眼，预埋绕有铁丝的木螺钉、螺栓或

木砖。

④ 装设绝缘支持物、线夹或管子。

⑤ 敷设导线。

⑥ 导线连接、分支和封端，并将导线出线接头和设备连接。

（4）护套线布线 塑料护套线是一种具有塑料保护层的双芯或多芯绝缘导线，具有防潮、耐酸和耐腐蚀等性能。

塑料护套线线路的优点是施工简单、维修方便、外形整齐美观及造价较低，广泛用于住宅楼、办公室等建筑物内，但这种线路中导线的截面积较小，大容量电路不宜采用。

1）技术要求。护套线芯线的最小截面积规定为：户内使用时，铜芯的不小于 $1.0mm^2$，铝芯的不小于 $1.5mm^2$；户外使用时，铜芯的不小于 $1.5mm^2$，铝芯的不小于 $2.5mm^2$。

护套线敷设在线路上时，不可采用线与线的直接连接，应采用接线盒或借用其他电气装置的接线端子来连接线头。接线盒由瓷接线桥（也叫瓷接头）和保护盒等组成，如图 6-1-33 所示。瓷接线桥分为单线、双线、三线和四线等多种，按线路要求选用。

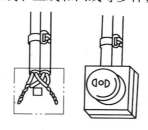

a)在电气装置上进行中间或分支接头

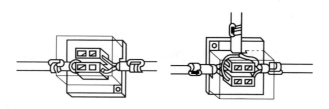

b)在接线盒上进行中间接头　　c)在接线盒上进行分支接头

图 6-1-33　护套线线头的连接方法

护套线必须采用专用的铝片线卡（钢精轧头）进行支持，铝片线卡的规格有 0#、1#、2#、3# 和 4# 等多种。号码越大，长度越长，可按需要选用。铝片线卡的形状分用小铁钉固定和用环氧树脂胶水粘贴两种，如图 6-1-34 所示。

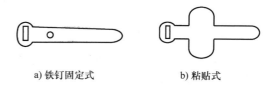

a)铁钉固定式　　　　b)粘贴式

图 6-1-34　常用铝片线卡

护套线支持点的定位，有以下一些规定：直线部分两支持点之间的距离为 0.2m；转角部分、转角前后各应安装一个支持点；两根护套线十字交叉时，交叉口处的四方各应安装一个支持点，共四个支持点；进入木台前应安装一个支持点；在穿入管子前或穿出管子后，均需各安装一个支持点。护套线路支持点的各种安装位置如图 6-1-35 所示。

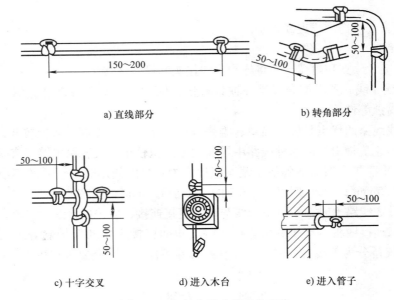

a) 直线部分　　　　　　　b) 转角部分

c) 十字交叉　　　d) 进入木台　　　e) 进入管子

图 6-1-35　护套线支持点的定位

护套线线路的离地距离不得小于 0.15m；在穿越楼板的一段及在离地 0.15m 以下部分的导线，应加钢管（或硬塑料管）保护，以防导线遭受损伤。

2）线路施工。

施工步骤：

① 准备施工所需的器材和工具。

② 标划线路走向，同时标出所有线路装置和用电器具的安装位置，以及导线的每个支持点。

③ 錾打整个线路上的所有木榫安装孔和导线穿越孔，安装好所有木榫。

④ 安装所有铝片线卡。

⑤ 敷设导线。

⑥ 安装各种木台。

⑦ 安装各种用电装置和线路装置的电气元器件。

⑧ 检验线路的安装质量。

施工方法：

① 放线。

对于整圈护套线，不能搞乱，不可使线的平面产生小半径的扭曲，在冬天放塑料护套线时尤应注意。放铅包线时更不可产生扭曲，否则无法把线敷设得平服。为了防止平面扭曲，放线时需两人合作，一个人把整圈护套线套入双手中，另一人将线头向前拉出。放出的护套线不可在地上拖拉，以免擦破或弄脏护套层。

② 敷线。

整齐美观是护套线线路的特点。因此，导线必须敷设得横平、竖直和平服，不得有松弛、扭绞和曲折等现象。几条护套线平行敷设时，应敷设得紧密，线与线之间不能有明显的空隙。塑料护套线配线如图 6-1-36 所示。

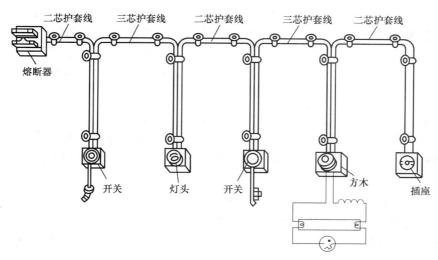

图 6-1-36　护套线配线示意图

在敷线时，要采取勒直和收紧的方法来校直。

勒直：是在护套线敷设之前，把有弯曲的部分，用纱团裹捏后来回勒平，使之挺直，如图 6-1-37 所示。

图 6-1-37　护套线的勒直方法

收紧：是在敷设时，把护套线尽可能地收紧。长距离的直线部分，可在直线部分两端的建筑面上，先临时各装一副瓷夹板，把收紧了的导线先夹入瓷夹板中，然后逐一夹上铝片线卡，如图 6-1-38a 所示。短距离的直线部分，或转角部分，可戴上纱手套后用手指顺向按捺，使导线挺直平服后夹上铝片线卡，如图 6-1-38b 所示。

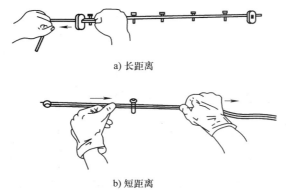

a) 长距离

b) 短距离

图 6-1-38　护套线的收紧方法

（5）线管布线　把绝缘导线穿在管内敷设，称为线管布线。这种布线方式比较安全可靠，可避免腐蚀性气体侵蚀和遭受机械损伤，适用于公共建筑和工业厂房中。

线管布线有明装式和暗装式两种。明装式要求布管横平竖直、整齐美观；暗装式要求线管短、弯头少。常用线管有钢管和硬塑料管，钢管线路具有较好的防潮、防火和防爆等特性，硬塑料管线路具有较好的防潮和抗酸碱腐蚀等特性，两者都有较好的抗外界机械损伤的性能，是一种比较安全可靠的线路结构，但造价较高，维修不方便。

1）技术要求。穿入管内的导线，其绝缘强度不应低于交流 500V，铜芯导线的最小截面积不能小于 1mm^2。

明敷或暗敷所用的钢管，必须经过镀锌或涂漆的防锈处理，管壁厚度不应小于 1mm。设于潮湿和具有腐蚀性场所的钢管，或埋在地下的钢管，其管壁厚度均不应小于 2mm。明敷用的硬塑料管壁厚度不应小于 2mm；暗敷用的不应小于 3mm。具有化工腐蚀性的场所，或高频车间，应采用硬塑料管。

线管的管径选择，应按穿入的导线总截面积（包括绝缘层）来决定。但导线在管内所占面积不应超过管子有效面积的 40%；线管的最小直径不得小于 13mm。各种规格的线管允许穿入导线的规格和根数见表 6-1-11。在钢管内不准穿单根导线，以免形成闭合磁路，损耗电能。

表 6-1-11　钢管和硬塑料管的选用

导线标称截面积 /mm²	导线根数							
	2	3	4	5	6	7	8	9
	线管的最小管径/mm							
1	13	16	16	19	19	25	25	25
1.5	13	16	19	19	25	25	25	25
2	16	16	19	19	25	25	25	25
2.5	16	16	19	25	25	25	25	32
3	16	16	19	25	25	25	32	32
4	16	19	25	25	25	32	32	32
5	16	19	25	25	25	32	32	32
6	16	19	25	25	25	32	32	32
8	19	25	25	32	32	38	38	38
10	25	25	32	32	38	38	51	51
16	25	32	32	38	38	51	51	64
20	25	32	38	38	51	51	64	64
25	32	38	51	51	64	64	64	76
35	32	38	51	51	64	64	64	76
50	38	51	64	64	64	64	76	76
70	38	51	64	64	76	76	—	—
95	51	64	64	76	76	—	—	—

管子与管子连接时，应采用外接头；硬塑料管的连接可采用套接；在管子与接线盒连接时，连接处应用薄型螺母内外拧紧；在具有蒸汽、腐蚀气体、多尘、油、水和其他液体可能渗入的场所，线管的连接处均应密封。钢管管口均应加装护圈，如图 6-1-39 所示，硬塑料管口可不加装护圈，但管口必须光滑。

明敷的管线应采用管卡支持。转角和进入接线盒以及与其他线路衔接或穿越墙壁和楼板时均应置放一副管卡，如图 6-1-40 所示，管卡均应安装在木结构和木榫上。

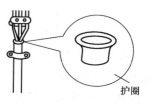

为了便于导线的安装和维修，对接线盒的位置有以下规定：无转角时在线管全长每 45m 处、有一个转角时在第 30m 处、有两个转角时在第 20m 处、有三个转角时在第 12m 处均应安装一个接线盒。同时，线管转角时的曲率半径规定为：明敷的不应小于线管外径的 6 倍，暗敷的不应小于线管外径的 10 倍。

图 6-1-39　钢管管口加装护圈

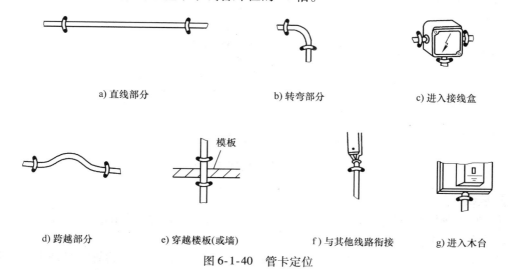

a) 直线部分　　　　b) 转弯部分　　　　c) 进入接线盒

d) 跨越部分　　e) 穿越楼板(或墙)　　f) 与其他线路衔接　　g) 进入木台

图 6-1-40　管卡定位

线管在同一平面转弯时应保持直角；转角处的线管，应在现场根据需要的形状进行弯制。线管在弯曲时，不可因弯曲而减小管径。

钢管的弯曲，对于直径 50mm 以下的管子可用弯管器，如图 6-1-41a 所示；对于直径 50mm 以上的管子可用电动或液压弯管机。塑料管的弯曲，可用热弯法，即在电烘箱或电炉上加热，待至柔软时弯曲成型，如图 6-1-41b 所示。管径在 50mm 以上时，可在管内填以砂子进行局部加热，以免弯曲后产生粗细不匀或弯扁现象。管径较小的塑料管可采用弹簧进行不加热直接弯制，如图 6-1-41c 所示，先在需要弯制的塑料管中塞入弹簧，将塑料管弯制成需要的形状，弯制完成后拉动弹簧拉线将弹簧抽出。

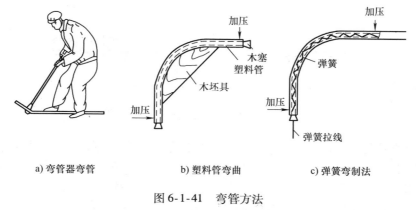

a) 弯管器弯管　　　　b) 塑料管弯曲　　　　c) 弹簧弯制法

图 6-1-41　弯管方法

2) 线路施工。

① 线管的连接。

管与管连接所用的束节应按线管直径选配。连接时如果存在过松现象，应用白线或塑料薄膜嵌垫在螺纹中，裹垫时，应顺着螺纹固紧方向缠绕，如果需要密封，还须在麻丝上涂一层白漆，如图 6-1-42 所示。

线管与接线盒连接时，每个管口必须在接口内外各用一个螺母给予固紧。如果存在过松现象或需密封的管线，均必须用裹垫物。

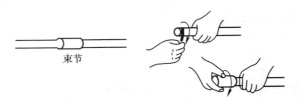

a) 用束节连接　　　　　　b) 过松时用麻丝或塑料薄膜垫包

图 6-1-42　线管的连接

② 放线。

对整圈绝缘导线，应抽取处于内圈的一个线头，避免整圈导线混乱。

③ 导线穿入线管的方法。

穿入钢管前，应在管口上先套上护圈；穿入硬塑料管之前，应先检查管口是否留有毛刺或刃口，以免穿线时损坏导线绝缘层。接着，按每段管长（即两接线盒间长度）加上两端连接所需的线头余量（如铝质导线应加放防断余量）截取导线；并削去两端绝缘层，同时在两端头标出同一根导线的记号，避免在接线时接错。

然后，把需要穿入同一根线管的所有导线线头，按图 6-1-43 所示的方法与引穿钢丝结牢。穿线时，需两人合作，一人在管口的一端，慢慢抽拉钢丝，另一人将导线慢慢送入管内，如图 6-1-44 所示。如果穿线时感到困难，可在管内喷入一些滑石粉予以润滑。在导线穿完后，应用压缩空气或皮老虎在一端线管口喷吹，以清除管内的滑石粉。否则，管内若留有滑石粉，会因受潮而结成硬块，将增加以后更换导线时的难度。穿管时，切不可用油或石墨粉等作润滑物质。

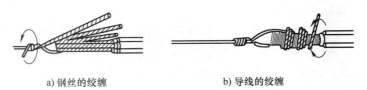

a) 钢丝的绞缠　　　　　　b) 导线的绞缠

图 6-1-43　导线与引穿钢丝的连接方法

在有些管线线路中，特别是穿入较小截面的电力导线或二次控制和信号线的线路中，为了今后不致因一根导线损坏而需更换管内全部导线，规定在安装时，应预先多穿入 1～2 根导线作为备用。但较大截面的电力管线线路，就不必穿备用线。

在每一接线盒内的每个备用线头，必须都用绝缘带包缠，线芯不可外露，并置于盒内

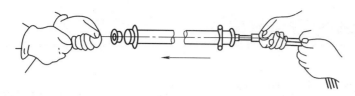

图 6-1-44 导线穿入管内的方法

空处。

④ 连接线头的处理。

为防止线管两端所留的线头长度不够，或因连接不慎线端断裂出现欠长而造成维修困难，线头应留出足够两三次再连接的长度。多留的导线可留成弹簧状贮于接线盒或木台内。

2. 常用电工工具的使用

（1）螺钉旋具　螺钉旋具又称螺丝刀、起子、螺丝批或旋凿，分为一字形和十字形两种，以配合不同槽型螺钉使用。常用的规格有 50mm、100mm、150mm 和 200mm 等，电工不可使用金属杆直通柄顶的螺钉旋具（俗称通心螺丝刀）。为了避免金属杆触及皮肤或邻近带电体，应在金属杆上加套绝缘管；不能用锤子打击螺钉旋具手柄，以免手柄破裂；不许用螺钉旋具代替凿子使用；螺钉旋具不能用于带电作业。其结构如图 6-1-45 所示。

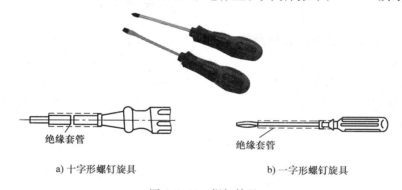

绝缘套管

绝缘套管

a) 十字形螺钉旋具　　　　　　　　b) 一字形螺钉旋具

图 6-1-45 螺钉旋具

螺钉旋具的使用：图 6-1-46 标示了螺钉旋具的使用方法。图 6-1-46a 所示为大螺钉旋具的使用方法，一般是用来旋紧或旋松大螺钉；图 6-1-46b 所示为小螺钉旋具的使用方法。

（2）低压验电器

① 结构。低压验电器又称试电笔，主要用来检查低压电气设备或低压线路是否带电。常用低压验电器外形有钢笔式、旋具式。一般钢笔式和旋具式的低

a) 大螺钉旋具的用法　　b) 小螺钉旋具的用法

图 6-1-46 螺钉旋具的使用方法

压验电器，是由金属探头、氖管、安全电阻、笔尾的金属体、弹簧和观察孔组成，弹簧与后端外部的金属部分相接触，如图 6-1-47 所示。

使用低压验电器时，必须按照图 6-1-48 所示的正确握法进行操作，手指应触及笔尾的金属体，使观察孔背光朝向自己，以便于观察。当低压验电器触及带电体时，带电体经低压

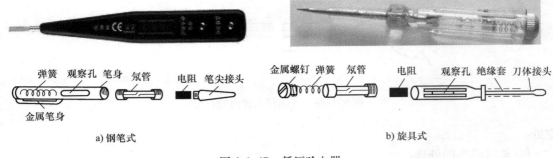

<table>
</table>

弹簧　观察孔　笔身　氖管　　电阻　笔尖接头

金属笔身

a) 钢笔式

金属螺钉　弹簧　氖管　　电阻　观察孔　绝缘套　刀体接头

b) 旋具式

图 6-1-47　低压验电器

验电器、人体到大地形成通电回路，只要带电体与大地之间的电位差超过 60V 时，低压验电器中的氖管就能发出红色的辉光。

② 使用低压验电器的安全知识。

使用低压验电器前，一定要在有电的电源上检查氖管能否正常发光。

使用低压验电器时，由于人体与带电体的距离较为接近，应防止人体与金属带电体的直接接触，更要防止手指皮肤触及笔尖金属体，以避免触电。

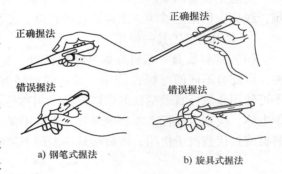

正确握法　　　　　　　正确握法

错误握法　　　　　　　错误握法

a) 钢笔式握法　　　b) 旋具式握法

图 6-1-48　低压验电器的握法

（3）钢丝钳　钢丝钳是钳夹和剪切工具，由钳头和钳柄两部分组成，钳头包括钳口、齿口、刀口和铡口，其结构如图 6-1-49a 所示。电工所用的钢丝钳，在钳柄上必须套有耐压为 500V 以上的绝缘套管，它的规格用全长表示，有 150mm、175mm 和 200mm 三种。使用时的握法如图 6-1-49b 所示，其刀口应朝向自己面部。

钳口　刀口
齿口　铡口
　　　　　　绝缘管

钳头　　钳柄

a) 结构　　　　　b) 握法　　　　　c) 实物

图 6-1-49　钢丝钳

钢丝钳的功能较多：钳口主要用来弯绞或钳夹导线线头；齿口用来固紧或起松螺母；刀口用来剪切导线或剖切软导线绝缘层；铡口用来铡切导线线芯或铅丝、钢丝等较硬金属丝。图 6-1-50 示出了各部分的用途。

有良好绝缘柄的钢丝钳，可在额定工作电压 500V 及以下的有电场合使用。用钢丝钳剪切带电导线时，不准用钳口同时剪切两根或两根以上的导线，以免相线间或相线与零线间发生短路故障。

（4）尖嘴钳　尖嘴钳如图 6-1-51 所示，头部尖细，适用于在狭小的工作空间操作，用

a) 紧固螺母　　　b) 弯绞导线　　　c) 剪切导线　　　d) 铡切导线

图 6-1-50　电工钢丝钳各部分的用途

来夹持较小的螺钉、垫圈、导线等，其握法与钢丝钳的握法相同。

尖嘴钳的规格以全长表示，常用的有 130mm、160mm 和 180mm 三种，电工用尖嘴钳在钳柄套有耐压强度为 500V 的绝缘套管。

尖嘴钳的用途：

① 有刃口的尖嘴钳能剪断细小金属丝。

② 尖嘴钳能夹持较小螺钉、垫圈、导线等元器件。

③ 在装接控制电路板时，尖嘴钳能将单股导线弯成一定圆弧的接线鼻子。

（5）断线钳　断线钳又称斜口钳，其头部扁斜，钳柄有铁柄、管柄和绝缘柄三种型式，其中电工用的绝缘柄断线钳的外形如图 6-1-52 所示，其耐压为 1000V。

断线钳专用于剪断较粗的金属丝、线材及电线电缆等。

图 6-1-51　尖嘴钳

图 6-1-52　断线钳

（6）电工刀　电工刀是电工在装配维修工作时用于剖削电线绝缘外皮、割削绳索、木桩、木板等物品的常用工具。图 6-1-53 所示为其外形结构。

使用电工刀时要注意以下几点：

① 刀口朝外进行操作。在剖削绝缘导线的绝缘层时，必须使圆弧状刀面贴在导线上，以免刀口损伤芯线。

② 一般电工刀的刀柄是不绝缘的，因此严禁用电工刀在带电导体或器材上进行剖削作业，以防止触电。

③ 电工刀的刀尖是剖削作业的必需部位，应避免在硬器上划损或碰缺，刀口应经常保持锋利，磨刀宜用油石。

（7）剥线钳　剥线钳用来剥削截面积为 $6mm^2$ 以下的塑料或橡胶绝缘导线的绝缘层，由钳头和钳柄两部分组成，如图 6-1-54 所示。钳头部分由压线口和切口构成，分为 0.5～3mm 的多个直径切口，可用于不同规格的芯线剥削。

使用时，左手持导线，右手握钳柄，右手向内紧握钳柄，导线端部绝缘层被剖断后自由飞出。使用时应将导线放在大于芯线直径的切口上切削，以免切伤芯线。剥线钳不能用于带电作业。

图 6-1-53　电工刀

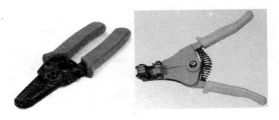

图 6-1-54　剥线钳

（8）活扳手　活扳手是用来紧固和拧松螺母的一种专用工具，它由头部和柄部组成，而头部则由活扳唇、呆扳唇、扳口、涡轮和轴销等构成，如图 6-1-55 所示。旋动涡轮可以调节扳口的大小。常用的活扳手有 150mm、200mm、250mm 和 300mm 四种规格。由于它的开口尺寸可以在规定范围内任意调节，所以特别适于在螺栓规格多的场合使用。

使用时，应将扳唇紧压螺母的平面。扳动大螺母时，手应握在接近柄尾处。扳动较小螺母时，应握在接近头部的位置。施力时手指可随时旋调涡轮，收紧活扳唇，以防打滑。

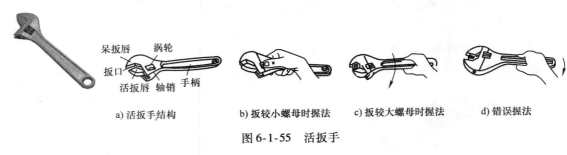

a）活扳手结构　　　b）扳较小螺母时握法　　　c）扳较大螺母时握法　　　d）错误握法

图 6-1-55　活扳手

（9）压接钳

① 阻尼式手握型压力钳。

阻尼式手握型压力钳如图 6-1-56 所示，是适用于截面积较小的铜、铝导线，用压线帽进行钳压连接的手动工具。其使用注意事项如下：根据导线和压线帽规格给压力钳加压模块；为了便于压实导线，压线帽内应填实，可用同材质同线径的线芯插入压线帽内填补，也可用线芯剥出后回折插入压线帽内。

② 液压导线压接钳。

多股铝、铜芯导线，作中间连接或封端的压接，一般采用液压导线压接钳，根据压模规格，可压接铝导线截面积为 $16 \sim 240 mm^2$，压接铜导线截面积为 $16 \sim 150 mm^2$，压接形式为六边形围压截面，其外形如图 6-1-57 所示。

图 6-1-56　阻尼式手握型压力钳

图 6-1-57　液压导线压接钳

（10）冲击钻　冲击钻是一种电动工具，具有两种功能：一种可作为普通电钻使用，使用时应把调节开关调到标记为"钻"的位置；另一种可用来冲打砌块或砖墙等建筑面的穿越孔和木榫孔，这时可把调节开关调到标记为"锤"的位置，如图6-1-58所示。冲击钻通常可冲打直径为6～16mm的圆孔。有的冲击钻还可调节转速，有双速和三速之分。在调速或调档（"钻"和"锤"）时，均应停转。用冲击钻开凿墙孔时，需配用专用的冲击钻头，其规格按所需孔径选配，常用的有8mm、10mm、12mm和16mm等多种。在冲钻墙孔时，应经常把钻头拔出，以利于排屑；在钢筋建筑物上冲孔时，碰到坚实物不应施加过大压力，以免钻头退火。

（11）电锤　电锤是一种具有旋转、冲击复合运动机构的电动工具，如图6-1-59所示。电锤的功能多，可用来在混凝土、砖石结构建筑物上钻孔、凿眼、开槽等。常用电锤钻头直径有16mm、22mm、30mm等规格。使用电锤时，握住两个手柄，垂直向下钻孔，无须用力，其他方向钻孔也不能用力过大，稍加使劲就可以。电锤工作时进行高速复合运动，要保证内部活塞和活塞转套之间良好润滑，通常每工作4小时需注入润滑油，以确保电锤可靠工作。

图6-1-58　冲击钻

图6-1-59　电锤

3. 板前明线布线工艺

1）走线合理，做到横平竖直、整齐，各接点不能松动，如图6-1-60所示。

单股芯线与接线柱连接时，最好按要求的长度将线头折成双股并排插入针孔，使压接螺钉顶紧在双股芯线的中间。如果线头较粗，双股芯线插不进针孔，也可将单股芯线直接插入，但芯线在插入针孔前，应朝着针孔上方稍微弯曲，以免压紧螺钉稍有松动线头就脱出。

图6-1-60　合理的走线

多股芯线与接线柱连接时，必须把多股芯线按原拧紧方向，用钢丝钳进一步绞紧，以保证压多股芯线受压紧螺钉顶压时而不致松散。由于多股芯线的载流量较大，孔上部往往有两个压紧螺钉，连接时应先拧紧第一枚螺钉（近端口的一枚），后拧紧第二枚，然后再加拧第一枚和第二枚，要反复加拧两次。此时应注意，针孔与线头的大小应匹配。

无论是单股芯线还是多股芯线，线头插入针孔时必须到底，导线绝缘层不得插入孔内，针孔外的裸线头长度不得超过3mm。

软导线线头也可用螺钉平压式接线柱连接，其工艺要求与上述多股芯线的压接相同。

2）避免交叉、架空和叠线，如图6-1-61所示。图中左侧为错误接法。

3）对螺栓式接点，导线连接时，应打羊眼圈，并按顺时针旋转，如图6-1-62所示。

图 6-1-61　架空线

图 6-1-62　羊眼圈

4）导线变换走向要垂直，并做到高低一致或前后一致，如图 6-1-63 所示。

图 6-1-63　导线变换走向

5）严禁损伤线芯和导线绝缘，接点上不能露铜丝太多，如图 6-1-64 所示，图中右侧导线露铜丝太多。

6）每个接线端子上连接的导线一般不超过两根，并保证接线固定，如图 6-1-65 所示。

图 6-1-64　导线露铜

图 6-1-65　接线端子上连接的导线

7）进出线应合理汇集在端子排上，如图 6-1-66 所示。

图 6-1-66　端子排接线

板前明线布线工艺要求见表 6-1-12。

表 6-1-12　接线工艺要求

分类	要　　求
连接线端	对螺栓式接点，导线连接时，应打羊眼圈，并按顺时针旋转。对瓦片式接点，导线连接时，直线插入接点固定即可
	严禁损伤线芯和导线绝缘，接点上不能露铜丝太多
	每个接线端子上连接的导线根数一般不超过两根，并保证接线固定
线路工艺	走线合理，做到横平竖直、整齐，各接点不能松动
	导线出线应留有一定余量，并做到长度一致
	导线变换走向要垂直，并做到高低一致或前后一致
	避免交叉、架空线、绕线和叠线
	导线折弯应折成直角
整体布局	板面线路应合理汇集成线束
	进出线应合理汇集在端子排上
	整体走线应合理美观

8）用多股线连接时，安装板上应搭配有走线槽，所有连线沿线槽内走线。各电器元件与走线槽之间的外露导线，要尽可能做到横平竖直、走线合理、美观整齐，变换走向要垂直；在任何情况下，接线端子必须与导线截面积和材料性质相适应，当接线端子不适合连接软线或较小截面积的软线时，可以在导线端头穿上针形或叉形轧头并压紧；进入走线槽内的导线要完全置于走线槽内，并应尽可能避免交叉，装线不要超过其容量的 70%，以便于能盖上线槽盖和以后的装配及维修。

六、练习

如图 6-1-67 所示，分别采用单股硬线、护套线、线管布线的方法连接该线路。

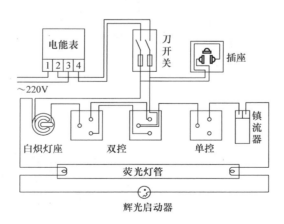

图 6-1-67　家庭用电综合布线

模块二 模数化终端组合电器安装

一、学习目标

终极目标：能装配模数化终端组合电器配电箱。

促成目标：

1. 会选用模数化终端组合电器；
2. 会装配模数化终端组合电器。

二、工作任务

1. 认识模数化终端组合电器；
2. 选用模数化终端组合电器；
3. 安装模数化终端组合电器。

三、理论知识

模数化终端组合电器主要用于电力线路末端，是由模数化卡装式电器以及它们之间的电器、机械连接和外壳等构成的组合体。它根据用户的需要，选用合适的电器，通常可构成具有配电、控制、保护和自动化等功能的组合电器。目前深受广大用户欢迎的有 PZ20 和 PZ30 系列两种模数化终端组合电器。其内部结构如图 6-2-1 所示。

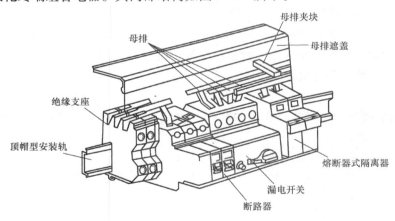

图 6-2-1 模数化终端组合电器的内部结构

模数化终端组合电器在家庭用电线路中常用作分路配电箱，配电箱是连接电源与用电设备的中间装置，它除了分配电能外，还具有对用电设备进行控制、测量、指示及保护等功能。图 6-2-2 所示为目前比较流行的单相用电配电箱实物图。

1. 模数化终端组合电器的构造与分类

目前常用的有 PZ20 和 PZ30 系列两种模数化终端组合电器。

（1）结构特点

① 外形美观：设有透明罩盖。

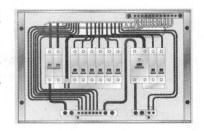

图 6-2-2 单相用电配电箱

② 品种齐全：外壳分为全塑、塑面铁底、钢和不锈钢几种，安装容量为 2 ~ 45 单元。

③ 安全性强：额定短路电流分断能力为 20kA。

④ 尺寸紧凑：尺寸大致与国外先进产品一样。

⑤ 组合灵活：可选用各种模数化终端组合电器。

（2）型号含义：

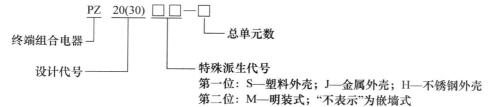

（3）分类

① 按外壳材料，分金属外壳和塑料外壳。

② 按性能，分非熟练人员用的 PZ20 系列和专职人员用的 PZ30 系列。

③ 按安装方式，分明装式与嵌墙式。

④ 按有无预埋箱，分带预埋箱与不带预埋箱。

⑤ 按组合方式，分有进线开关与无进线开关。

⑥ 按门的方式，分横开门、直开门或无门。

⑦ PZ20、PZ30 品种规格见表 6-2-1。

表 6-2-1　PZ20、PZ30 系列模数化终端组合电器品种规格

型号	可安装单元数（每单元宽为18mm）	防护等级	开门方式	外壳材料
PZ20J	6、10、15、30、45	30	横（侧开）	钢
PZ20H	6、10、15、30、45	30	横（侧开）	不锈钢
PZ20SⅠ	6、10、18	41	横（侧开）	全塑
PZ20Ⅱ	6、12、18、24、36	41	直（向上开）	全塑
PZ20SⅢ	6、12、18、24、36	41	直（向上开）	塑面铁底
PZ20S0	2、4、4.5、6	30	无门	全塑
PZ30J	15	30	直开门	钢
PZ30S	6、10、15	41	直开门	全塑

2. 模数化终端组合电器的选用

（1）外壳尺寸的选择　外壳容量常以 18mm 的倍数表示，根据用户的使用要求，确定组合方案后，就可算出所用电器元件的总宽度，从而选择所需的外壳容量，再考虑安装场所所需要的防护等级，即可选定型号。有时，组合电器中选用有发热工作原理的电器，则还应验算最大功耗与所选外壳尺寸是否允许。通常按发热原理工作的电器有熔断体、小断路器和某些漏电保护开关。

（2）组合方案的确定　常见的户内终端组合电器中，进线开关可选择隔离开关或 100A 断路器（限流型），通常下级分支也是限流式，分断时的断开时间均小于 5ms，要做到有选择性分断几乎没有可能。另外在支路开关前，主进线开关后短路的可能性很小，因此进线开关选用动热稳定性高的 HL30 隔离开关为较佳方案。

　　由于照明回路漏电可能性小，而插座回路则可能插入各种家用电器，为此在其前面应设有漏电开关作保护。实际上常采用的方案有：隔离开关作进线开关；漏电开关作进线开关、隔离开关作总开关。部分出线回路具有短路可能的，则再经一漏电开关，如出线回路为厨房、洗衣机、插座回路等。用户可根据具体情况选用组合方案。

　　模数化终端组合电器的安装方法可参考相关资料、产品使用说明书。

　　3. 模数化终端组合电器的介绍

　　（1）使用场合　　PZ30 终端组合电器适用于额定电压为 220V 或 380V，负载总电流不大于 100A 的单相三线或三相五线的末端电路中，作为对用电设备进行控制，对过载、短路过电压和漏电起保护作用的一种成套装置。

　　（2）结构　　PZ30 终端组合电器的主要结构部件有透明罩、上盖、箱体、安装轨、轨道高低调节螺杆、导电排、护线罩和电器开关元件等。内装电器开关元件全部采用宽度为 9mm 模数的电器，安装于顶帽形轨道上，可根据需要任意组合，安装轨道高低可调节，特别对暗装式更为方便。拆装迅速方便、开关元件手柄外露，带电及其他部分遮盖于上盖内部，打开门可方便地操作，使用安全可靠，箱体上下、左右及背后均设置进出线孔，便于接线。PZ30 终端组合电器外观及内部构造如图 6-2-3 所示。

图 6-2-3　　PZ30 终端组合电器

　　（3）特点　　PZ30 终端组合电器柜体表面采用环氧粉末静电喷涂，均匀美观利于防腐，附着力强，质感好，外观给人感觉舒服，内部结构件采用镀锌工艺，具有一定的防腐蚀能力；箱门用多股软通编织线与箱内 PE 点连接，整个箱体结构形成了连续的保护电路；柜型是户内封闭式配电柜，采用专用型材组装式结构，壳体采用厚度为 1.2mm 的冷轧钢板，具有重量轻、强度高等特点。塑料小门采用防火树脂材料，能有效防止火势蔓延。内装电器元件均采用宽度为 18mm 模数的电器，安装于标准导轨上。可根据需要任意组合，拆装方便，开关元件手柄外露，带电部分被遮盖在上盖内部，打开门可方便操作；箱体上下左右及背面均可设置进线敲落孔，方便接线；内部具有防漏电、触电、短路、过载等多种保护装置。

　　4. 模数化终端组合电器的安装

　　（1）PZ30 配电箱选型　　根据设计图样确定配电箱的几何尺寸。PZ30 配电箱、开关箱应采用冷轧钢板或阻燃绝缘材料制作，板厚应为 1.2～2.0mm，其中开关箱箱体钢板厚度不得小于 1.2mm，配电箱箱体厚度不得小于 1.5mm，箱体表面应做防腐处理。导线的进线口应设在箱体的上底面、导线的出线口应设在箱体的下底面，进出线的分布如图 6-2-4 所示。

　　（2）PZ30 配电箱内盘面板安装　　将组装好的配电盘四角固定在配电箱内，确保牢固。

图 6-2-4　配电箱进出线分布

PZ30 配电箱、开关箱应装设端正牢固，固定式 PZ30 配电箱、开关箱中心点与地面的垂直距离应为 1.4~1.6m，移动式配电箱、开关箱应装设在坚固、稳定的支架上，其中心点与地面的垂直距离为 0.8~1.6m。配电箱、开关箱的进出线口应配置固定线卡，进出线应加绝缘护套并成束固定在箱体上，不得与箱体直接接触，移动式配电箱、开关箱的进出应采用橡胶护套绝缘电缆，不得有接头。

（3）箱体内导轨安装　导轨安装如图 6-2-5 所示，导轨安装要水平，并与盖板断路器操作孔相匹配。

图 6-2-5　配电箱内导轨的安装

（4）箱体内断路器安装

① 安装断路器时，首先要注意箱盖上的断路器安装孔位置，保证断路器位置在箱盖预留位置。其次安装开关时要从左向右排列，开关预留位应为一个整位，如图 6-2-6 所示。

② 预留位一般放在配电箱右侧。

③ 家庭用电线路 PZ30 箱内断路器一般设置方法如图 6-2-7 所示，总开关采用 2P 隔离开关、照明支路采用 1P 断路器、插座支路采用 1P 或 2P 的带漏电保护断路器。

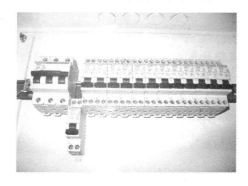

图 6-2-6　配电箱内断路器的安装　　　　　图 6-2-7　配电箱内断路器的配置

（5）断路器零线配线 配电箱内断路器零线配线如图6-2-8所示，零线配线要求如下：

① 零线颜色要采用蓝色或黑色。

② 照明及插座回路一般采用2.5mm² 导线，每根导线所串联断路器数量不得大于3个。空调回路一般采用2.5mm² 或4.0mm² 导线，一根导线配一个断路器。

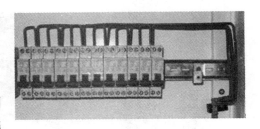

图6-2-8 配电箱内零线配线

③ 不同相之间零线不得共用，如由A相配出的第一根黄色导线连接了两个16A的照明断路器，那么A相所配断路器零线也只能配这两个断路器，配完后直接连接到零线接线端子上。

④ 箱体内总断路器与各分断路器之间的配线一般走左侧，配电箱出线一般走右侧。

⑤ 箱内配线要顺直，不得有绞接现象，导线要用塑料扎带绑扎，扎带大小要合适，间距要均匀。

⑥ 导线弯曲应一致，且不得有死弯，防止损坏导线绝缘皮及内部铜芯。

（6）断路器相线配线 配电箱内断路器相线配线如图6-2-9所示，相线配线要求如下：

① 相线颜色一般为红色，也可用黄色或绿色。

② 照明及插座回路一般采用2.5mm² 导线，每根导线所串联断路器数量不得大于3个。空调回路一般采用2.5mm² 或4.0mm² 导线，一根导线配一个断路器。

③ 箱体内总断路器与各分断路器之间配线一般走左侧，配电箱出线一般走右侧。

④ 箱内配线要顺直，不得有绞接现象，导线要用塑料扎带绑扎，扎带大小要合适，间距要均匀。

⑤ 导线弯曲应一致，且不得有死弯，防止损坏导线绝缘皮及内部铜芯。

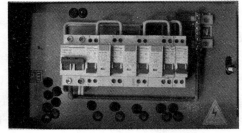

图6-2-9 配电箱内相线配线

（7）导线绑扎 配电箱内断路器配线完成后，应整理配线使其美观、合理，一般使用尼龙扎带进行绑扎，如图6-2-10所示。导线绑扎要求如下：

① 导线要用塑料扎带绑扎，扎带大小要合适，间距要均匀，一般为100mm。

② 扎带扎好后，不用的部分要剪掉。

（8）装配面板 配电箱内配线完成后，盖上面板，完成配电箱的装配，如图6-2-11所示。

（9）配电箱内其他配线方法 如图6-2-12所示，配电箱内配线一般采用单芯硬线，如箱内支路过多，会使配线麻烦且不美观，而且安装要求过高。

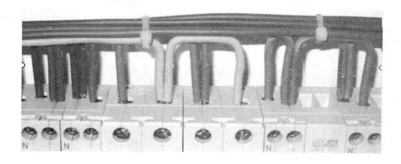

图 6-2-10　配电箱内导线的绑扎

图 6-2-11　装配后的配电箱

图 6-2-12　单芯硬线配线

目前市场上出现了一种 L 形断路器连接用汇流排，很好地解决了上面配线复杂的问题，L 形断路器连接用汇流排是一种用于连接母线汇流排和分支断路器的连接装置（见图 6-2-13a），这种汇流排安装方便、使用可靠，可以减少配电箱内的配线数量，使配电箱装配起来更加简洁、方便。采用汇流排配线的配电箱如图 6-2-13b 所示。

四、测试与训练

根据图 6-2-14 所示的房型结构图，设计并装配配电箱。

1）根据房型规划用电线路（需要布置几条支路）。

2）查阅资料计算用电负荷，选定照明支路、插座支路、总开关所需断路器及电线的规格及型号。

3）装配配电箱。

a)

汇流排

b)

图 6-2-13　汇流排

五、拓展知识

1. 家庭用电线路的组成

现代住宅是由走廊（过厅）、厨房、餐厅、客厅、书房、卧室、卫生间、阳台等部分组成的。现代住户的家用电器众多，且在不断增加，设计家庭电路，首先必须要明确住宅中各房间的电器安排，插座的设置应以方便电气设备用电为前提，照明灯具选择要合适，下面就各个房间的具体设置予以介绍，以下内容仅供参考，具体实施及安装时应根据实际用电情况进行选择。

图 6-2-14　某商品房房型结构图

（1）走廊（过厅）　走廊（过厅）一般应为2条支路：插座线（2.5mm^{2}铜线）、照明线（1.5mm^{2}铜线）。预留插座1~2个。灯光应根据走廊长度、面积而定，如果较宽可安装顶灯、壁灯；如果狭窄，只能安装顶灯或透光玻璃顶，在户外内侧安装开关。

（2）厨房　厨房一般应为2条支路：插座线（4mm^{2}铜线）、照明线（1.5mm^{2}铜线）。插座线部分尤为重要，最好选用4mm^{2}线，因为随着厨房设备的更新，目前使用的微波炉、抽油烟机、洗碗机、消毒柜、食品加工机、电烤箱、电冰箱等设备增多，所以应根据要求在不同部位预留插座，并稍有富余，以备日后所增添的厨房设备使用。一般在炉台侧面布置2组多用插座，在切菜台上方及其他位置均匀布置3组多用插座，作为其他电器（如榨汁机、食品加工机、咖啡机、刨冰机、打蛋器等）备用，容量均为10A。插座距地不得低于50cm，避免因潮湿造成短路。照明宜选用光照明亮的荧光灯，照明灯具的开关最好安装在厨房门的外侧。

（3）餐厅　餐厅一般应为3条支路：插座线（2.5mm^{2}铜线）、照明线（1.5mm^{2}铜线）、空调线（4mm^{2}铜线）。餐厅是人们吃饭的地方，家用电器较少，冬天有电火锅，夏天有落地风扇等，沿墙均匀布置2~3组多用插座即可，安装高度底边距地0.3m，容量为10A。如有条件可在餐桌下设一个地板插座，这样遇到餐桌上需要使用电器时会十分方便。灯光照明最好选用暖色光源，开关选在门内侧。空调也需按专业人员要求预留插座。

（4）客厅 客厅一般应为3条支路：插座线（2.5mm²铜线）、照明线（1.5mm²铜线）、空调线（4mm²铜线）。客厅各线终端预留分布：在电视柜上方预留电视、DVD、电脑等线路插座。客厅如果需要摆放冰箱、饮水机、加湿器等设备，根据摆放位置预留插座，一般情况下客厅至少应留7个插座。一般设计中，客厅插座安装高度大部分是底边距地0.3m或1.4m。底边距地0.3m的缺点是：住户用装饰板进行墙裙装修时，需在墙上打龙骨架，必须要把插座移出来固定在龙骨架上，否则会被装饰板盖住；如果在装饰板上开个口露出插座，则很不美观且位置较低、易被遮挡，插、拔插头很不方便，并且会造成一些低矮的柜子不能紧靠墙摆，还要留出插、拔插头的空间，影响美观。底边距地1.4m的缺点是：住户装修墙裙一般是1m高，插座底边距墙裙顶的距离是0.4m，显得不协调，有碍观瞻。因此客厅插座底边距地1.0m较为合适，既使用方便，也易于与墙裙装修，又能保持统一。另外，小于20m²的客厅，空调机一般采用壁挂式，那么这个空调机插座底边距地为1.8m。如果客厅大于20m²，采用柜机，插座高度为1.0m。客厅插座容量的选择方法是：壁挂式空调机选用10A三孔插座，柜式空调机选用16A三孔插座，其余选用10A的多用插座。

客厅照明一般运用主照明和辅助照明，主照明为客厅空间的大部分面积提供光线，担任此任务的光源通常来自上方的吊灯或吸顶灯，可采用单联开关控制。辅助照明泛指立灯、壁灯、台灯等尺寸较小的灯具，能够加强光线的层次感。壁灯大多安装在门厅、走廊等部位，设计时别忘了给这些辅助照明灯具预留插座。

（5）书房 书房一般应为3条支路：插座线（2.5mm²铜线）、照明线（1.5mm²铜线）、空调线（4mm²铜线）。书房是人们学习的地方，有时兼作健身锻炼之用。主要家用电器有电脑、电话、打印机、传真机、空调机、台灯、健身器具等。人们一般习惯把书桌摆在窗前，所以窗前墙一边确定电视、电话双孔插座后，另一边还要布置3组电源多用插座，供电脑、传真机、打印机使用，适当布置一组壁挂式空调机插座，在其他适当的位置分别布置2组多用插座，以供健身器具使用。除空调机底边距地1.8m外，其余强、弱电插座底边距地均为1.0m。空调机插座选用10A三孔插座，其余强电插座选用10A二、三孔多用插座。

书房的基础照明，可选用造型简洁的吸顶灯安装在房顶中央，光线明亮均匀、无阴影。照明开关可安装在书房门内侧。书房灯具的选择首先要以保护视力为基准。一般的阅读和书写常采用较高照度的局部照明，一般照明也需具有相当的照度，局部照明应能调整亮度。

（6）卧室 卧室一般应为3条支路：插座线（2.5mm²铜线）、照明线（1.5mm²铜线）、空调线（4mm²铜线）。卧室是人们休息、睡眠的地方。主要的家用电器有电话、电视、空调机、灯具（台式、床头）、风扇、电热毯等。确定床的位置是卧室插座布置的关键。一般双人床都是摆在房间中央，一头靠墙，双人床宽一般为1.5~2.0m，床头两边各设一组多用插座，以供床头台灯、落地风扇及电热毯使用，视电视摆放位置在其插座旁设2组电源插座，空调位置附近设空调专用电源插座，其他适当位置设一组多用插座，作备用。住户在卧室装修中，用装饰板做墙裙的比较少，故建议空调电源底边距地为1.8m，其余强、弱电插座底边距地0.3m，注意床头插座安装高度，防止床头柜遮挡。空调机电源选用16A三孔插座，其余选用10A二、三孔多用插座。

卧室照明需满足多方面的要求：柔和、轻松、宁静、浪漫。但同时又要满足装扮、着装，或者睡前阅读的需求。梳妆台和衣柜需要明亮的光；床周围的阅读照明，适合使用调光开关的头顶照明。卧室照明开关宜使用双控开关。

（7）卫生间 卫生间一般应为 2 条支路：插座线（4mm² 铜线）、照明线（1.5mm² 铜线）。

插座线以选用 4mm² 线为宜。考虑电热水器、电加热器等大电流设备，插座最好安装在不易受到水浸泡的部位，如在电热水器上侧，或在吊顶上侧，应采用防溅型。电加热器目前一般用的是浴霸，同时可解决照明、加热、排风等问题，浴霸开关应放在室内。而照明灯光或镜灯开关，应放在门外侧。最好在坐便器旁再安个排风扇开关。

（8）阳台 阳台一般应为 2 条支路：电源线（2.5mm² 铜线）、照明线（1.5mm² 铜线）。可装一个 10A 防溅型多用插座备用（较多用户将洗衣机置于阳台），底边距地 1.4m。照明灯光应设在不影响晾衣物的墙壁上或暗装在挡板下方，开关应装在与阳台门相连的室内，不应安装在阳台内。

2. 电气产品的选用

（1）隔离电器 家庭或类似场所使用的配电箱，属非熟练人员使用的组合电器，因此主开关应采用具有明显隔离断口或者明显隔离指示的隔离电器。当发生电气故障时，只要分断隔离电器，用户端就与电源切断，此时即使是非熟练人员也可安全地修理这些电器设备。

（2）漏电断路器 为了保证家庭用电安全，对人手很容易触及的家用电器的电源应具有漏电保护功能。通常，固定的照明器具因人手触及不到，其电源回路可不加漏电保护；插座回路除壁挂式空调插座外，都应带有漏电保护。

DZ47 系列漏电断路器是小型塑壳模数化断路器，它不仅具有电击保护功能，还具有过载和短路保护作用。采用这种漏电断路器时，不必装总熔丝。DZ47 – 32 的额定电流有 6A、10A、16A、20A、25A、32A 六种。住户配电箱内一般根据漏电断路器控制的回路数和负载电流选用 16 ~ 32A。DZL47 是用专用导轨把它固定在 PZ 系列开关箱内。

（3）分路开关和分路熔丝 以前家用电器尚未普及，家庭用电主要是照明。进行家庭电气设计时，总开关往往是采用带熔丝的刀开关，几个分路并头后全部接到刀开关的下桩头上。每户还备有手电筒或蜡烛，一旦熔丝熔断，可在手电筒光或烛光下更换熔丝。

随着家用电器的普及，分路控制十分重要，如把插座和照明分为两个分路，分别设置熔丝作为分路过载保护。当接于插座上的家用电器发生短路时，插座分路的熔丝熔断，故障就不会扩大，而照明分路仍能工作，就不必借助手电筒光或烛光更换熔丝。

分路可用模数化开关或模数化熔丝加以控制。若采用开关，此开关应具有过载、短路保护功能，此时分路不必装熔丝。分路开关可采用 DZ47 – 32 等塑壳断路器（见图 6-2-15），一般照明回路采用 1P 的 DZ47，插座回路采用 2P 的 DZ47LE，具体电流等级根据实际选用。

图 6-2-15 常见家用 DZ47 系列塑壳断路器

分路也可用熔丝加以控制，例如采用 HG30 熔断器式隔离器（见图 6-2-16）。这种熔断器式隔离器有 1~4 极四种规格，住户配电箱应采用双极的熔断式隔离器。采用熔断器作为分路控制，其价格较采用断路器便宜，但一旦发生故障，更换熔丝比较麻烦。

3. 传统配电板的安装

传统配电板如图 6-2-17 所示，使用刀开关作为总开关，且照明、插座共用一条回路，布线不规范，存在安全隐患。

（1）规划配电板　确定底板大小，规划安装板面。要求：线路走向简洁，能安全操作配电装置，将面板划分成进线、计量、出线几个功能区域，如图 6-2-18 所示。

图 6-2-16　HG30 熔断器

图 6-2-17　传统配电板

设计好电器元件布置图，如图 6-2-19 所示。按布置图把相应元件固定在电器板上，要做到安装牢固、排列整齐、布置合理，便于走线和更换元件，图 6-2-20 所示。

图 6-2-18　面板划分示意图

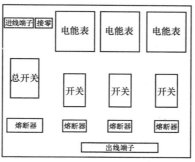

图 6-2-19　配电板安装图

图 6-2-20　元件安装图

（2）进线部分安装　进线部分是整个配电板的总电源，该电源采用三相四线配线方式，进线部分主要由进线端子、接零排、电源开关及熔断器组成。图 6-2-21 所示为进线部分接线图。

（3）计量部分安装　计量部分是用来计算用户消耗电能的单元，计量部分有三相总线计量（三相电能表），用来计量三相总的用电量；单相计量（单相电能表），用来计量某相线路上的用电量。计量部分接线图如图 6-2-22 所

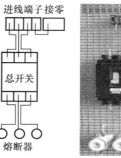

图 6-2-21　进线部分接线图

示。计量部分安装完成后的实物图如图6-2-23所示。

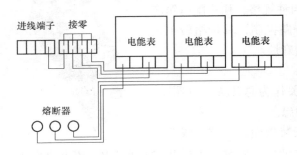

图 6-2-22 计量部分接线图

图 6-2-23 计量部分接线实物图

（4）出线部分安装 出线部分是将三相电能分配给用户的部分，对于用户来说配电板出线部分即为用户进线部分。三相电源被分配成三个单相电源提供给用户。具体接线工艺参照进线部分的接线工艺。接线图如图6-2-24所示。出线部分安装完成后的实物图如图6-2-25所示。

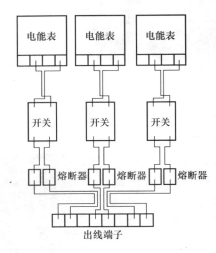

图 6-2-24 出线部分接线图

图 6-2-25 出线部分接线实物图

4. 配电板安装总成

结合以上进线部分、计量部分、出线部分安装完成后便是一个完整的配电板，接线样板如图6-2-26所示。

六、练习

1. 断路器规格型号如何选择？

2. 配电箱规格如何选择？

3. 结合自家住房设计并装配配电箱。

图 6-2-26 配电板接线样板

项目七　电动机的运行及控制

一、学习目标

终极目标：会设计、安装、调试电动机控制线路。

促成目标：

1. 了解三相异步电动机的结构，会分析三相异步电动机的铭牌参数及工作原理；
2. 掌握常用低压电器的结构、工作原理及用途，并能正确选用；
3. 掌握控制电路基本工作原理；
4. 能熟练安装、调试常见三相异步电动机控制电路；
5. 能按要求设计控制电路；
6. 能了解直流电动机的结构，会分析直流电动机的铭牌参数及工作原理。

二、工作任务

1. 认识三相异步电动机的结构，研究三相异步电动机的铭牌参数；
2. 分析三相异步电动机的工作原理；
3. 分析三相异步电动机控制电路工作原理；
4. 安装、调试三相异步电动机控制电路；
5. 设计三相异步电动机控制电路；
6. 认识直流电动机的结构，研究直流电动机的铭牌参数，分析直流电动机的工作原理。

模块一　三相异步电动机的认识、使用

一、学习目标

1. 了解三相异步电动机的结构；
2. 能分析三相异步电动机的铭牌参数及工作原理。

二、工作任务

1. 认识三相异步电动机的结构；
2. 研究三相异步电动机的铭牌参数；
3. 分析三相异步电动机的工作原理。

三、理论知识

1. 三相异步电动机的结构

以 Y112M－2 型三相异步电动机为例，异步电动机（见图7-1-1）可以大致分为三个部分：转子（转动部分）；定子（静止部分）；气隙（定子转子之间的空气缝隙），如图7-1-2所示。

观察三相异步电动机的结构可以看到，它还有其他的一些部件，其拆解图如图7-1-3所示。

2. 三相异步电动机的定子

三相异步电动机的定子部分是通以三相交流电流、产生磁场的一个重要场所，它一般由

以下三部分组成。

图 7-1-1　Y112M-2 型三相异步电动机外形

图 7-1-2　定子、转子与气隙

a) 风罩

b) 风叶

c) 端盖

d) 转子

图 7-1-3　电动机拆解图

（1）机座　机座是电动机的机械结构组成部分，主要作用是固定和支撑定子铁心和端盖。机座需要有足够的机械强度和刚度，一般中小型电动机的机座采用铸铁材料，机座外表面有散热筋片，如图 7-1-4 所示，而大容量的异步电动机采用钢板焊接而成。

图 7-1-4　中小型异步电动机机座

（2）定子绕组　定子绕组是电动机定子的电路部分，它将通过电流建立磁场。如图 7-1-5 所示，它是由三相绕组组成，嵌放在定子铁心之中并固定。三相绕组一般有六个出线端，首端标明 U_1、V_1、W_1，尾端标明 U_2、V_2、W_2，首尾端不能混淆，否则电动机通电后不能正常运行。在电路图中，经常将三个绕组画作如图 7-1-6 所示。

（3）定子铁心　定子铁心是电动机主磁路的一部分，并要放置定子绕组。为了导磁性能的良好和减少交变磁场在铁心中的铁心损耗，故一般采用片间绝缘的硅钢片叠压而成。铁心和冲片的示意图如图 7-1-7 所示。

3. 三相异步电动机的转子

三相异步电动机的转子是将电能转换为机械能的重要场所，主要由转轴、转子铁心和转子绕组等组成。

图 7-1-5　三相异步电动机的定子绕组

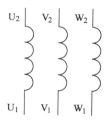

图 7-1-6　三相异步电动机绕组电路图

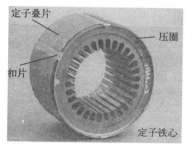

a）定子铁心

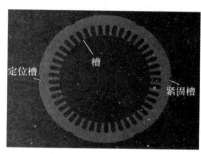

b）冲片

图 7-1-7　定子铁心和冲片

（1）转子铁心　转子铁心是电动机中磁场通路的一部分，转子绕组也要放在其中。它一般用冲有转子槽形的硅钢片叠压而成。中小型异步电动机的转子铁心一般都直接固定在转轴上，而大型三相异步电动机的转子铁心则套在转子支架上，然后让支架固定在转轴上。

（2）转轴　转轴是支撑转子铁心和输出转矩的部件，它必须有足够的刚度和强度。转轴一般用中碳钢车削加工而成，轴伸出端铣有键槽，是用来固定带轮或联轴器的。

（3）转子绕组　常见的异步电动机的转子绕组大致分为两种类型：笼型绕组和绕线转子绕组。

笼型转子：笼型转子绕组是在转子铁心的每个槽内放入一根导体，在伸出铁心的两端分别用两个导电端环把所有的导条连接起来，形成一个自行闭合的短路绕组。如果去掉铁心，剩下来的绕组形状就像一个鼠笼子，如图 7-1-8 所示，所以称之为笼型绕组。其中，有用铜条焊接在两个铜端环上的铜条笼型绕组，如图 7-1-8a 所示；而对于中小型的三相异步电动机，笼型转子绕组一般采用铸铝，将导条、端环和风叶一次铸出，如图 7-1-8b 所示。其实在生产实际中笼型转子铁心槽沿轴向是斜的，这样导致导条也是斜的，这主要是为了削弱由于定、转子开槽引起的齿谐波，以改善笼型电动机的起动性能。

绕线转子：绕线转子绕组与定子绕组一样，也是一个对称三相绕组。它联结成丫后（此为绕线转子线圈的连接方式，与电阻的星形连接类似），其三根引出线分别接到轴上的三个集电环，再经电刷引出而与外部电路接通，如图 7-1-9a 所示。可以通过集电环与电刷而在转子回路中串入外接的附加电阻或其他控制装置，以便改善三相异步电动机的起动性能及调速性能，绕线转子异步电动机还装有提刷装置，如图 7-1-9b 所示。当电动机起动完毕而又

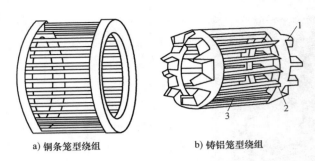

a) 铜条笼型绕组　　　　　　　b) 铸铝笼型绕组

图 7-1-8　笼型转子绕组结构示意图

1—风叶　2—端环　3—铝导条

不需调速时，可操作手柄将电刷提起切除全部电阻，同时使三只集电环短路，其目的是减少电动机在运行中的电刷磨损和摩擦损耗。

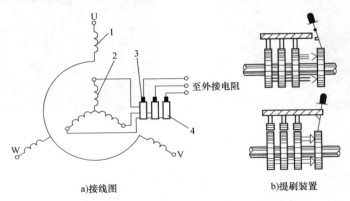

a)接线图　　　　　　　　　　　b)提刷装置

图 7-1-9　绕线转子异步电动机示意图

1—定子　2—转子　3—电刷　4—集电环

4. 三相异步电动机的铭牌

每台异步电动机的机座上都有一块铭牌，上面标有型号、额定值、工作制等信息，见表7-1-1，其中内容为 Y112M−2 型三相异步电动机的铭牌参数。

表 7-1-1　**Y112M−2 型三相异步电动机的铭牌**

三相异步电动机			
型号 Y112M−2		工作制 S1	
50Hz	220V	IP	IP55
4kW	8.2A	绝缘等级	F
2890r/min		冷却方式	ICO141
接法	△	功率因数	0.87
2007 年 5 月 12 日		效率	85.5
×××电机有限公司			

（1）型号　异步电动机的型号与其他电动机类似，可以表示电动机的种类、规格和用途等。下面以两例来说明：

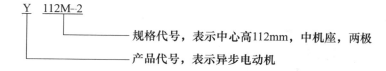

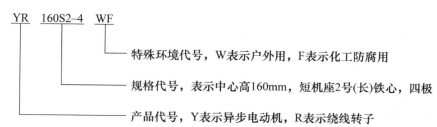

一般来说，异步电动机用"Y"来表示，型号中的英文字母 S、M、L 分别表示短、中、长机座。

中心高越大，则电动机容量越大，因此异步电动机按容量大小分类与中心高有关：中心高 80~315mm 为小型，315~630mm 为中型，630mm 以上为大型；在同样的中心高下，机座长即铁心长，则容量大。

（2）额定值 额定值规定了电动机的正常运行状态和条件，它是选用、安装和维修电动机时的依据。异步电动机的铭牌上标注的主要额定值有：

① 额定功率 P_N：电动机在额定运行状态下，轴上输出的机械功率（kW）。

② 额定电压 U_N：额定运行时，加在定子绕组出线端的线电压（V）。

③ 额定电流 I_N：电动机在额定电压、额定频率下，轴上输出额定功率时，定子绕组中的线电流（A）。

对三相异步电动机，其额定功率与其他额定数据之间有如下关系式：

$$P_N = \sqrt{3} U_N I_N \cos \varphi_N \eta_N \qquad (7\text{-}1\text{-}1)$$

④ 额定频率 f_N：三相异步电动机所接的交流电源的频率，我国电力网的频率为 50Hz。

⑤ 额定转速 n_N：三相异步电动机在额定电压、额定频率下，轴上输出额定机械功率时转子的转速（r/min）。

除了以上的一些数据外，铭牌上还标有定子绕组的联结法、绝缘等级及工作制等。对于绕线转子异步电动机，还标明转子绕组的额定电压（指定子加额定频率的额定电压而转子绕组开路时集电环间的电压）和转子的额定电流，以此作为选用起动变阻器的依据。

（3）其他参数 保护等级：通常用 IPxx 形式来表示电动机的防尘防水等级，见表 7-1-2。

表 7-1-2 三相异步电动机的保护等级

	防尘等级（第一个 X 表示）		防水等级（第二个 X 表示）
0	没有保护	0	没有保护
1	防止大的固体侵入	1	水滴滴入到外壳无影响
2	防止中等大小的固体侵入	2	当外壳倾斜到 15°时，水滴滴入到外壳无影响
3	防止小固体进入	3	水或雨水从 60°角落到外壳上无影响
4	防止直径大于 1mm 的固体进入	4	液体由任何方向泼到外壳没有伤害影响
5	防止有害的粉尘堆积	5	用水冲洗无任何伤害
6	完全防止粉尘进入	6	可用于船舱内的环境
		7	可于短时间内耐浸水（1m）
		8	可一定压力下长时间浸水

Y112M-2 型三相异步电动机标示为 IP55，表示该电动机可以防止有害粉尘进入及可用

水冲洗无任何伤害。

工作制：异步电动机能不能长时间运转，不是看转速，而是看电动机的工作制。如连续工作制（S1），它的持续时间足以达到发热稳定状态，所以它就可以长时间运转。另外还有短时工作制，它就需要在一定时间内休息后才能再转，如榨汁机一类的。其他的还有断续周期工作制（包括S3、S4和S5）、连续周期工作制（包括S6、S7、S8）、包括非周期负载和转速变化的工作制（S9）、不均匀负载的工作制。

5. 三相异步电动机的工作原理

三相异步电动机的磁场是它的三相定子绕组分别通以对称三相交流电而产生的，而且产生的是一个围绕电动机转子轴心旋转的磁场，即一个旋转磁场，它的转速用 n_1 表示，又叫同步转速。旋转磁场的转速方向与定子绕组接入的三相电流的相序有关，即改变定子绕组接入电流的相序，就能改变三相异步电动机的旋转磁场的旋转方向。旋转磁场的转速大小与电动机的几个参数有关，具体关系为

$$n_1 = \frac{60f}{p} \tag{7-1-2}$$

当三相异步电动机接到三相交流电源上时，有对称三相电流通过的三相定子绕组就产生了一个旋转的磁场。若旋转磁场的转速方向（n_1）和某时刻的位置如图7-1-10所示时，静止的转子绕组对于运动的旋转磁场而言，是相对运动的，而且正在切割磁力线，从而感应出感应电动势（用右手定则判断方向），在闭合的转子回路中就产生了感应电流，且电流方向应顺应于感应电动势方向。该感应电流在旋转磁场中，必然受到电磁力 f 的作用（用左手定则判断方向），此力驱使每个通有感应电流的转子导体围绕转轴做圆周运动，它的总和就称为转子所受的电磁转矩 T，这个电磁转矩驱动转子沿旋转磁场的方向旋转起来。

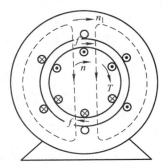

图 7-1-10 三相异步电动机
旋转原理图

当然，三相异步电动机的转子转速最终不可能加速到等于同步转速，即同步状态。因为如果同步了，转子与旋转磁场之间就没有了相对运动，也就不会产生感应电流，也就不会有电磁转矩来驱使转子继续转动，所以转子的转速总是略低于同步转速的，这就是"异步"这个名称的由来。

（1）转差率 s　转差（$n_1 - n$）是三相异步电动机运行的必要条件，为此引入转差率的概念，用 s 表示。

$$s = \frac{n_1 - n}{n_1} \tag{7-1-3}$$

由于三相异步电动机在运行时，转速 n 总是与同步转速 n_1 同向而且略低于它，所以电动机的转差率范围为 0~1。其中，$s = 0$ 对应的是理想空载状态，$s = 1$ 对应的是起动瞬间。一般电动机的额定转差率为 1.5%~5%。

（2）起动方式　三相异步电动机的起动方式有很多种，由于直接起动时，起动电流大、起动转矩小，故只有小型异步电动机采用直接起动。除了直接起动，还有如下几种起动方式：自耦变压器起动；星－三角起动；定子回路串电阻起动；绕线转子串频敏变阻器起动。笼型异步电动机有两种特制的转子可以改善起动性能，一是深槽型转子，二是双笼型转子。

（3）反转　三相异步电动机实现反转很简单，只需改变三相异步电动机的三相电源相序即可。因为改变了电源相序，就改变了旋转磁场的转速方向。

（4）调速　三相异步电动机的转速 n 可表示为

$$n = (1 - s)n_1 = (1 - s)\frac{60f}{p} \tag{7-1-4}$$

所以调速方式就有变频调速、变极调速、变转差率调速等几种。

四、测试与训练

1. 三相异步电动机结构认识

1）根据异步电动机的内部结构进行拆解，并将零部件分类。

按照图 7-1-11 给出的顺序拆解电动机，并将所有零部件及配件放好，以备组装时使用。

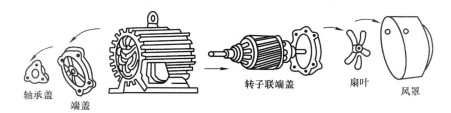
轴承盖　端盖　转子联端盖　扇叶　风罩

图 7-1-11　电动机拆卸顺序

在拆下一端的端盖之后，观察定子与转子之间的空气缝隙，即气隙。

气隙的大小对三相异步电动机的性能影响很大。三相异步电动机的定子与转子之间的空气隙，比同容量直流电动机的气隙要小得多，一般仅为 0.2 ~ 1.5mm。气隙大，则磁阻大，由电网提供的励磁电流大（输入电流中的无功分量），使得电动机运行功率因数降低。气隙过小，则会使装配困难，运行不可靠，而且会增加附加损耗和影响起动性能。

在拆解过程中要注意保护好电动机定子绕组的绝缘层，小心轻放各零部件。

2）检查各零部件是否完好，绝缘情况是否良好。

观察拆卸下的各部件，并进行分类，对各个零部件进行观察识别。

按照表 7-1-3 对拆下的零部件进行分类，分为定子部分和转子部分，并观察各个零部件的材质、结构、外形特点及绝缘完好度（接线盒先不接）。

表 7-1-3　三相异步电动机零部件清单

定子部分	风罩	端盖	定子绕组	定子铁心	轴承盖	机座
核对结果						
转子部分	转子铁心	转子绕组	转轴	风叶		
核对结果						

3）重新组装异步电动机。首先检查拆解下来的零部件和附件是否完好，然后按照与拆解过程相反的顺序安装。

2. 三相异步电动机绝缘性能测试

在整机安装好通电之前，还需对电动机进行检测。检测一般有以下几个步骤。

观察外观是否完整，除接线盒之外无裸露线圈及线头。

慢慢转动转子，转子应能顺畅转动，如不能，需检查轴承和端盖是否安装过紧。

还需要对电动机的绝缘性能进行检测（见图7-1-12），三相异步电动机需要检测两个绝缘性能。一是相间绝缘，二是对地绝缘。两个绝缘性能的检测都需要用到绝缘电阻表。

在测量相间绝缘时，将绝缘电阻表的两个接线柱分别连接到三相线圈中的任意两相上（取一个接线头即可），然后摇动摇把，进行测量。如三相之间两两不导通，则相间绝缘良好。

图7-1-12 绝缘电阻表

在测量对地绝缘性能时，将绝缘电阻表的一个接线柱连接到三相线圈中的任意一相的一个线头上，另一个接线柱连接到机座，然后摇动摇把，进行测量。如三相与机座之间绝缘电阻都比较高，则对地绝缘良好。

检测完毕没有故障后，将三相绕组接为星形联结，通电试车，观察电动机运行状况。

3. 三相异步电动机同名端、首尾端判别

三相绕组每个线圈的首尾端是不同的，若安装不正确则电动机无法正常工作。在安装接线盒之前需要先判断三相异步电动机的首尾端（或称为同极性端）。在定子绕组测量中已经标记好了同一个线圈的两个出线端，接下来就可以开始判别首尾端，具体方法可有如下三种：直流法、交流法和剩磁法。具体连接方法如图7-1-13所示。

（1）直流法 直流法的具体步骤为：

① 先用万用表电阻档分别找出三相绕组的各相两个线头。

② 给各相绕组假设编号为 U_1、U_2、V_1、V_2 和 W_1、W_2。

③ 按图7-1-13a接线，观察万用表指针摆动情况。

合上开关瞬间若指针正偏（向右偏转），则电池正极的线头与万用表负极（黑表笔）所接的线头同为首端或尾端；若指针反偏（向左偏转），则电池正极的线头与万用表正极（红表笔）所接的线头同为首端或尾端；再将电池和开关接另一相的两个线头，进行测试，就可正确判别各相的首尾端。

（2）交流法 给各相绕组假设编号为 U_1、U_2、V_1、V_2 和 W_1、W_2，按图7-1-13b接线，接通电源。若灯灭，则两个绕组相连接的线头同为首端或尾端；若灯亮，则不是同为首端或尾端。

（3）剩磁法 假设异步电动机存在剩磁。给各相绕组假设编号为 U_1、U_2、V_1、V_2 和 W_1、W_2，按图7-1-13c接线，并转动电动机转子，若万用表指针不动，则证明首尾端假设编号是正确的；若万用表指针摆动则说明其中一相首尾端假设编号不对，应逐相对调重测，直至正确为止（注意：若万用表指针不动，还得证明电动机存在剩磁，具体方法是改变接线，使线头编号接反，转动转子后若指针仍不动，则说明没有剩磁，若指针摆动则表明有剩磁）。

判别完首尾端后，连接接线盒。将三个绕组的六个出线端连接到接线盒中对应的位置。

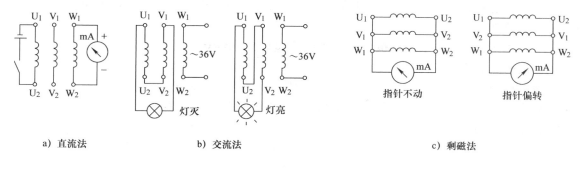

a) 直流法   b) 交流法   c) 剩磁法

图 7-1-13 三相异步电动机定子绕组判别

一般来说，接在电动机的接线板上的排列如图 7-1-14 所示。请按照图 7-1-14 将电动机定子绕组接为星形或三角形两种联结方式。

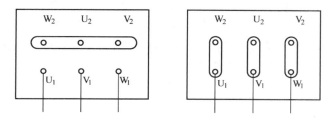

图 7-1-14 定子绕组的联结

五、拓展知识

1. 单相电动机的工作原理

从构造上看，单相异步电动机和三相笼型异步电动机差不多，转子是笼型，定子绕组也是嵌放在定子槽内，不过定子绕组只有两个单相绕组。

（1）单相异步电动机的磁场

① 单绕组的定子磁场：单相交流电流是一个随时间按正弦规律变化的电流，它所产生的磁场是一个脉动磁场，脉动磁场可以分解成两个转速相同、大小相等而转向相反的旋转磁场，合成转矩等于零，电动机不能起动。也就是说，单相绕组异步电动机的起动转矩等于零。

要应用单相异步电动机，必须首先解决它的起动问题，也就是要使转子获得一定的起动转矩。

② 两相绕组形成的磁场：单相异步电动机定子中要有两个绕组，即起动绕组 Z_1Z_2 和工作绕组 U_1U_2，它们的参数相同，在空间相位上相差 90°电角度，当在其中通入相位相差 90°电角度的两相对称电流时，则两相绕组合成了一个椭圆形磁动势，产生旋转磁场，电动机可起动运转。

（2）单相分相式异步电动机 应用分相法起动的单相电动机称为分相式电动机，它的定子上有两个绕组，一个是工作绕组，另一个是起动绕组，两个绕组的轴线在空间相差 90°电角度；电动机起动时，工作绕组和起动绕组接到同一个单相交流电源上，为了使两个绕组中的电流有一定的相位差（即分相），须在起动绕组中串入电容器或电阻器，也可以使起动绕组本身的电阻远大于工作绕组的电阻。因此，分相式电动机又可分为电阻分相电动机和电容分相电动机两种类型。

（3）罩极式单相异步电动机 采用罩极法起动的单相电动机称为罩极式电动机。罩极式电动机的定子铁心多制成凸极式，由硅钢片冲片叠压而成，每极上装有集中绕组，称为工作绕组。每个极面上的一边开有小槽，小槽中嵌入短路铜环，将部分磁极罩起来。这个短路铜环称为罩极线圈，其作用相当于变压器的二次绕组，能产生感应电动势和短路电流。

2. 微特电机简介

从工作原理来说，微特电机与普通电机十分相似。它可表述如下：当电能输入电机后，通过电机内部的电磁元件产生电磁转矩或电磁力，驱动机械负载旋转或直线移动，输出机械功率，这种电机称为电动机。在上述电能转换为机械能的过程中，电机内部产生损耗，引起电机发热，使能量递减。当电动机或其他动力驱动电机旋转或直线移动后，通过电机的内部电磁作用在电机绕组内产生电动势、电流，从而为负载提供电能，这种电机称为发电机。在能量转换中发电机与电动机一样产生损耗与发热。除了电动机和发电机之外，还有信号电机。信号电机是由控制机构带动，通过信号电机内部电磁作用输出信号。信号电机仅感应信号电动势，并不输出功率或输出功率甚微，信号电动势大多要经电子电路变换成有用信号。

有关微特电机的详细分类见表7-1-4。

表7-1-4 常见的微特电机

微特电机	交流电动机	异步电动机	三相异步电动机	
			单相异步电动机	电阻起动单相异步电动机 电容起动单相异步电动机 电容运行单相异步电动机 双值电容单相异步电动机 罩极单相异步电动机
		力矩电动机		
		伺服电动机		
		同步电动机	励磁式同步电动机 永磁式同步电动机 磁滞式同步电动机 磁阻式同步电动机 减速式同步电动机	
		伺服电动机		
	直流电动机	电磁式直流电动机	他励式直流电动机 并励式直流电动机 串励式直流电动机 复励式直流电动机	

微特电机的应用面广，涉及领域宽，家用电器、信息电子、汽车、工业产品、航空、宇航、舰船是其主要应用领域。此外，金融、公用事业、医疗康复器械以及农、林、牧、渔等领域应用各类微特电机也比较多。

下面介绍几种常见的微特电机。

（1）交流伺服电动机 长期以来，在要求调速性能较高的场合，一直占据主导地位的是应用直流电动机的调速系统。但直流电动机都存在一些固有的缺点，如电刷和换向器易磨损，需经常维护；换向器换向时会产生火花，使电动机的最高速度受到限制，也使应用环境受到限制；而且直流电动机结构复杂，制造困难，所用钢铁材料消耗大，制造成本高。而交流电动机，特别是笼型异步电动机没有上述缺点，且转子惯量较直流电动机小，使得动态响应更好。在同样体积下，交流电动机的输出功率可比直流电动机提高 10% ～ 70% 。此外，交流电动机的容量可比直流电动机造得大，能达到更高的电压和转速。

随着新型大功率电力电子器件、新型变频技术、现代控制理论以及微机数控等在实际应用中取得的重要进展，到了 20 世纪 80 年代，交流伺服驱动技术已取得了突破性的进展。在日本和欧美一些国家形成了一个生产交流伺服电动机的新兴产业。

（2）测速发电机 测速发电机是一种反映转速的信号元件，它将输入的机械转速变换成电压信号输出。测速发电机的输出电压正比于转子转角对时间的微分，在计算装置中也可以把它作为微分或积分元件。在自动控制系统和计算装置中，测速发电机主要用作测速元件、阻尼元件（或校正元件）、解算元件和角加速信号元件。

（3）步进电动机 步进电动机是一种用电脉冲信号进行控制，并将电脉冲信号转换成相应的角位移或线位移的执行器，说得通俗一点，就是给一个脉冲信号，步进电动机就转动一个角度或前进一步。因此这种电动机也称为脉冲电动机。

步进电动机其角位移量与电脉冲数成正比，其转速与电脉冲频率成正比，通过改变脉冲频率可以调节电动机的转速。如果停机后某些相的绕组仍保持通电状态，则还具有自锁能力，步进电动机每转一周都有固定的步数，从理论上说其步距误差不会积累。步进电动机的最大缺点在于其容易失步，特别是在大负载和速度较高的情况下，失步容易发生。但是，近年来发展起来的恒流斩波驱动、PWM 驱动、微步驱动、超微步驱动及它们的综合运用，使得步进电动机的高频处理得到很大提高，低频振荡得到显著改善。特别是随着智能超微步驱动技术的发展，必将把步进电动机的性能提高到一个新的水平，它将以极佳的性能价格比，获得更为广泛的应用，在许多领域将取代直流伺服电动机及其相应的伺服系统。

步进电动机种类很多，目前用于数控机床驱动的步进电动机主要有两类：反应式步进电动机和混合式步进电动机，反应式步进电动机也称为磁阻式步进电动机。

3. 钳形电流表的使用方法

三相异步电动机的输入电流，可以用钳形电流表来进行测量。如图 7-1-15 所示，将三相异步电动机电源线中的一相放入钳形电流表的铁心中，即可测量导线中的电流。

六、练习

1. 使用钳形电流表测量电机的空载电流。并请思考，若所测电流过小时如何进行测量？

2. 试进行电机拆装练习。

图 7-1-15 钳形电流表电流测量方法

模块二 三相异步电动机控制电路的安装、调试

一、学习目标

终极目标：会安装、调试三相异步电动机控制电路。

促成目标：

1. 会分析三相异步电动机控制电路的工作原理；

2. 能根据原理图安装三相异步电动机控制电路；

3. 会调试三相异步电动机控制电路。

二、工作任务

1. 分析三相异步电动机控制电路的工作原理；

2. 安装、调试三相异步电动机控制电路。

三、理论知识

在工业加工中都离不开电动机，如机床加工就需要工件或刀具进给进行切削，工件或刀具进给就是由电动机带动工作台或溜板移动来实现的。当然机床控制系统较复杂，控制电器使用较多，例如图 7-2-1 所示的机床控制系统，但是这些线路都是由简单的电动机控制电路组合而成，本模块主要介绍一些简单的电动机控制电路。

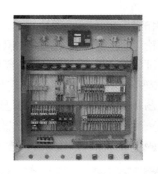

图 7-2-1　某机床控制系统

1. 低压电器

电器对电能的生产、输送、分配与应用起着控制、调节、检测和保护的作用，在电力输配电系统和电力拖动自动控制系统中应用极为广泛。低压电器是指工作在交流 1200V、直流 1500V 及以下的电路中，以实现对电路或非电对象的控制、检测、保护、变换、调节等作用的电器。

（1）接触器　接触器是机床电气控制系统中使用量大、涉及面广的一种低压控制电器，用来频繁地接通和分断交直流主电路和大容量控制电路。主要控制对象是电动机，能实现远距离控制，并具有欠（零）电压保护。

1）结构和工作原理。接触器主要由电磁机构、触点系统和灭弧装置组成，其结构图如图 7-2-2b 所示。

① 电磁机构：电磁机构由动铁心（衔铁）、静铁心和电磁线圈三部分组成，其作用是将

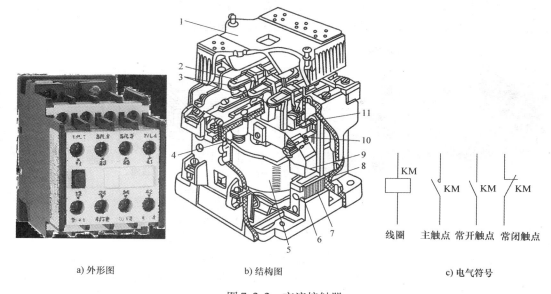

a) 外形图　　　　　　b) 结构图　　　　　　c) 电气符号

图 7-2-2　交流接触器

1—灭弧罩　2—触点压力弹簧片　3—主触点　4—反作用弹簧　5—线圈
6—短路环　7—静铁心　8—弹簧　9—动铁心　10—辅助常开触点　11—辅助常闭触点

电磁能转换成机械能，产生电磁吸力带动触点动作。

② 触点系统：触点是接触器的执行元件，用来接通或断开被控制电路。触点的结构形式很多，按其所控制的电路可分为主触点和辅助触点。主触点用于接通或断开主电路，允许通过较大的电流；辅助触点用于接通或断开控制电路，只能通过较小的电流。

触点按其原始状态可分为常开触点（动合触点）和常闭触点（动断触点）。原始状态时（即线圈未通电时）断开、线圈通电后闭合的触点叫作常开触点；原始状态时闭合、线圈通电后断开的触点叫作常闭触点。线圈断电后所有触点复位，即恢复到原始状态。

③ 灭弧装置：在分断电流瞬间，触点间的气隙中会产生电弧，电弧的高温能将触点烧损，并可能造成其他事故。因此，应采取适当措施迅速熄灭电弧，常采用灭弧罩、灭弧栅和磁吹灭弧装置。例如 CJ20 型接触器就有灭弧罩（灭弧室），它由陶瓷或三聚氰胺（耐弧塑料）制成。

工作原理：接触器根据电磁工作原理，当电磁线圈通电后，线圈电流产生磁场，使静铁心产生电磁吸力吸引衔铁，并带动触点动作，使常闭触点断开、常开触点闭合，两者是联动的。当电磁线圈断电时，电磁力消失，衔铁在释放弹簧的作用下释放，使触点复原，即常开触点断开、常闭触点闭合。接触器的图形符号、文字符号如图 7-2-2c 所示。

2）交、直流接触器的特点。接触器按其主触点所控制主电路电流的种类可分为交流接触器和直流接触器。

① 交流接触器。交流接触器线圈通以交流电，主触点接通、分断交流主电路。

当交变磁通穿过铁心时，将产生涡流和磁滞损耗，使铁心发热。为减少铁损，铁心用硅钢片冲压而成。为便于散热，线圈做成短而粗的圆筒状绕在骨架上。为防止交变磁通使衔铁产生强烈振动和噪声，交流接触器铁心端面上都安装一个铜制的短路环，如图 7-2-3 所示。

短路环的作用是减少交流接触器吸合时产生的振动和噪声。短路环一般用钢、康铜或镍铬合金等材料制成。交流接触器的灭弧装置通常采用灭弧罩和灭弧栅。

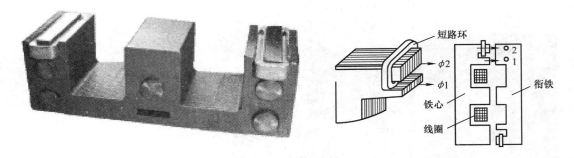

图 7-2-3 交流接触器的短路环

② 直流接触器。直流接触器线圈通以直流电流，主触点接通、切断直流主电路。

直流接触器铁心中不产生涡流和磁滞损耗，所以不发热，铁心可用整块钢制成。为保证散热良好，通常将线圈绕制成长而薄的圆筒状。直流接触器灭弧较难，一般采用灭弧能力较强的磁吹灭弧装置。

3）接触器型号。型号意义：

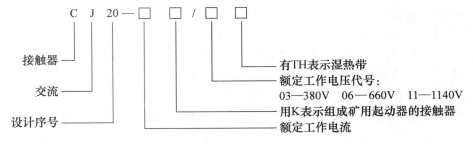

4）接触器的选择。

① 选择接触器触点的额定电压。通常选择接触器触点的额定电压大于或等于负载回路的额定电压。

② 选择接触器主触点的额定电流。选用接触器主触点的额定电流应大于或等于电动机的额定电流或负载额定电流。

电动机的额定电流可按下式推算，即

$$I_{\mathrm{N}} = \frac{P_{\mathrm{N}} \times 10^3}{\sqrt{3} U_{\mathrm{N}} \cos \varphi \eta} \tag{7-2-1}$$

式中，I_{N} 为电动机额定电流（A）；P_{N} 为电动机额定功率（kW）；U_{N} 为电动机额定电压（V）；$\cos\varphi$ 为电动机功率因数，额定负载运行时，约为 0.7~0.8；η 为电动机效率：

$$\eta = \frac{P_{\mathrm{N}} \times 10^3}{\sqrt{3} U_{\mathrm{N}} I_{\mathrm{N}} \cos\varphi} \tag{7-2-2}$$

额定电压为 380V、功率为 100kW 以下的电动机，其 $\cos\varphi$ 约为 0.7~0.82。

③ 选择接触器吸引线圈的电压。接触器吸引线圈电压一般从人身和设备安全角度考虑，

可选择低一些；当控制电路简单、用电不多时，可选用220V或380V。

④ 接触器的触点数量、种类选择。接触器的触点数量、种类等应满足控制电路的要求。

5）接触器的安装和使用。接触器安装前应先检查接触器的线圈电压是否符合实际使用要求；然后将铁心极面上的防锈油擦净，以免油垢粘滞造成接触器线圈断电后铁心不释放；并用手分合接触器的活动部分，检查各触点接触是否良好，是否存在卡阻。

接触器安装时，其底面与地面的倾斜度应小于5°、安装CJ系列接触器时，应使有孔两面放在上下方向，以利散热。

接触器的触点不允许涂油，当触点表面因电弧作用形成金属小珠时，应及时铲除；但银及银合金触点表面产生的氧化膜由于其接触电阻很小，不必锉修，否则将缩短触点的使用寿命。

（2）继电器　继电器主要用在控制和保护电路中作信号转换用。它具有输入电路（又称感应元件）和输出电路（又称执行元件），当感应元件中的输入量（如电流、电压、温度、压力等）变化到某一定值时继电器动作，执行元件便接通和断开控制电路。

控制继电器种类繁多，常用的有电流继电器、电压继电器、中间继电器、时间继电器、热继电器以及温度继电器、压力继电器、计数继电器、频率继电器等。

电压、电流继电器和中间继电器属于电磁式继电器，其结构、工作原理与接触器相似，由电磁系统、触点系统和释放弹簧等组成。由于继电器用于控制电路，流过触点的电流小，所以不需要灭弧装置。

电磁式继电器按吸引线圈电流的种类不同分为直流和交流两种。其结构及工作原理与接触器相似，但因继电器一般用来接通和断开控制电路，故触点电流容量较小（一般在5A以下）。图7-2-4为电磁式继电器结构示意图。下面介绍一些常用的电磁式继电器。

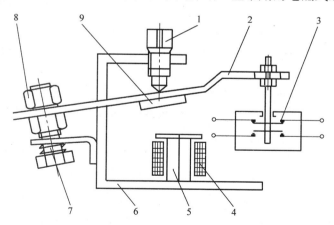

图7-2-4　电磁式继电器结构示意图
1—调整螺钉　2—衔铁　3—触点　4—线圈　5—铁心
6—磁轭　7—弹簧　8—调整螺母　9—非磁性垫片

1）电流继电器。电流继电器的线圈串接在被测量的电路中，以反映电路电流的变化。为了不影响电路工作情况，电流继电器线圈匝数少，导线粗，线圈阻抗小。

电流继电器有欠电流继电器和过电流继电器两类。欠电流继电器的吸引电流为线圈额定电流的 30% ~ 65%，释放电流为额定电流的 10% ~ 20%，因此，在电路正常工作时，衔铁是吸合的，只有当电流降低到某一整定值时，继电器释放，输出信号。过电流继电器在电路正常工作时不动作，当电流超过某一整定值时才动作，整定范围通常为 1 ~ 4 倍额定电流。

在机床电气控制系统中，电流继电器主要根据主电路内的电流种类和额定电流来选择。

2) 电压继电器。电压继电器的结构与电流继电器相似，不同的是电压继电器线圈为并联的电压线圈，所以匝数多、导线细、阻抗大。

电压继电器按动作电压值的不同，有过电压继电器、欠电压继电器和零电压继电器之分。过电压继电器在电压为额定电压的 110% ~ 115% 以上时有保护动作；欠电压继电器在电压为额定电压的 40% ~ 70% 时有保护动作；零电压继电器当电压降至额定电压的 5% ~ 25% 时有保护动作。

3) 中间继电器。中间继电器实质上是电压继电器的一种，它的触点数多（有六对或更多），触点电流容量大，动作灵敏。其主要用途是当其他继电器的触点数或触点容量不够时，可借助中间继电器来扩大它们的触点数或触点容量，从而起到中间转换的作用。

中间继电器主要依据被控电路的电压等级、触点的数量、种类及容量来选用。机床上常用的中间继电器有交流中间继电器和交直流两用中间继电器。

电磁式继电器的图形符号一般是相同的，如图 7-2-5 所示。电流继电器的文字符号为 KI，线圈方格中用 $I >$（或 $I <$）表示过电流（或欠电流）继电器。电压继电器的文字符号为 KV，线圈方格中用 $U <$（或 $U = 0$）表示欠电压（或零电压）继电器。

a) 线圈   b) 常开触点   c) 常闭触点

图 7-2-5 电磁式继电器的符号

4) 时间继电器。时间继电器是一种用来实现触点延时接通或断开的控制电器，按其动作原理与构造不同，可分为电磁式、空气阻尼式、电动式和晶体管式等类型。机床控制电路中应用较多的是空气阻尼式时间继电器，目前晶体管式时间继电器也获得了越来越广泛的应用。

① 空气阻尼式时间继电器。空气阻尼式时间继电器是利用空气阻尼作用获得延时的，有通电延时和断电延时两种类型，时间继电器的结构如图 7-2-6 所示。它主要由电磁机构、延时机构和工作触点三部分组成。其工作原理如下：

图 7-2-6a 为通电延时型时间继电器。当线圈 1 通电后，铁心 2 将衔铁 3 吸合，推板 5 使微动开关 16 立即动作，活塞杆 6 在塔形弹簧 7 的作用下，带动活塞 13 及橡胶膜 9 向上移动，由于橡胶膜下方气室空气稀薄，形成负压，因此活塞杆 6 不能迅速上移。当空气由进气孔 12 进入时，活塞杆 6 才逐渐上移，当移到最上端时，杠杆 14 才使微动开关 15 动作。延时时间为自电磁铁吸引线圈通电时刻起到微动开关动作时为止的这段时间。通过调节螺杆 11 调节进气孔的大小，就可以调节延时时间。

当线圈 1 断电时，衔铁 3 在复位弹簧 4 的作用下将活塞 13 推向最下端。因活塞被往下推时，橡胶膜下方气室内的空气，通过橡胶膜 9、弱弹簧 8 和活塞 13 肩部所形成的单向阀，经上气室缝隙顺利排掉，因此延时与不延时的微动开关 15 与 16 都迅速复位。

将电磁机构翻转 180° 安装后，可得到图 7-2-6b 所示的断电延时型时间继电器。它的工作原理与通电延时型相似，微动开关 15 是在吸引线圈断电后延时动作的。

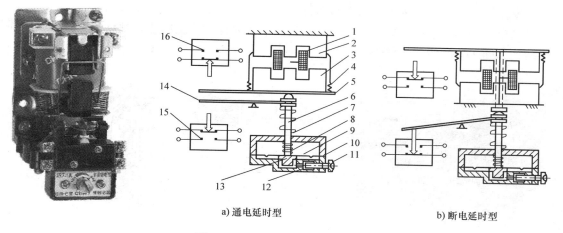

a) 通电延时型   b) 断电延时型

图 7-2-6 时间继电器动作原理图

1—线圈 2—铁心 3—衔铁 4—复位弹簧 5—推板 6—活塞杆 7—塔形弹簧 8—弱弹簧 9—橡胶膜
10—空气室壁 11—调节螺杆 12—进气孔 13—活塞 14—杠杆 15—微动开关 16—微动开关

空气阻尼式时间继电器的优点是：结构简单、寿命长、价格低廉，还附有不延时的触点，所以应用较为广泛。缺点是准确度低，延时误差大，因此在要求延时精度高的场合不宜采用。

② 晶体管式时间继电器。晶体管式时间继电器具有延时范围广、体积小、精度高、调节方便及寿命长等优点，所以发展快，应用广泛。

选择时间继电器主要根据控制电路所需要的延时触点的延时方式、瞬时触点的数目以及使用条件来选择。

时间继电器的图形符号如图 7-2-7 所示，文字符号为 KT。

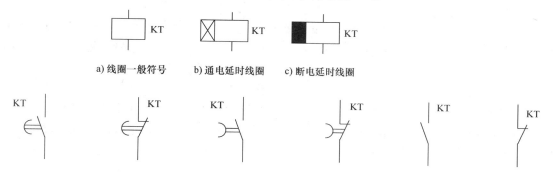

a) 线圈一般符号   b) 通电延时线圈   c) 断电延时线圈

d) 延时闭合常开触点 e) 延时断开常闭触点 f) 延时断开常开触点 g) 延时闭合常闭触点 h) 瞬动常开触点 i) 瞬动常闭触点

图 7-2-7 时间继电器的符号

5）热继电器。很多工作机械因操作频繁及过载等原因，会引起电动机定子绕组中电流增大、绕组温度升高等现象。若电动机过载不大、时间较短，只要电动机绕组不超过允许的温升，这种过载是允许的。若过载时间过长或电流过大，使绕组温升超过了允许值时，将会损坏绕组的绝缘，缩短电动机的使用年限，严重时甚至会使电动机绕组烧毁。电路中虽有熔断器，但熔体的额定电流为电动机额定电流的 1.5 ~ 2.5 倍，故不能可靠地起过载保护作用，为此，要采用热继电器作为电动机的过载保护。

热继电器的结构和工作原理：热继电器主要由热元件、双金属片、触点系统等组成。其外形结构如图7-2-8所示。

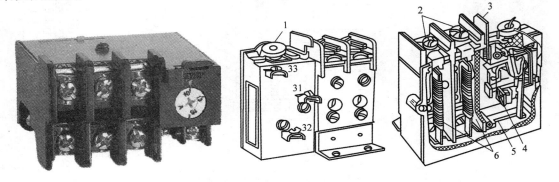

图7-2-8 热继电器的外形及结构

1—整定电流装置 2—主电路接线柱 3—复位按钮 4—常闭触点 5—动作机构 6—热元件

在一般情况下，由于电源的三相电压均衡，电动机的绝缘良好，电动机的三相线电流必将相等，应用两相结构的热继电器已能对电动机的过载进行保护；但当三相电源严重不平衡或电动机的绕组内部发生短路故障时，就有可能使电动机的某一相的线电流比其余两相的线电流要高。若该相线路中恰巧没有热元件，就不能可靠地起到保护作用。因此考虑到这种情况，就必须选用三相结构的热继电器。

热继电器所保护的电动机，如果是星形联结的，当线路上发生一相断路（如一相熔断器熔体熔断）时，另外两相发生过载，但此时流过热元件的电流也就是电动机绕组的电流（即线电流等于相电流），因此，用普通的两相或三相结构的热继电器就可以起到保护作用。如果电动机是三角形联结的，发生断相时，由于是在三相中发生局部过载，而线电流大于相电流，故用普通的两相和三相结构的热继电器就不能起到保护作用，必须采用带断相保护装置的热继电器，它不仅具有一般热继电器的保护性能，而且当三相电动机一相断路或三相电流严重不平衡时，它能及时动作，起到保护作用（即断相保护特性）。

热继电器适用于轻载起动长期工作或间断工作时作为电动机的过载保护；对频繁和重载起动时，则不能起到充分的保护作用，也不能作短路保护，因双金属片受热膨胀需要一定时间，当电动机发生短路时，电流很大，热继电器还来不及动作时，供电线路和电源设备就有可能已受损坏，因此，短路保护必须由熔断器来完成。

热继电器的常用型号意义：

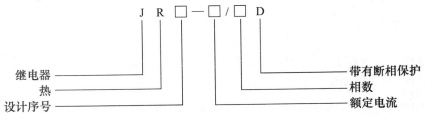

例如，JR16-20/3D表示额定电流为20A的带断相保护的三相结构热继电器；JR0-40表示额定电流为40A的两相结构的热继电器。

常用 JR0、JR10 和 JR16 系列热继电器的技术数据见表7-2-1 和表7-2-2。

表7-2-1 JR0 和 JR16 系列热继电器的技术数据

型号	额定电流 /A	热元件等级		主要用途
		额定电流 /A	刻度电流 调节范围/A	
JR0－20/3 JR0－20/3D JR16－20/3 JR16－20/3D	20	0.35	0.12~0.35	
		0.50	0.32~0.50	
		0.72	0.45~0.72	
		1.1	0.68~1.1	
		1.6	1.0~1.6	
		2.4	1.5~2.4	
		3.5	2.2~3.5	
		5	3.2~5	
		7.2	4.5~7.2	
		11	6.8~11	
		16	10~16	供交流500V以下的电气回路中作为电动机的过载保护之用 D表示有断相保护装置
		22	14~22	
JR0－40 JR16－40/3D	40	0.64	0.4~0.64	
		1	0.64~1	
		1.6	1~1.6	
		2.5	1.6~2.5	
		4	2.5~4	
		6.4	4~6.4	
		10	6.4~10	
		16	10~16	
		25	16~25	
		40	25~40	

表7-2-2 JR10 系列热继电器技术数据

型号	额定电流 /A	热元件编号	热元件等级		主要用途
			出厂时整定 电流值/A	整定电流范围 /A	
JR10－10	10	0A	0.30	0.25~0.35	
		0	0.37	0.30~0.40	
		1	0.47	0.40~0.55	
		2	0.55	0.50~0.65	
		3	0.66	0.55~0.75	

（续）

型号	额定电流 /A	热元件编号	热元件等级		主 要 用 途
			出厂时整定电流值/A	整定电流范围 /A	
JR10－10	10	4	0.80	0.70～0.95	供 交 流 380V 以下的 电 气 装 置 中 作为电动机 的 过 载 保 护 之用
		5	1.05	0.90～1.25	
		6	1.40	1.20～1.60	
		7	1.60	1.40～1.90	
		8	2.00	1.80～2.35	
		9	2.50	2.25～3.00	
		10	3.10	2.80～3.75	
		11	3.80	3.40～4.50	
		12	5.00	4.20～5.60	
		13	5.55	4.75～6.30	
		14	7.20	6.00～8.00	
		15	9.00	7.50～10.00	

　　热继电器的选用：原则上热继电器的额定电流应按电动机的额定电流选择。但对于过载能力较差的电动机，其配用的热继电器的额定电流应适当小些。通常选取热继电器的额定电流（实际上是选取热元件的额定电流）为电动机额定电流的60%～80%，并应校验动作特性。

　　在不频繁起动的场合，要保证热继电器在电动机的起动过程中不产生误动作。通常当电动机起动电流为其额定电流的6倍及以下、起动时间不超过5s时，若很少连续起动，就可按电动机的额定电流选用热继电器。当电动机起动时间较长时，就不宜采用热继电器，而采用过电流继电器作为保护。

　　热继电器的主要参数是热元件的整定电流范围，通常选择的整定电流范围的中间值应等于或稍大于电动机的额定电流，每一种额定工作电流等级的热继电器都有若干不同额定电流的热元件可供选择。

　　热继电器在电气原理图中的符号如图7-2-9所示。

　　6）速度继电器。速度继电器是根据电磁感应原理制成的，用于转速的检测，如用来在三相交流异步电动机反接制动转速过零时，自动断开反相序电源。图7-2-10为其结构原理图。

　　速度继电器主要由转子、圆环（笼型空心绕组）和触点三部分组成。

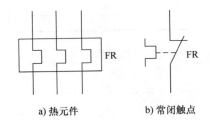

a) 热元件　　　　　b) 常闭触点

图7-2-9　热继电器的电路符号

　　转子由一块永久磁铁制成，与电动机同轴相连，用于接收转动信号。当转子（磁铁）旋转时，笼型绕组切割转子磁场产生感应电动势，形成环内电流，此电流与磁铁磁场相作用，产生电磁转矩，圆环在此力矩的作用下带动摆锤，克服弹簧力而顺转子转动的方向摆动，并拨动触点改变其通断状态（在摆锤左右各设一组切换触点，分别在速度继电器正转和反转时发生作用）。

速度继电器的动作转速一般不低于 120r/min，复位转速约在 100r/min 以下，工作时，允许的转速高达 1000～3600r/min。

速度继电器的图形符号如图 7-2-11 所示，文字符号为 KS。

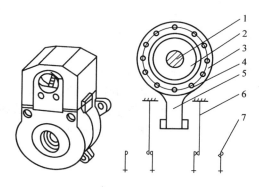

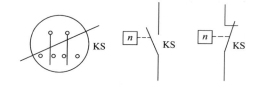

图 7-2-10　速度继电器结构原理图
1—转轴　2—转子　3—定子　4—绕组
5—摆锤　6—簧片　7—触点

图 7-2-11　速度继电器的符号

7）固态继电器。固态继电器（Solid State Relay，SSR）是 20 世纪 70 年代中后期发展起来的一种新型无触点继电器。由于具有可靠性高、开关速度快、工作频率高、使用寿命长、便于小型化、输入控制电流小以及与 TTL、CMOS 等集成电路有较好的兼容性等一系列优点，不仅在许多自动控制装置中替代了常规的继电器，而且在常规继电器无法应用的一些领域，如在微型计算机数据处理系统的终端装置、可编程序控制器的输出模块、数控机床的程控装置以及在微机控制的测量仪表中都有用武之地。随着我国电子工业的迅速发展，其应用领域正在不断扩大。

固态继电器是具有两个输入端和两个输出端的一种四端器件，其输入与输出之间通常采用光耦合器隔离，并称其为全固态继电器。固态继电器按输出端负载的电源类型可分为直流型和交流型两类。其中直流型是以功率晶体管的集电极和发射极作为输出端负载电路的开关进行控制的，而交流型是以双向三端晶闸管的两个电极作为输出端负载电路的开关进行控制的。固态继电器的形式有常开式和常闭式两种，当固态继电器的输入端施加控制信号时，其输出端负载电路常开式的被导通、常闭式的被断开。

交流型的固态继电器，按双向三端晶闸管的触发方式可分为非过零型和过零型两种。其主要区别在于交流负载电路导通的时刻不同，当输入端施加控制信号电压时，非过零型负载端开关立即动作；而过零型的必须等到交流负载电源电压过零（接近 0V）时，负载端开关才动作。输入端控制信号撤销时，过零型的也必须等到交流负载电源电压过零时负载端开关才复位。

固态继电器的输入端要求有几 mA 至 20mA 的驱动电流，最小工作电压为 3V，所以 MOS 逻辑信号通常要经晶体管缓冲级放大后再去控制固态继电器，对于 CMOS 电路可利用 NPN 晶体管缓冲器。当输出端的负载容量很大时，直流固态继电器可通过功率晶体管（交流固态继电器通过双向晶闸管）再驱动负载。

当温度超过35℃左右后，固态继电器的负载能力（最大负载电流）随温度升高而下降，因此使用时必须注意散热或降低电流。

对于容性或电阻类负载，应限制其开通瞬间的浪涌电流值（一般为负载电流的7倍），对于电感性负载，应限制其瞬时峰值电压值，以防损坏固态继电器。具体使用时，可参照有关手册。

（3）主令电器　自动控制系统中用于发送控制指令的电器称为主令电器。常用的主令电器有控制按钮、行程开关、接近开关及万能开关等几种。

① 控制按钮。控制按钮通常用作短时接通或断开小电流控制电路的开关。控制按钮是由按钮帽、复位弹簧、桥式触点和外壳等组成。通常制成具有常开触点和常闭触点的复合式结构，其结构示意图如图7-2-12所示。指示灯式按钮内可装入信号灯显示信号；紧急式按钮装有蘑菇形钮帽，以便于紧急操作。旋钮式按钮是用手扭动旋钮来进行操作的。

按钮帽有多种颜色，一般红色用作停止按钮，绿色用作起动按钮。按钮主要根据所需的触点数、使用场合及颜色来进行选择。

按钮的图形符号及文字符号如图7-2-12所示。

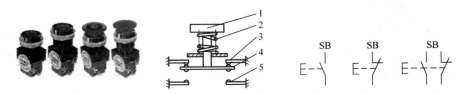

图 7-2-12　按钮结构、符号

1—按钮帽　2—复位弹簧　3—常闭静触点　4—动触点　5—常开静触点

② 行程开关。行程开关又称限位开关，是根据运动部件位置而切换的自动控制电器，用来控制运动部件的运动方向、行程大小或位置保护。行程开关有机械式和电子式两种，机械式常见的有按钮式和滑轮式两种。图7-2-13为行程开关外形图、图形符号。

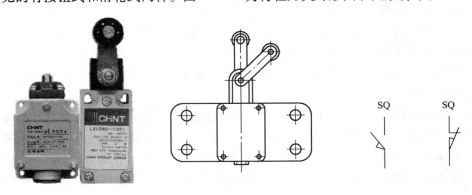

图 7-2-13　行程开关外形图、图形符号

③ 接近开关。行程开关是有触点开关，工作时由挡块与行程开关的滚轮或触杆碰撞使触点接通或断开。在操作频繁时，易产生故障，工作可靠性较低。接近开关是无触点开关，

具有工作稳定可靠、使用寿命长、重复定位精度高、动作迅速等优点，因此在工业控制系统中应用越来越广泛。

2. 三相异步电动机基本控制电路分析

电动机接通电源后，由静止状态逐渐加速到稳定运行状态的过程称为电动机的起动。

直接起动又叫全压起动，它是通过电器将额定电压直接加在电动机的定子绕组上，使电动机运转。其优点是所需电气设备少，电路简单；缺点是起动电流大。

小容量电动机（10kW 及以下）可以直接起动。判断一台交流电动机能否直接起动，也可根据下列经验公式确定：

$$\frac{I_{ST}}{I_N} \leqslant \frac{3}{4} + \frac{\text{电源变压器的容量}(kV \cdot A)}{4 \times \text{电动机额定功率}(kW)} \qquad (7\text{-}2\text{-}3)$$

式中，I_{ST} 为电动机全压起动电流（A）；I_N 为电动机的额定电流（A）。

符合式（7-2-3），可以直接起动；不符合式（7-2-3），则应采用减压起动。

一般情况下，当电动机容量不超过电源变压器容量的 15%～20% 时，都允许直接起动。

在一些场合为了便于控制容量较大、起动频繁的电动机，如果采用手动直接起动就容易烧坏开关，控制也不方便，这时候可以选用合适的继电器进行间接控制。

（1）**手动直接控制**　手动直接控制电动机起动，可以用刀开关来接通或断开电源（如用刀开关，一般需要在开关下端加装熔断器作为短路及过载保护）；也可以用低压断路器来接通或断开电源（低压断路器一般自带短路、过载等保护功能，可以不用另外安装熔断器）。手动直接起动控制原理图如图 7-2-14 所示。

原理分析：

接通开关 QF，电动机 M 接通三相交流电源，M 起动运行。

断开开关 QF，电动机 M 脱离三相交流电源，M 停止。

（2）**继电器接触器控制**　用继电器、接触器、按钮、行程开关等电器元件，按一定的接线方式组成的机电传动控制系统称为继电器接触器控制系统。其具有用较小的电流去控制较大电流的优点，被广泛应用于自动控制电路中。图 7-2-15 为一个简单的接触器控制电路。

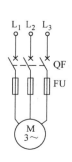

图 7-2-14　手动直接起动控制电路原理图

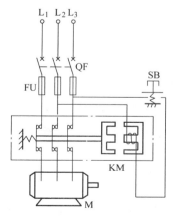

图 7-2-15　接触器控制电路

当按下按钮 SB 时接触器 KM 线圈得电产生电磁场，使 KM 铁心被磁化带有磁性，KM 的衔铁被铁心吸合，促使安装在衔铁上的动触点发生位移，移动后的动触点与静触点接触，接通电路，电动机起动旋转。

① 点动控制。点动控制电路是用按钮和接触器控制电动机的最简单的控制电路。当按钮按下时电动机就运转，按钮松开后电动机就停止的控制方式，称为点动控制。点动控制原理图如图 7-2-16 所示。

原理分析：

接通电源开关 QF，按下起动按钮 SB，接触器 KM 线圈通电，主触点闭合，电动机定子绕组接通三相电源，电动机起动。

松开起动按钮，接触器线圈断电，主触点分开，切断三相电源，电动机停止。

② 长动控制（起保停）。长动控制原理图如图 7-2-17 所示。

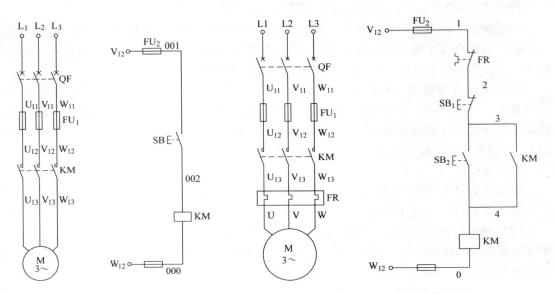

图 7-2-16　点动正转控制电路　　　　图 7-2-17　长动控制电路

原理分析：

接通电源开关 QF，按下起动按钮 SB_2，接触器 KM 吸合，主电路接通，电动机 M 起动运行。同时并联在起动按钮 SB_2 两端的接触器辅助常开触点闭合，此时即使松开按钮 SB_2，控制电路也不会断电，电动机仍能继续运行。

按下停止按钮 SB_1 时，KM 线圈断电，接触器所有触点断开，切断主电路，电动机停转。即使停止按钮复位，线圈也不可能通电。这种当起动信号消失后仍能自行保持触点接通的控制电路，称为具有自锁（或自保）的控制电路，又称起保停控制电路。

四、测试与训练

1. 安装、调试手动直接起动控制电路

（1）材料准备　根据手动直接起动控制电路的原理图准备好所需材料，材料清单见表 7-2-3。

（2）绘制元件安装排布图、安装元器件　手动直接起动控制电路元件排布图如图 7-2-

18 所示。在安装接线前用万用表检查各电器元件的质量情况，更换已损坏的部件。按布置图把相应元件固定在接线板上，要做到安装牢固、排列整齐、布置合理、便于走线和更换元件。

表 7-2-3 手动直接起动控制电路材料清单

序号	名称	数量	备注
1	DZ15 系列断路器	1 只	型号自定
2	RL15 系列熔断器	3 只	型号自定
3	TD－15 接线端子	2 条	型号自定
4	三相异步电动机	1 台	根据实际情况而定，可几组共用 1 台
5	电工实训接线板	1 块	
6	导线	若干	
7	常用电工工具	1 套	
8	万用表	1 块	数字万用表

（3）绘制接线图 手动直接起动控制电路接线图如图 7-2-19 所示。

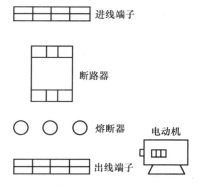

图 7-2-18 手动直接起动控制电路元件排布图

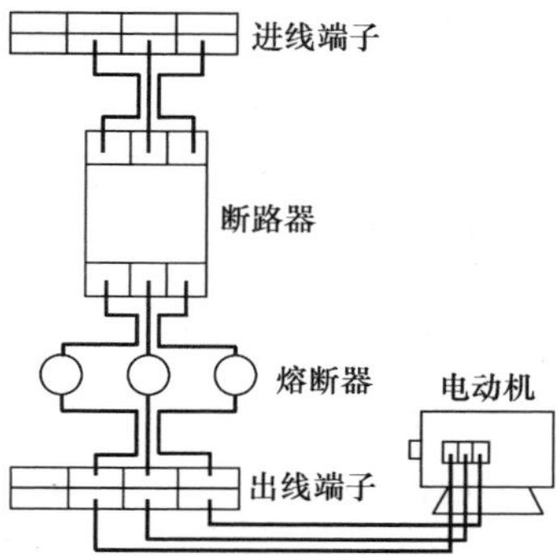

图 7-2-19 手动直接起动控制电路接线图

（4）按工艺要求安装接线 接线工艺要求见表 7-2-4。

表 7-2-4 接线工艺要求

分类	要求
连接线端	对螺栓式接点，导线连接时，应打羊眼圈，并按顺时针旋转。对瓦片式接点，导线连接时，直线插入接点固定即可
	严禁损伤线芯和导线绝缘，接点上不能露铜丝太多
	每个接线端子上连接的导线根数一般以不超过两根为宜，并保证接线固定
线路工艺	走线合理，做到横平竖直，整齐，各接点不能松动
	导线出线应留有一定余量，并做到长度一致
	导线变换走线向要垂直，并做到高低一致或前后一致
	避免交叉、架空线、绕线和叠线
	导线折弯应折成直角
整体布局	板面线路应合理汇集成线束
	进出线应合理汇集在端子排上
	整体走线应合理美观

（5）调试 使用万用表测量以下数据，将测量数据填入表 7-2-5 中。

表 7-2-5 手动直接起动控制电路测试数据表

序号	名称	测量数据	备 注
1	A 相进线端子至出线端子电阻/Ω		
2	B 相进线端子至出线端子电阻/Ω		
3	C 相进线端子至出线端子电阻/Ω		不接电动机，不接电源，合上断路器
4	A、B 两相间电阻/Ω		
5	A、C 两相间电阻/Ω		
6	B、C 两相间电阻/Ω		
判断是否可以通电		可以	不可以
7	A、B 两相间电压/V		
8	A、C 两相间电压/V		接上电动机，连接电源，合上断路器
9	B、C 两相间电压/V		
观察电动机运行情况是否正常			

2. 安装、调试点动控制电路

（1）材料准备　根据点动控制电路的原理图准备好所需材料，材料清单见表 7-2-6。

表 7-2-6 点动控制电路材料清单

序号	名称	数量	备注
1	DZ15 系列断路器	1 只	型号自定
2	RL15 系列熔断器	5 只	型号自定
3	CJT 系列接触器	1 只	型号自定
4	LA4－3H 按钮	1 只	型号自定
5	TD－15 接线端子	1 条	型号自定
6	三相异步电动机	1 台	根据实际情况而定，可几组共用 1 台
7	电工实训接线板	1 块	
8	导线	若干	
9	常用电工工具	1 套	
10	万用表	1 块	数字万用表

（2）绘制元件安装排布图、安装元器件　点动控制电路元件排布如图 7-2-20 所示。根据要求测试、安装元器件。

（3）绘制接线图　点动控制电路接线图如图 7-2-21 所示。

（4）按工艺要求安装接线

（5）调试　使用万用表测量以下数据，将测量数据填入表 7-2-7 中。

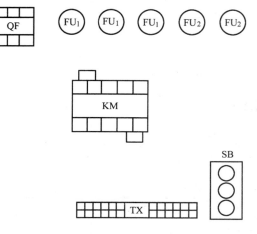

图 7-2-20 点动控制电路元件布置图

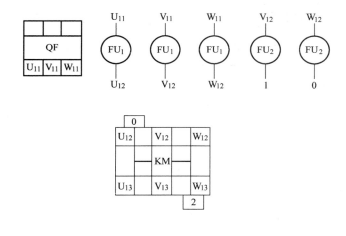

图 7-2-21 点动控制电路接线图

表 7-2-7 点动控制电路测试数据表

序号	名称	测量数据	备 注
主电路测试			
1	$L_1 \sim U_{13}$ 电阻/Ω		
2	$L_2 \sim V_{13}$ 电阻/Ω		不接电动机,不接电源,合上 QF
3	$L_3 \sim W_{13}$ 电阻/Ω		

（续）

序号	名称	测量数据	备 注
主电路测试			
4	$L_1 \sim U_{13}$ 电阻/Ω		不接电动机，不接电源，合上 QF，按下 KM 触点
5	$L_2 \sim V_{13}$ 电阻/Ω		
6	$L_3 \sim W_{13}$ 电阻/Ω		
7	U/V 两相间电阻/Ω		
8	U/W 两相间电阻/Ω		
9	V/W 两相间电阻/Ω		
控制电路测试（将万用表表笔接在 V_{12}/W_{12} 上）			
10	$V_{12} \sim W_{12}$ 电阻/Ω		按下 SB
11	$V_{12} \sim W_{12}$ 电阻/Ω		松开 SB
判断是否可以通电		可以	不可以
12	U/V 两相间电压/V		接上电动机，连接电源，合上 QF，按下 SB
13	U/W 两相间电压/V		
14	V/W 两相间电压/V		
观察电动机运行情况		按下 SB	松开 SB

3. 安装、调试长动控制电路

（1）材料准备　根据长动控制电路的原理图准备好所需材料，材料清单见表7-2-8。

表7-2-8　长动控制电路材料清单

序号	名称	数量	备注
1	DZ15 系列断路器	1 只	型号自定
2	RL15 系列熔断器	5 只	型号自定
3	CJT 系列接触器	1 只	型号自定
4	JR36 系列热继电器	1 只	型号自定
5	LA4 – 3H 按钮	1 只	型号自定
6	TD – 15 接线端子	1 条	型号自定
7	三相异步电动机	1 台	根据实际情况而定，可几组共用 1 台
8	电工实训接线板	1 块	
9	导线	若干	
10	常用电工工具	1 套	
11	万用表	1 块	数字万用表

（2）绘制元件安装排布图、安装元器件　长动控制电路元件排布如图7-2-22所示。根据要求测试、安装元器件。

（3）绘制接线图　长动控制电路接线图如图7-2-23所示。

（4）按工艺要求安装接线

（5）调试　使用万用表测量以下数据，将测量数据填入表7-2-9中。

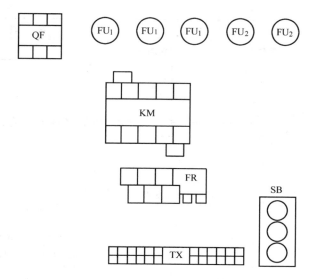

图 7-2-22　长动控制电路元件布置图

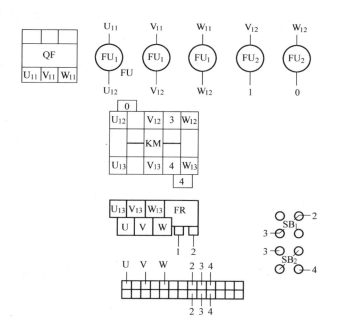

图 7-2-23　长动控制电路接线图

表 7-2-9　长动控制电路测试数据表

序号	名称	测量数据	备　注
主电路测试			
1	$L_1 \sim U$ 电阻/Ω		
2	$L_2 \sim V$ 电阻/Ω		不接电动机，不接电源，合上 QF
3	$L_3 \sim W$ 电阻/Ω		

（续）

序号	名称	测量数据	备　注	
主电路测试				
4	$L_1 \sim U$ 电阻/Ω			
5	$L_2 \sim V$ 电阻/Ω			
6	$L_3 \sim W$ 电阻/Ω		不接电动机，不接电源，合上 QF，按下 KM 触点	
7	U/V 两相间电阻/Ω			
8	U/W 两相间电阻/Ω			
9	V/W 两相间电阻/Ω			
控制电路测试（将万用表表笔接在 V_{12}/W_{12} 上）				
10	$V_{12} \sim W_{12}$ 电阻/Ω		按下 SB_2	
11	$V_{12} \sim W_{12}$ 电阻/Ω		按下 KM 触点	
12	$V_{12} \sim W_{12}$ 电阻/Ω		按下 SB2、KM 触点，同时按下 SB_1	
判断是否可以通电		可以	不可以	
13	U/V 两相间电压/V			
14	U/W 两相间电压/V		接上电动机，连接电源，合上 QF，按下 SB_2	
15	V/W 两相间电压/V			
观察电动机运行情况		按下 SB_2	按下 SB_1	

五、拓展知识

1. 三相异步电动机点动/长动控制电路分析

点动/长动控制电路原理图如图 7-2-24 所示。

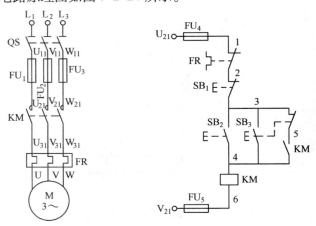

图 7-2-24　点动/长动控制电路原理图

（1）原理分析　合上 QS。

① 点动：

按下 SB_3 →
- SB_3 常闭触点断开→切断 KM 自锁回路
- SB_3 常开触点闭合→KM 线圈得电
  - KM 主触点闭合→M 接通三相电源
  - KM 常开辅助触点闭合

→M 起动运转

松开 SB₃ → $\begin{cases} SB_3 \text{ 常闭触点复位} \\ SB_3 \text{ 常开触点复位→KM 线圈断电} \begin{cases} KM \text{ 主触点复位→M 脱离三相电源} \\ KM \text{ 常开辅助触点复位} \end{cases} \end{cases}$ → M 停止

② 长动：

SB₂ 按下→KM 线圈得电 $\begin{cases} KM \text{ 主触点闭合→M 接通三相电源} \\ KM \text{ 常开辅助触点闭合→自锁} \end{cases}$ → M 起动运转

SB₁ 按下→KM 线圈断电 $\begin{cases} KM \text{ 主触点复位→M 脱离三相电源} \\ KM \text{ 常开辅助触点复位} \end{cases}$ → M 停止

KM 线圈得电回路：

$L_1 → QS → U_{11} → FU_1 → U_{21} → SB_1 → 1$ $\begin{cases} SB_2 \\ KM \text{ 常开} \end{cases}$ → KM 线圈 → $V_{21} → FU_2 → V_{11} → QS → L_2$

（2）保护环节

① 主电路：当主电路发生短路或过电流等情况时，FU 熔断器熔丝熔断→M 脱离三相电源→M 停止。

② 控制电路：当控制电路发生短路或过电流等情况时，控制电路 FU 熔断器熔丝熔断→

KM 线圈断电 $\begin{cases} KM \text{ 主触点复位→M 脱离三相电源} \\ KM \text{ 常开辅助触点复位} \end{cases}$ → M 停止

当电动机过载时，主电路 FR 热继电器热元件受热动作驱使控制电路 FR 热继电器常闭触点动作断开→

KM 线圈断电 $\begin{cases} KM \text{ 主触点复位→M 脱离三相电源} \\ KM \text{ 常开辅助触点复位} \end{cases}$ → M 停止

2. 三相异步电动机控制电路安装、调试步骤

三相异步电动机控制电路安装、调试流程图如图 7-2-25 所示。

3. 三相异步电动机控制电路故障分析、排除方法

这里介绍使用万用表进行测量的方法。

（1）电阻法

1）分阶测量法。电阻的分阶测量法如图 7-2-26 所示。

按下起动按钮 SB₂，接触器 KM 不吸合，该电气回路有断路故障。

用万用表的电阻档检测前应先断开电源，然后按下 SB₂ 不放松，先测量 1 - 5 两点间的电阻，如电阻值为无穷大，说明 1 - 5 之间的电路断路。然后分阶测量 1 - 2、1 - 3、1 - 4 各点间的电阻值。若电路正常，则该两点间的电阻值为"0"；若测量到某标号间的电阻值为无穷大，则说明表笔刚跨过的触点或连接导线断路。

2）分段测量法。电阻的分段测量法如图 7-2-27 所示。

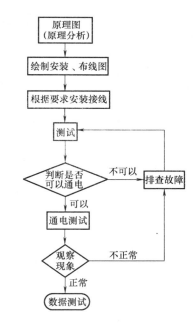

图 7-2-25 三相异步电动机控制电路
安装、调试流程图

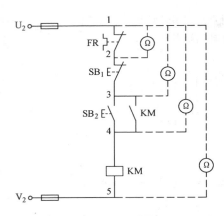

图 7-2-26 电阻的分阶测量法

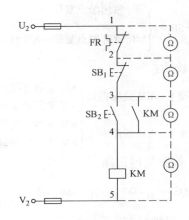

图 7-2-27 电阻的分段测量法

检查时，先切断电源，按下起动按钮 SB_2，然后依次逐段测量相邻两标号点 1 – 2、2 – 3、3 – 4、4 – 5 间的电阻。如测得某两点间的电阻为无穷大，说明这两点间的触点或连接导线断路。例如当测得 2 – 3 两点间电阻值为无穷大时，说明停止按钮 SB_1 或连接 SB_1 的导线断路。

电阻测量法的优点是安全，缺点是测得的电阻值不准确时，容易造成判断错误。为此应注意下列几点：

① 用电阻测量法检查故障时一定要断开电源。

② 若被测的电路里有寄生回路，如电路中有电源变压器回路或与其他电路并联，必须将该电路与变压器线圈或其他电路断开，否则所测得的电阻值是不准确的。如图 7-2-28 所示，图 7-2-28a 被测电路与变压器串联，检测时应断开变压器连接导线，否则检测时将显示变压器线圈的检测结果；图 7-2-28b 中 KM_1 线圈与 KM_2 线圈并联，检测时必须断开一个线圈线路（如检测 KM_1 线圈线路，则应断开 KM_2 线圈线路，否则检测时将显示 KM_2 线圈线路的检测结果）。

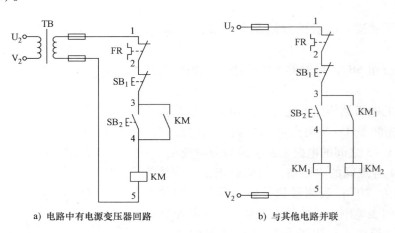

a) 电路中有电源变压器回路   b) 与其他电路并联

图 7-2-28 寄生回路

③ 测量高电阻值的电器元件时，应将万用表的选择开关旋转至适合的电阻档。

（2）电压测量法 检查时把万用表的选择开关旋到交流电压 700V 档位上。

① 分阶测量法。电压的分阶测量法如图 7-2-29 所示。

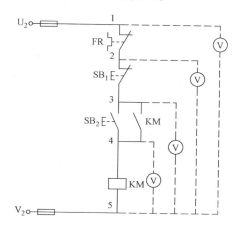

检查时，首先用万用表测量 1、5 两点间的电压，若电路正常应为 380V。然后按住起动按钮 SB2 不放，同时将黑色表笔接到点 5 上，红色表笔按 4、3、2 标号依次向前移动，分别测量 5 - 4、5 - 3、5 - 2 各阶之间的电压，电路正常情况下，各阶的电压值均为 380V。如测到 5 - 4 之间无电压，说明是断路故障，此时可将红色表笔向前移，当移至某点（如 2 点）时电压正常，说明点 2 以前的触点或接线有断路故障。一般是点 2 后第一个触点（即刚跨过的停止按钮 SB1 的触点）或连接线断路。

根据各阶电压值来检查故障的方法可参见表 7-2-10。

图 7-2-29 电压分阶测量法

表 7-2-10 分阶测量法判别故障原因

故障现象	测试状态	5 - 4	5 - 3	5 - 2	5 - 1	故障原因
按下 SB₂，KM 不吸合	按下 SB₂ 不放松	0	380V	380V	380V	SB₂ 常开触点接触不良
		0	0	380V	380V	SB₁ 常闭触点接触不良
		0	0	0	380V	FR 常闭触点接触不良

这种测量方法像上台阶一样，所以称为分阶测量法。

② 分段测量法。电压的分段测量法如图 7-2-30 所示。

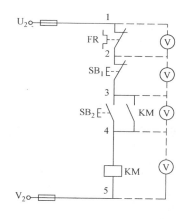

先用万用表测试 1、5 两点，电压值为 380V，说明电源电压正常。

电压的分段测量法是将红、黑两根表笔逐段测量相邻两标号点 1 - 2、2 - 3、3 - 4、4 - 5 间的电压。

如电路正常，按下 SB₂ 后，除 4 - 5 两点间的电压等于 380V 之外，其他任何相邻两点间的电压值均为零。

如按下起动按钮 SB₂，接触器 KM 不吸合，说明发生断路故障，此时可用电压表逐段测试各相邻两点间的电压。如测量到某相邻两点间的电压为 380V 时，说明这两点间所包含的触点、连接导线接触不良或有断路故障。例如标号 2 - 3 两点间的电压为 380V，说明按钮 SB₁ 的常闭触点接触不良。

根据各段电压值来检查故障的方法可参见表 7-2-11。

图 7-2-30 电压分段测量法

表 7-2-11　分段测量法判别故障原因

故障现象	测试状态	1－2	2－3	3－4	故障原因
按下 SB$_2$，KM 不吸合	按下 SB$_2$ 不放松	380V	0	0	FR 常闭触点接触不良
		0	380V	0	SB$_1$ 常闭触点接触不良
		0	0	380V	SB$_2$ 常开触点接触不良

六、练习

1. 分析图 7-2-31 所示电路，写出分析流程。

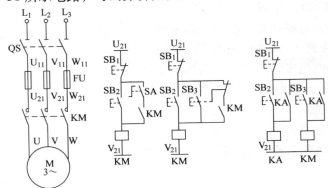

图 7-2-31　练习 1 图

2. 按要求安装、调试点动/长动控制电路。

模块三　三相异步电动机控制电路的设计

一、学习目标

终极目标：会按要求设计三相异步电动机控制电路。

促成目标：

1. 能根据要求设计三相异步电动机控制电路；

2. 能根据设计要求绘制三相异步电动机控制电路的工作原理图。

二、工作任务

设计三相异步电动机控制电路。

三、理论知识

电气控制原理图是为满足生产机械及其工艺要求而进行的电气控制系统设计，是电气控制设计的核心，是电气工艺设计和编制各种技术资料的依据，电气控制原理图设计直接决定着设备的实用性和自动化程度的高低。

1. 常规电气控制电路分析

（1）三相异步电动机异地控制　在一些大型生产机械和设备上，要求操作人员在不同方位能进行操作与控制，即实现异地控制。三相异步电

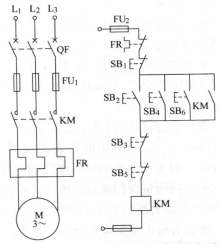

图 7-3-1　三相异步电动机异地控制原理图

动机异地控制原理图如图 7-3-1 所示。

1）元件分析。三相异步电动机异地控制元件见表 7-3-1。

表 7-3-1　三相异步电动机异地控制电路元件列表

序号	符号	名称及用途	序号	符号	名称及用途
1	QF	断路器，电源的通断开关	7	SB$_3$	按钮，控制接触器线圈的失电
2	FU$_1$	熔断器，主电路的短路保护	8	SB$_5$	按钮，控制接触器线圈的失电
3	FU$_2$	熔断器，控制电路的短路保护	9	SB$_2$	按钮，控制接触器线圈的得电
4	KM	接触器，控制电动机接通或断开电源	10	SB$_4$	按钮，控制接触器线圈的得电
5	FR	热继电器，电动机长期过载保护	11	SB$_6$	按钮，控制接触器线圈的得电
6	SB$_1$	按钮，控制接触器线圈的失电			

2）工作原理分析。合上 QF。

① M 起动运行：

按下　SB$_2$ →KM 线圈得电 $\begin{cases} \text{KM 主触点闭合} \\ \text{KM 常开触点闭合（自锁）} \end{cases}$ →M 全压起动连续运行
或 SB$_4$
或 SB$_6$

② M 停止：

按下　SB$_1$ →KM 线圈失电 $\begin{cases} \text{KM 主触点复位断开} \\ \text{KM 常开触点复位断开（解锁）} \end{cases}$ →M 失电惯性运行并停止
或 SB$_3$
或 SB$_5$

（2）三相异步电动机正反转控制

许多生产机械都需要正、反两个方向的运动。例如机床工作台的前进与后退、主轴的正转与反转、起重机吊钩的上升与下降等，这就要求电动机可以正反转。实际上只需将接至交流电动机的三相电源进线中任意两相对调，即可实现反转，这可由两个接触器 KM$_1$、KM$_2$控制。必须指出的是，KM$_1$ 和 KM2 的主触点决不允许同时接通，否则将造成电源短路的事故。因此，在正转接触器的线圈 KM$_1$ 通电时，不允许反转接触器的线圈 KM$_2$ 通电。同样，在线圈 KM$_2$ 通电时，也不允许线圈 KM$_1$ 通电，这就是互锁保护。这一要求可由控制电路来保证。双重互锁的正反转电气控制原理图如图 7-3-2 所示。

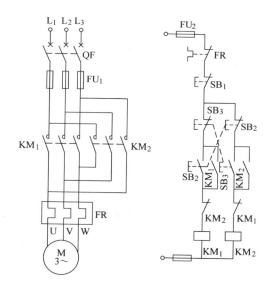

图 7-3-2　双重互锁的正反转电气控制原理图

1）元件分析。三相异步电动机正反转控制电路元件见表 7-3-2。

表 7-3-2 三相异步电动机正反转控制电路元件列表

序号	符号	名称及用途
1	QF	断路器，电源的通断开关
2	FU_1	熔断器，主电路的短路保护
3	FU_2	熔断器，控制电路的短路保护
4	KM_1	接触器，控制电动机正转或停止
5	KM_2	接触器，控制电动机反转或停止
6	FR	热继电器，电动机长期过载保护
7	SB_1	按钮，控制接触器线圈的失电
8	SB_2	按钮，控制接触器线圈 KM_1 的得电
9	SB_3	按钮，控制接触器线圈 KM_2 的得电

2）工作原理分析。

① 合上 QF，M 正向起动运行：

按下 SB_2→KM_1 线圈得电 $\begin{cases} KM_1 \text{ 主触点闭合} \\ KM_1 \text{ 常开触点闭合（自锁）→M 全压起动正向运行} \\ KM_1 \text{ 常闭触点断开（互锁）} \end{cases}$

② M 反向起动运行：

按下 SB_3→$\begin{cases} SB_3 \text{ 常闭触点断开→}KM_1 \text{ 线圈失电→}KM_1 \text{ 所有触点复位→M 失电惯性运行} \\ SB_3 \text{ 常开触点闭合→}KM_2 \text{ 线圈得电} \begin{cases} KM_2 \text{ 常开触点闭合（自锁）→M 反向全压起动运行} \\ KM_2 \text{ 常闭触点断开（互锁）} \end{cases} \end{cases}$

③ 当 M 正处于正向运行过程中：

按下 SB_1→KM_1 线圈失电 $\begin{cases} KM_1 \text{ 主触点复位} \\ KM_1 \text{ 常开触点复位→M 失电惯性运行并停止} \\ KM_1 \text{ 常闭触点复位} \end{cases}$

④ 当 M 正处于反向运行过程中：

按下 SB_1→KM_2 线圈失电 $\begin{cases} KM_2 \text{ 主触点复位} \\ KM_2 \text{ 常开触点复位→M 失电惯性运行并停止} \\ KM_2 \text{ 常闭触点复位} \end{cases}$

（3）三相异步电动机丫－△减压起动控制 10kW 及以下容量的三相异步电动机，通常采用全压起动，即起动时电动机的定子绕组直接接在额定电压的交流电源上。但当电动机容量超过 10kW 时，因起动电流较大，线路压降大，负载端电压降低，影响起动电动机附近电气设备的正常运行，一般采用减压起动。所谓减压起动，就是指起动时降低加在电动机定子绕组上的电压，待电动机起动后再将电压恢复到额定值。减压起动可以减小起动电流，降低线路压降，减少起动时对线路的影响。减压起动方式有丫－△减压起动、自耦变压器减压起动、延边三角形减压起动、定子串电阻减压起动。

凡是正常运行时定子绕组联结成三角形、额定电压为 380V 的电动机均可采用丫－△减压起动。即丫－△起动控制只适用于△接法时运行于 380V 的电动机，且电动机引出线端头必须要 6 根，以便进行丫－△起动控制。在使用丫－△起动控制时，首先要弄清楚电动机的接线方法。

　　丫－△起动时，电动机绕组先接成丫联结，待转速增加到一定程度时，再将线路切换成△联结。这种方法可使每相定子绕组所承受的电压在起动时降低到电源电压的 $1/\sqrt{3}$ ，其电流为直接起动时的 1/3。由于起动电流减小，起动转矩也同时减小到直接起动的 1/3。所以这种方法一般只适用于空载或轻载起动的场合。三相异步电动机丫－△减压起动控制原理图如图 7-3-3 所示。

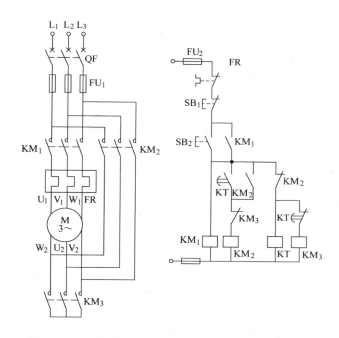

图 7-3-3　三相异步电动机丫－△减压起动控制原理图

　　1）元件分析。三相异步电动机丫－△减压起动控制电路元件见表 7-3-3。

表 7-3-3　三相异步电动机丫－△减压起动控制电路元件列表

序号	符号	名称及用途
1	QF	断路器，电源的通断开关
2	FU_1	熔断器，主电路的短路保护
3	FU_2	熔断器，控制电路的短路保护
4	KM_1	接触器，KM_1 和 KM_3 同时得电，M 低压起动
5	KM_2	接触器，KM_1 和 KM_2 同时得电，M 全压运行
6	KM_3	接触器，KM_1 和 KM_3 同时得电，M 低压起动
7	FR	热继电器，电动机长期过载保护
8	SB_1	按钮，控制接触器线圈的失电
9	SB_2	按钮，控制接触器 KM_1、KM_3、KT 线圈的得电
10	KT	时间继电器，控制丫－△切换时间

2）工作原理分析。合上 QF。

① Ｙ接法减压起动：

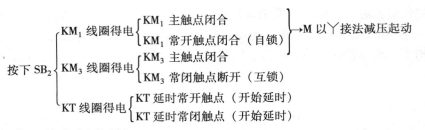

$$按下 SB_2 \begin{cases} KM_1 \text{ 线圈得电} \begin{cases} KM_1 \text{ 主触点闭合} \\ KM_1 \text{ 常开触点闭合（自锁）} \end{cases} \to M \text{ 以Ｙ接法减压起动} \\ KM_3 \text{ 线圈得电} \begin{cases} KM_3 \text{ 主触点闭合} \\ KM_3 \text{ 常闭触点断开（互锁）} \end{cases} \\ KT \text{ 线圈得电} \begin{cases} KT \text{ 延时常开触点（开始延时）} \\ KT \text{ 延时常闭触点（开始延时）} \end{cases} \end{cases}$$

② △接法全压运行：

$$KT \text{ 延时时间到} \to \begin{cases} KT \text{ 常闭触点断开} \to KM_3 \text{ 线圈失电} \to KM_3 \text{ 所有触点复位} \\ KT \text{ 常开触点闭合} \to KM_2 \text{ 线圈得电} \begin{cases} KM_2 \text{ 主触点闭合} \\ KM_2 \text{ 常开触点闭合（自锁）} \\ KM_3 \text{ 常闭触点断开} \to KT \text{ 线圈失电} \to KT \text{ 所有触点复位} \end{cases} \to M \text{ 以△接法全压运行} \end{cases}$$

③ M 停止：

$$按下 SB_1 \to \begin{cases} KM_1 \text{ 线圈失电} \begin{cases} KM_1 \text{ 主触点复位} \\ KM_1 \text{ 常开触点复位} \end{cases} \to M \text{ 失电惯性运行并停止} \\ KM_2 \text{ 线圈失电} \begin{cases} KM_2 \text{ 主触点复位} \\ KM_2 \text{ 常开触点复位} \\ KM_2 \text{ 常闭触点复位} \end{cases} \end{cases}$$

（4）三相异步电动机顺序控制　在装有多台电动机的生产机械上，各台电动机所起的作用不相同，有时要按一定顺序起停，才能保证操作过程的合理和工作的安全可靠。例如，在车床的主轴工作之前，必须先起动油泵电动机，使润滑系统有足够的润滑油以后，才能起动主轴电动机。M_1 为油泵电动机，M_2 为主轴电动机。当按下起动按钮时，控制油泵电动机的接触器 KM_1 线圈通电，其主触点及自锁触点闭合，电动机 M_1 起动。M_1 起动后，M_2 才能起动。如果 M_1 未起动，而先按下 SB_3，则 M_2 不能起动。这就达到了必须油泵电动机先工作，主轴电动机才能工作的目的。当油泵电动机过载时，热继电器常闭触点 FR_1 分断，KM_1 失电，M_1 停转。同时自锁触点 KM_1 也断开，KM_2 线圈断电，主轴电动机随之停转。当主轴电动机发生过载时，主轴电动机停止，油泵电动机不停止，而车床仍然能够提供润滑油，这样就可以防止车床机件损坏。顺序控制原理图如图 7-3-4 所示。

1）元件分析。三相异步电动机顺序控制电路元件见表 7-3-4。

2）工作原理分析。合上 QF。

① M1 起动：

$$按下 SB_2 \to KM_1 \text{ 线圈得电} \begin{cases} KM_1 \text{ 主触点闭合} \\ KM_1 \text{ 常开触点闭合（自锁）} \end{cases} \to M_2 \text{ 起动运行}$$

② M_1 停止：

$$按下 SB_1 \to KM_1 \text{ 线圈失电} \begin{cases} KM_1 \text{ 主触点断开} \\ KM_1 \text{ 常开触点断开（自锁）} \end{cases} \to M_1 \text{ 起动运行}$$

③ M_2 起动：

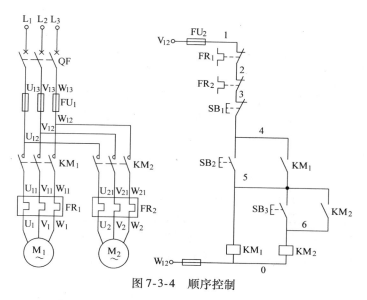

图 7-3-4　顺序控制

表 7-3-4　三相异步电动机顺序控制电路元件列表

序号	符号	名称及用途
1	QF	断路器，电源的通断开关
2	FU_1	熔断器，主电路的短路保护
3	FU_2	熔断器，控制电路的短路保护
4	KM_1	接触器，M_1 起动
5	KM_2	接触器，M_2 起动
6	FR_1	热继电器，M_1 长期过载保护
7	FR_2	热继电器，M_2 长期过载保护
8	SB_1	按钮，控制接触器线圈的失电
9	SB_2	按钮，控制接触器 KM_1 得电
10	SB_3	按钮，控制接触器 KM_2 得电

KM_1 常开触点闭合后按下 $SB_3 \rightarrow KM_2$ 线圈得电 $\begin{cases} KM_2 \text{ 主触点闭合} \\ KM_2 \text{ 常开触点闭合（自锁）} \end{cases} \rightarrow M_2$ 起动运行

④ M_2 起动后 M_1、M_2 停止：

按下 SB_1 $\begin{cases} KM_1 \text{ 线圈失电} \begin{cases} KM_1 \text{ 主触点断开} \\ KM_1 \text{ 常开触点断开（解锁）} \end{cases} \rightarrow M_1 \text{ 停止} \\ KM_2 \text{ 线圈失电} \begin{cases} KM_2 \text{ 主触点断开} \\ KM_2 \text{ 常开触点断开（解锁）} \end{cases} \rightarrow M_2 \text{ 停止} \end{cases}$

2. 电气控制原理图设计的基本步骤

1）根据选定的拖动方案和控制方式设计系统的原理框图，拟定出各部分的主要技术要求和主要技术参数。

2）根据各部分的要求，设计出原理框图中各个部分的具体电路。对于每一部分电路的设计都是按照主电路、控制电路、保护电路、总体检查、反复修改和完善的步骤来进行，力求尽善尽美。

3）绘制系统总原理图。按系统框图结构将各部分电路连成一个整体，完善辅助电路，绘制成系统原理图。

4）合理选择电器原理图中每一个电器元件，制订出元器件目录清单。

对于比较简单的控制电路，可以省去前面两步，直接进行电气原理图的设计和选用电器元件。对于比较复杂的电气控制电路，则要按照上述步骤分步进行。

3. 电气控制原理图的设计方法

电气控制原理图的设计方法一般有两种，下面分别简单介绍一下。

（1）分析设计法　分析设计法是根据生产工艺的要求选择适当的基本控制环节或将比较成熟的电路按各部分的联锁条件组合起来，并经补充和修改，将其综合成满足控制要求的完整电路，当没有现成典型环节可运用时，可根据控制要求边分析边设计。由于这种设计方法是以熟练掌握各种电气控制电路的基本环节和具备一定的阅读分析电气控制电路的经验为基础，所以又称为经验设计法。分析设计法的基本步骤如下：

① 设计各控制单元环节中拖动电动机的起动、正反向运转、制动、调速、停车等的主电路或执行元件的电路。

② 设计满足各电动机的运转功能和工作状态相对应的控制电路，以及满足执行元件实现规定动作相适应的指令信号的控制电路。

③ 连接各单元环节，构成满足整机生产工艺要求、实现加工过程自动或半自动调整的控制电路。

④ 设计保护、联锁、检测、信号和照明等的控制电路。

⑤ 全面检查所设计的电路。

这种设计方法相对简单，容易为初学者所掌握，在电气控制中被普遍采用。其缺点是不易获得最佳设计方案；当经验不足或考虑不周时会影响电路工作的可靠性。因此，应反复审核电路工作情况，有条件时进行模拟实验，发现问题及时修改，直至电路动作准确无误，满足生产工艺要求为止。

（2）逻辑设计法　逻辑设计法是利用逻辑代数这一数学工具来进行电路设计。它是从工艺资料出发，将控制电路中的接触器、继电器线圈的通电与断电，触点的闭合与断开，以及主令元件的接通与断开等看成逻辑变量，并根据控制要求，将这些逻辑变量关系表示为逻辑函数关系式，再运用逻辑函数基本公式和运算规律对逻辑函数式进行化简，然后按化简后的逻辑函数式画出相应的电路结构图，最后再作进一步的检查和完善，以期获得最佳设计方案，使设计出的控制电路既符合工艺要求，又达到电路简单、工作可靠、经济合理的要求。具体步骤如下：

① 按工艺要求画出工作循环图。

② 确定执行元件与检测元件，作出执行元件动作节拍表和检测元件状态表。

③ 根据检测元件状态表写出各程序的特征码，并确定相区分组，设置中间记忆元件，使各相区待分组的所有程序皆可区分。

④ 列写中间记忆元件的开关逻辑函数式及执行元件的动作逻辑函数式，进而画出相应的电路结构图。

⑤ 对画出的电路进行检查、化简和完善。

逻辑设计法的优点：能获得理想、经济的设计方案，但设计难度较大，设计过程较复杂，在一般常规设计中很少单独使用。

4. 电气控制原理图设计中的一般要求

电气控制原理图设计中首先要满足生产机械加工工艺要求，电路要具有安全可靠、结构合理、操作维修方便、设备投资少等特点。为此，必须正确设计电气控制电路，合理选择电器元件。电气控制原理图设计应满足以下几个要求：

1) 电气控制电路满足生产工艺要求。

设计前必须对生产机械的工作性能、结构特点和实际加工情况有充分的了解，并在此基础上考虑控制方式、起动、反向、制动及调速的要求，设置必要的联锁与保护。

2) 尽量减少控制电路中电流、电压的种类，控制电压选择标准电压等级。常用控制电压等级见表7-3-5。

表7-3-5　常用控制电压等级

控制电路类型		常用的电压值/V	电源设备
交流电力传动的控制电路较简单	交流	380、220	不用控制电源变压器
交流电力传动的控制电路较复杂		110（127）、48	采用控制电源变压器
照明及信号指示电路		48、24、6	采用控制电源变压器
直流电力传动的控制电路	直流	220、110	整流器或直流发电机
直流电磁铁及电磁离合器的控制电路		48、24、12	整流器

3) 确保电气控制电路工作的可靠性和安全性。为保证电气控制电路可靠的工作，应考虑以下几方面：

① 尽量减少电器元件的品种、规格与数量。

② 正常工作中，尽可能减少通电器的数量。

③ 合理使用电器触点。

④ 做到正确接线。

首先正确连接电器线圈，即便是两个同型号电压线圈也不能串联后连接于两倍线圈额定电压上，以免电压分配不均引起工作不可靠。对于交流电压线圈不能串联使用。

其次要合理安排电器元件及触点的位置。对一个串联电路，电器元件或触点位置互换，并不会影响其工作原理，但却影响到运行安全和节约用线。图7-3-5所示为合理安排触点位置的示例。

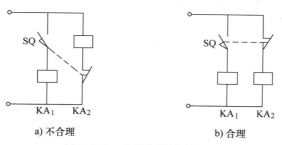

a) 不合理　　　　　　　b) 合理

图7-3-5　合理安排触点位置

最后要注意避免出现寄生回路。在控制电路的动作过程中，出现的不是由于误操作而产生的意外接通的电路称为寄生回路。图7-3-6为一个具有指示灯和长期过载保护的电动机正反向控制电路。正常工作时，该电路能完成正反向起动、停止与信号的指示。但当热继电器FR动作，FR常闭触点断开后，就会出现图中虚线所示的寄生回路，使接触器不能可靠释放而得不到过载保护。若将FR的常闭触点移接到SB₁上端，再将原有FR常闭触点处用导线短接，就可避免寄生回路。

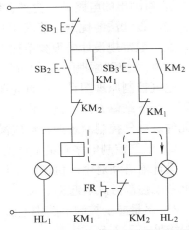

图7-3-6 存在寄生回路的控制电路

⑤ 尽量减少连接导线的数量，缩短连接导线的长度。

⑥ 尽可能提高电路工作的可靠性、安全性。

4）应具有必要的保护。电气控制电路在事故情况下，应能保证操作人员、电气设备、生产机械的安全，并能有效地制止事故的扩大。为此，在电气控制电路中，应设有必要的保护措施。常用的保护有：漏电开关保护、过载、短路、过电流、过电压、失电压、联锁与行程保护等，必要时还应设置相应的指示信号与报警信号。

5）电路设计要考虑操作、使用、调试与维修的方便。

6）电路应力求简单经济。

5. 电气控制电路设计中常用电器元件的选择

（1）按钮、刀开关、组合开关、限位开关及断路器的选择

① 按钮的选择。按钮通常是用来短时接通或断开小电流控制电路的一种主令电器。其选用依据主要是根据需要的触点对数、动作要求、是否需要带指示灯、使用场合以及颜色等要求。按钮产品有多种结构形式、多种触点组合及多种颜色，供不同使用条件选用。例如，紧急操作一般选用蘑菇形，停止按钮通常选用红色等，额定电压有交流500V、直流440V，额定电流为5A。

② 刀开关的选择。主要用于接通和切断长期工作设备的电源及不经常起动和制动、容量小于7.5kW的异步电动机。刀开关选用时，主要是依据电源种类、电压等级、断流容量及需要极数。当用刀开关来控制电动机时，其额定电流要大于电动机额定电流的3倍。

③ 组合开关的选择。主要用于电源的引入，所以又叫电源隔离开关。其选用依据是电源种类、电压等级、触点数量以及断流容量。当采用组合开关来控制容量为5kW以下的异步电动机时，其额定电流一般为（1.5~2.5）I_N，接通次数小于（15~20）次/小时。

④ 限位开关的选择。主要用于位置控制或有位置保护要求的场合。选用时，主要根据机械位置对开关形式的要求和控制电路对触点数量的要求，以及电压、电流来确定其型号。

⑤ 断路器的选择。由于断路器具有很好的保护作用，故在电气设计的应用中越来越多。断路器的种类很多，有框架式、塑料外壳式、限流式、手动操作式和电动操作式。在选用时，主要从保护特性要求（几段保护）、分断能力、电网电压类型、电压等级、长期工作负载的平均电流、操作频繁程度等方面去确定它的型号。

在初步确定断路器的类型和等级后，各级保护动作值的整定还必须和上、下级开关保护

特性协调配合，从总体上满足系统对选择性保护的要求。

（2）接触器的选择　在电气控制电路中，接触器的使用十分广泛，而其额定电流或控制功率是随使用条件的不同而变化的，只有根据不同使用条件去正确选用，才能保证它在控制系统中长期可靠运行。

接触器分直流和交流两大类，在一般情况下，交流接触器的主要选用依据是接触器的额定电压、电流要求，辅助触点的种类、数量及额定电流，控制线圈电源种类、频率与额定电压，操作频繁程度，负载类型等因素。具体选用方法如下：

① 主触点额定电流的选择。主触点的额定电流应大于、等于负载电流，对于电动机负载可按下列经验公式计算：

$$I_N = P_N \times \frac{10^3}{KU_N} \tag{7-3-1}$$

式中，P_N 为被控电动机额定功率（kW）；U_N 为电动机额定线电压（V）；K 为经验系数，取 $1 \sim 1.4$。

对于频繁起动、制动与频繁正反转工作的情况，为了防止主触点的烧蚀和过早损坏；应将接触器的额定电流降低一个等级使用。

② 主触点额定电压 U_N 应大于控制线的额定电压。

③ 接触器的触点数量、种类应满足控制需要，当辅助触点的对数不能满足要求时，可用增设中间继电器的方法来解决。

④ 接触器控制线圈的电压种类与电压等级应根据控制电路要求选用。简单控制电路可直接选用 380V、220V。电路复杂，使用继电器较多时，应选用 127V、110V 或更低的控制电压。

（3）继电器的选择

① 电磁式继电器的选用。中间继电器、电流继电器、电压继电器都属于这一类。选用的主要依据是：被控制或被保护对象的特性，触点的种类、数量，控制电路的电压、电流，负载性质等因素。线圈电压、电流应满足控制电路的要求。如果控制电流超过继电器触点的额定电流，可将触点并联使用，也可以采用触点串联的使用方法来提高触点的分断能力。

② 时间继电器的选用。选用时应考虑延时方式（通电延时和断电延时）、延时范围、延时精度要求、外形尺寸、安装方式、价格等因素。

常用时间继电器有气囊式、电动式及晶体管式等，在延时精度要求不高、电源电压波动大的场合，宜选用价格较低的气囊式、电磁式时间继电器。当延时范围大、精度要求高时，可选用电动式和和晶体管式时间继电器。

③ 热继电器的选用。对于工作时间短、停歇时间长的电动机，如机床的刀架或工作台的快速移动，横梁升降、夹紧等运动，以及虽长期工作但过载的可能性很小的电动机，如排风扇，可以不设过载保护，除此以外一般电动机都应考虑过载保护。

热继电器有两相式、三相式及三相带断相保护等型式。对于星形接法的电动机及电源对称性较好的情况，可采用两相结构的热继电器。对于三角形接法的电动机或电源对称性不够好的情况，则应选用三相结构的热继电器。而在重要场合或容量较大的电动机，可选用半导体温度继电器来进行过载保护。

热继电器发热元件的额定电流，原则上按被控电动机的额定电流选取，并依此去选择发热元件编号和一定的调节范围。

（4）熔断器的选择 熔断器的选择主要内容是其类型、额定电压、熔断器额定电流等级与熔体额定电流。根据负载保护特性、短路电流大小、各类熔断器的使用范围来选用熔断器的类型，其额定电压是根据被保护电路的电压来选择的。

熔体的额定电流是选择熔断器的关键，它与负载大小、负载性质密切相关。对于负载平稳、无冲击电流，如照明、信号、电热电路，可直接按负载额定电流选取。对于像电动机等有冲击电流负载的电路，熔体额定电流可按下列公式计算：

单台电动机长期工作时

$$I_R = (1.5 \sim 2.5)I_N \tag{7-3-2}$$

多台电动机长期共用一个熔断器保护时

$$I_R \geqslant (1.5 \sim 2.5)I_{Nmax} + \sum I_N \tag{7-3-3}$$

式中，I_{Nmax} 为容量最大的一台电动机的额定电流；$\sum I_N$ 是除去容量最大的电动机之外，其余电动机的额定电流之和。

当轻载及起动时间短时，系数取 1.5；当起动负载较重及起动时间长，起动次数又比较多时，则取 2.5。

熔体额定电流的选择还要照顾到上、下级保护的配合，以满足选择性保护要求，使下一级熔断器的分断时间较上一级熔断器熔体的分断时间要小，否则将会发生越级动作，扩大停电范围。

6. 设计示例

（1）设计要求 一台电动机 M，要求按下按钮 SB_2，M 先正转；按下按钮 SB_1，M 停止；按下按钮 SB_3，M 反转；再按下按钮 SB_1，M 停止。设计中加入短路、过载等相关的保护环节。

（2）绘制电路原理图

1）草图绘制。

① 主电路绘制：画出电源、电源开关部分，如图 7-3-7 所示。

画出 M 正转控制接触器（设为 KM_1）、M 反转控制接触器（设为 KM_2），如图 7-3-8 所示。

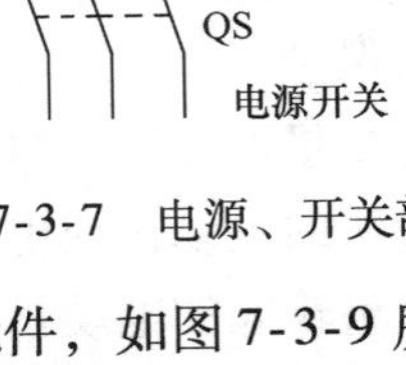

图 7-3-7 电源、开关部分

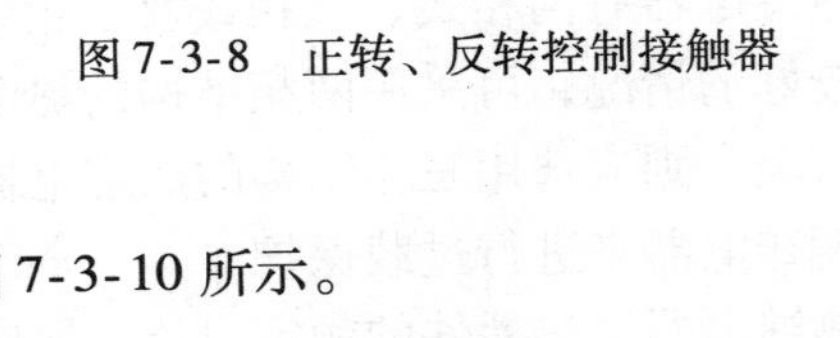

图 7-3-8 正转、反转控制接触器

连接各元件，如图 7-3-9 所示。

② 控制电路绘制：画出 M 正转控制电路，如图 7-3-10 所示。

画出 M 反转控制电路，如图 7-3-11 所示。

将 M 正转控制电路与反转控制电路合并成控制电路，如图 7-3-12 所示。

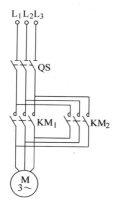

图 7-3-9 主电路

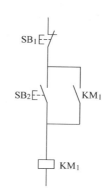

图 7-3-10 正转控制

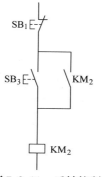

图 7-3-11 反转控制

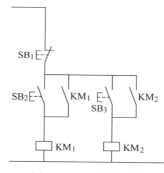

图 7-3-12 控制电路

③ 保护环节设计：

画出短路保护环节及主电路、控制电路，如图 7-3-13 所示。

画出过载保护环节，如图 7-3-14 所示。

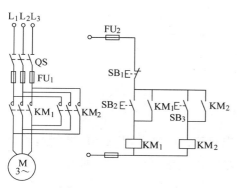

图 7-3-13 短路保护

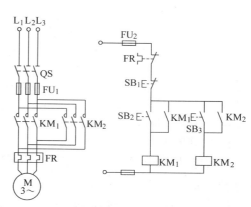

图 7-3-14 过载保护

画出互锁环节，防止 KM_1、KM_2 同时得电时主电路出现的短路事故。当 M 正转即 KM_1 得电时，KM_2 不能得电；当 M 反转即 KM_2 得电时，KM_1 不能得电。将 KM_1 的常闭触点接

在 KM_2 线圈电路上，当 KM_1 得电时，KM_1 常闭触点断开，KM_2 线圈就不会得电了；将 KM_2 的常闭触点接在 KM_1 线圈电路上，当 KM_2 得电时，KM_2 常闭触点断开，KM_1 线圈就不会得电了，如图 7-3-15 所示。

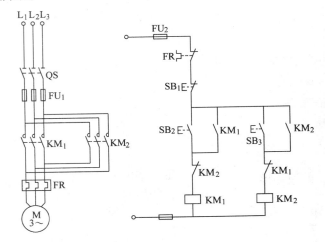

图 7-3-15 互锁保护

2）原理图合成。整理草图，添加索引，合成原理图如图 7-3-16 所示。

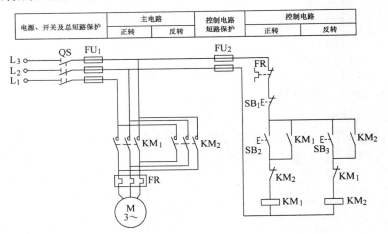

图 7-3-16 设计原理图

四、测试与训练

1. 设计要求

两台电动机 M_1/M_2，要求按下按钮 SB_2，M_1 先起动，再按下 SB_3，M_2 才能起动（由接触器控制先后顺序），M_2 起动后，M_1 立即停止。按下停止按钮 SB_1，M_2 停止。

设计中加入短路、过载等相关的保护环节。

注意：原理图的绘制要层次分明，各电器元件及触点的安排要合理，既要做到所用元件、触点最少，耗能最少，又要保证电路运行可靠，节省连接导线以及安装、维修方便。

2. 绘制电路原理图

（1）草图绘制 根据设计要求，首先绘制草图。具体步骤如下：

① 主电路绘制。按设计要求绘制 M_1/M_2 电动机的电源、电源开关、控制接触器等，连接各元件。

② 控制电路绘制。按设计要求分别绘制 M_1、M_2 的控制电路。

③ 保护环节设计。在所绘制的主电路、控制电路中添加如短路、过载、互锁等保护环节。

（2）原理图合成 绘出草图后，将草图整理、添加索引，合成原理图。

五、拓展知识

三相异步电动机其他控制电路介绍

1. 变频控制

变频器即电压频率变换器，是一种将固定频率的交流电变换成频率、电压连续可调的交流电，以供给电动机运转的电源装置。变频器的原理、应用可查阅相关资料。我们现在使用的变频器主要采用交—直—交方式（VVVF 变频或矢量控制变频），先把工频交流电源通过整流器转换成直流电源，然后再把直流电源转换成频率、电压均可控制的交流电源供给电动机，以实现电动机调速功能。

三相异步电动机变频器控制电路主要由整流电路、中间直流电路和逆变器电路组成。电路基本结构如图 7-3-17 所示。

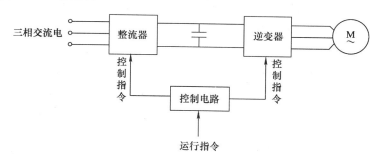

图 7-3-17 三相异步电动机变频器控制电路基本结构

1）三相异步电动机变频器调速原理。频率改变时，电动机的转速也就相应地改变。

2）三相异步电动机变频器控制基本接线如图 7-3-18 所示，实物示意图如图 7-3-19 所示。

注意：变频器的功用是将频率固定（通常为工频 50Hz）的交流电（三相或单相的）变换成频率连续可调（多数为 0～400Hz）的交流电源。

2. 可编程序控制器控制

可编程序控制器（Programmable Controller）简称 PC，个人计算机（Personal Computer）也简称 PC，为了避免混淆，人们将用于逻辑控制的可编程序控制器叫作 PLC（Programmable Logic Controller）。

PLC 采用编制程序的存储器，用来在其内部存储执行逻辑运算、顺序运算、计时、计数和算术运算等操作的指令，并能通过数字式或模拟式的输入和输出，控制各种类型的机械或生产过程。PLC 具有可靠性高、抗干扰能力强，配套齐全、功能完善、适用性强、性价比高，系统的设计及建造工作量小、维护方便、改造容易，体积小、总量轻、耗能低等特点，深受工程技术人员欢迎。

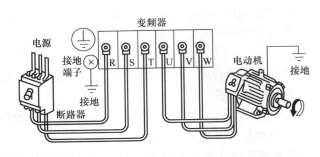

图7-3-18　三相异步电动机变频器
　　　　　控制基本接线图

图7-3-19　三相异步电动机变频器控制接线实物示意图

下面主要介绍 FX$_2$ 系列可编程序控制器的使用。

（1）型号命名方式　型号命名的基本格式表示如下：

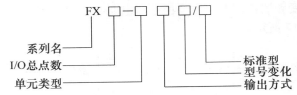

FX：日本三菱公司 PLC 控制器品种，FX 系列。

I/O 总点数：14～256。

单元类型：M—基本单元；E—扩展单元及扩展模块；EX—扩展输入单元；EY—扩展输出单元。

型号变化：DS—世界型（DC 24V）；ES—世界型（晶体管型为漏输出）；ESS—世界型（晶体管型为源输出）。

输出形式：R—继电器输出；T—晶体管输出；S—晶闸管输出。

（2）FX$_2$ 系列 PLC 内部继电器的功能及编号

1）输入继电器 X（X0～X177）。输入继电器是 PLC 用来接收用户设备发来的输入信号。输入继电器与 PLC 的输入端相连。

2）输出继电器 Y（Y0～Y177）。输出继电器是 PLC 用来将输出信号传给负载的元件。输出继电器的外部输出触点接到 PLC 的输出端子上。

3）辅助继电器 M。辅助继电器可分为通用型、断电保持型和特殊辅助继电器三种。

①通用辅助继电器 M0～M499（500 点）。

②断电保持辅助继电器 M500～M1023（524 点）。

③特殊辅助继电器 M8000～M8255（256 点）。

4）状态继电器 S。状态继电器 S 是步进控制顺序中使用的重要元件，它与步进指令 STL 配合使用。状态继电器有下列五种类型：

① 初始状态继电器：S0 ~ S9 共 10 点。

② 回零状态继电器：S10 ~ S19 共 10 点。

③ 通用状态继电器：S20 ~ S499 共 480 点。

④ 保持状态继电器：S500 ~ S899 共 400 点。

⑤ 报警用状态继电器：S900 ~ S999 共 100 点。

5）定时器 T。定时器在 PLC 中的作用相当于一个时间继电器，它有一个设定值寄存器，一个当前值寄存器以及无限个触点。

6）计数器 C。

7）数据寄存器 D。

8）变址寄存器（V/Z）。

（3）FX_2 系列 PLC 基本指令　FX_2 系列 PLC 基本指令见表 7-3-6。

表 7-3-6　FX_2 系列 PLC 基本指令一览表

助记符名称	功能	梯形图表示及可用元件
［LD］ 取	逻辑运算开始与左母线连接的常开触点	XYMSTC
［LDI］ 取反	逻辑运算开始与左母线连接的常闭触点	XYMSTC
［LDP］ 取脉冲上升沿	逻辑运算开始与左母线连接的上升沿检测	XYMSTC
［LDF］ 取脉冲下降沿	逻辑运算开始与左母线连接的下降沿检测	XYMSTC
［AND］ 与	串联连接常开触点	XYMSTC
［ANI］ 与非	串联连接常闭触点	XYMSTC
［ANDP］ 与脉冲上升沿	串联连接上升沿检测	XYMSTC
［ANDF］ 与脉冲下降沿	串联连接下降沿检测	XYMSTC
［OR］ 或	并联连接常开触点	XYMSTC
［ORI］ 或非	并联连接常闭触点	XYMSTC
［ORP］ 或脉冲上升沿	并联连接上升沿检测	XYMSTC

（续）

助记符名称	功能	梯形图表示及可用元件
[ORF] 或脉冲下降沿	并联连接下降沿检测	XYMSTC
[ANB] 电路块与	并联电路块的串联连接	
[ORB] 电路块或	串联电路块的并联连接	
[OUT] 输出	线圈驱动指令	YMSTC
[SET] 置位	线圈接通保持指令	SET YMS
[RST] 复位	线圈接通清除指令	RST YMSTCD
[PLS] 上沿脉冲	上升沿微分输出指令	PLS YM
[PLF] 下沿脉冲	下降沿微分输出指令	PLF YM
[MC] 主控	公共串联点的连接线圈	MC N YM
[MCR] 主控复位	公共串联点的清除指令	MCR N
[INV] 反转	运算结果取反	INV
[MPS] 进栈	连接点数据入栈	MPS
[MRD] 读栈	从堆栈读出连接点数据	MRD
[MPP] 出栈	从堆栈读出数据并复位	MPP
[NOP] 空操作	无动作	变更程序中替代某些指令
[END] 结束	顺控程序结束	顺控程序结束返回到0步

（4）PLC 应用举例　以 PLC 控制的三相异步电动机起、停电路为例。三相异步电动机起、停控制电路如图 7-3-20 所示。

设：SB$_1$ – X1；SB$_2$ – X2；KM – Y1。将原理图转换成 PLC 的接线图，如图 7-3-21 所示。

PLC 控制程序：

```
LD      X2
OR      Y1
ANI     X1
OUT     Y1
```

PLC 接线图如图 7-3-22 所示。

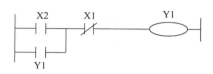

图 7-3-21　三相异步电动机起、停电路梯形图

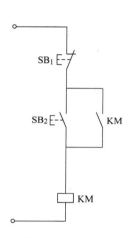

图 7-3-20　三相异步电动机起、停控制电路

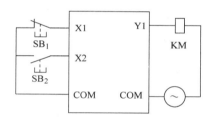

图 7-3-22　三相异步电动机起、停电路 PLC 接线图
注：图中停止按钮 SB$_1$ 常闭符号建议画成常开符号。

六、练习

如图 7-3-23 所示为工件孔加工钻削设备，钻头旋转由一台电动机（M$_1$）控制，刀架在工作台面上的左右移动由一台电动机（M$_2$）控制，请设计一个设备控制电路，并画出相应的主电路及控制电路。具体设计要求如下：

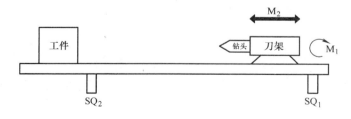

图 7-3-23　设备示意图

1）钻头先旋转后（即 M$_1$ 起动）刀架随即自动起动（即 M$_2$ 起动），刀架向工件方向移动进行钻削。

2）当钻削至一定深度时（即到达行程开关 SQ$_2$ 位置）M$_2$ 停止，刀架停止进给（钻头保持旋转）。

3）延时 t 时间后，刀架向反方向退回（钻头直接退出，不需要考虑螺纹加工），钻头离开工件（即 M_2 反向旋转）。

4）当刀架退至行程开关 SQ_1 位置时，钻头立即停止旋转（即 M_1 立即停止）；刀架停止（即 M_2 停止）。M_1 应采用单管能耗制动。

5）当不进行钻削加工时，刀架在工作台面上可通过手动控制，使其左右移动（即手动调整刀架位置）。刀架手动调整时应为点动短时控制方式。

6）如遇紧急情况钻头与刀架应同时停止（即 M_1、M_2 同时停止）。

7）当其中任何一台电动机发生过载时，钻头与刀架应同时停止。

8）设计一定的保护措施。

模块四　直流电动机的认识、使用

一、学习目标

1. 了解直流电动机的结构。

2. 能分析直流电动机的铭牌参数及工作原理。

二、工作任务

1. 认识直流电动机的结构。

2. 研究直流电动机的铭牌参数。

3. 分析直流电动机的工作原理。

三、理论知识

1. 直流电动机的结构

直流电动机（见图 7-4-1）和异步电动机一样，也可以大致分解为三个部分：转子（转动部分，见图 7-4-2）、定子（静止部分）、气隙（定子、转子之间的空气缝隙）。

图 7-4-1　直流电动机的外形

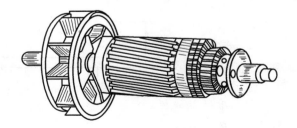

图 7-4-2　直流电机的转子

观察直流电动机的结构可以看到，它还有其他的一些元件，如图 7-4-3 所示。

2. 直流电动机的定子

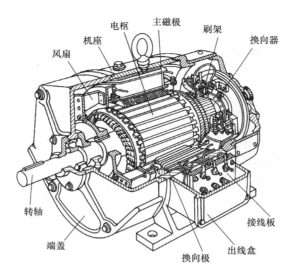

风扇　机座　电枢　主磁极　刷架　换向器

转轴

端盖　换向极　出线盒　接线板

图 7-4-3　直流电动机拆解图

直流电动机的定子是直流电动机中电-磁转换的场所，它提供了直流电动机运行所必需的固定磁场，还起到了作为整个电动机支架的作用，一般由以下几部分组成。

（1）机座　机座又叫电动机外壳，如图 7-4-4 所示，它既是电动机磁路的一部分，又用来固定主磁极、换向极、端盖，起到支撑固定的作用。所以，机座应具有良好的导磁能力和足够的机械强度，一般用低碳钢板或钢板焊接而成。在直流电动机的机座上，固定着两种磁极：主磁极和换向极。

（2）主磁极　主磁极（见图 7-4-5）主要由铁心和励磁绕组组成。当励磁绕组中通入直流电时，铁心中就产生了励磁磁场，在整个电动机里面形成励磁磁

图 7-4-4　直流电动机的机座

通。励磁绕组通常由绝缘导线制成集中的线圈安放在主磁极铁心的外面。磁极铁心一般用 1~1.5mm 的低碳钢板冲片叠压而成，主磁极铁心靠近气隙一端较宽，称为极靴。整个电动机的主磁极都是 N、S 成对出现，交替排列在机座内侧。一般用 p 来表示直流电动机的极对数，$p=2$ 即有两对（四个）主磁极。

（3）换向极　换向极也是由铁心和绕组组成的，当换向极绕组通以直流电流以后，它所产生的磁场能对电枢磁场产生影响，可以在电动机转动时有效地减小电刷与换向片之间的火花。换向极的示意图如图 7-4-5 所示，图中较小的磁极就是换向极。

（4）电刷装置　电刷的作用是将旋转的转子与固定不动的外电路相连，把直流电压或直流电流引入或引出。因此，它与转子上的换向片既要有紧密的接触，又要有良好的相对滑动。它一般由石墨的电刷块、刷握和将电刷紧按在换向片上的弹簧组成，如图 7-4-6 所示。

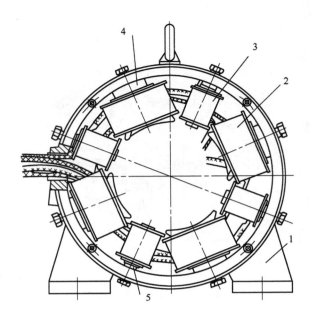

图 7-4-5 直流电动机的主磁极

1—机座 2—主磁极绕组 3—换向极绕组 4—主磁极铁心 5—换向极铁心

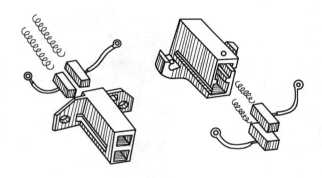

图 7-4-6 直流电动机的电刷

3. 直流电动机的转子

直流电动机的转子是电动机中能量转换的重要场所，又称电枢。

（1）电枢铁心 电枢铁心（见图7-4-7）是电动机磁路的一部分，同时也要固定电枢线圈（电枢绕组）。由于电动机运行时，铁心与磁场之间是有相对运动的，故其中也会产生涡流和磁滞损耗。为了减小这种损耗，常用0.5mm相互绝缘的硅钢片叠压而成，有的冲片上还有许多圆孔，以形成改善散热的轴向通风孔。

（2）电枢绕组 电枢绕组是直流电动

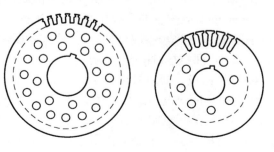

图 7-4-7 电枢铁心冲片

机电路的主要部分，它的作用是产生感应电动势和流过电流产生电磁转矩，以实现机电能量转换，是电动机中的重要部件。

（3）换向器　换向器（见图7-4-8）的作用是与电刷一起将直流电动机输入的直流电流转换成电枢绕组内的交变电流，或是将直流发电机电枢绕组中的交变电动势转换成直流电压输出。

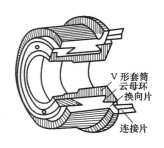

图7-4-8　换向器

4. 直流电动机的气隙

气隙是电动机磁路的重要部分。它虽然路径很小，但是由于气隙磁阻远大于铁心磁阻（一般小型电动机的气隙为0.7～5mm，大型电动机为5～10mm），对电动机性能有很大影响。在拆装直流电动机时应予以重视。

5. 直流电动机的铭牌

每台直流电动机的机座上都有一块铭牌，上面标有型号、额定值、工作制等信息，见表7-4-1。

表7-4-1　Z_2-72型直流电动机的铭牌

直流电动机				
型号	Z_2-72	励磁方式		并励
功率	22kW	励磁电压		220V
电压	220V	励磁电流		2.06A
电流	116V	工作制		连续
转速	1500r/min	温升		80℃
出品号数	××××	出场日期		2008年5月12日
生产厂家	西安电机厂			

仔细观察Z_2-72电动机铭牌数据，完成表7-4-2。

表7-4-2　Z_2-72型直流电动机性能参数

型号		额定电压		保护等级	
电枢铁心长度		额定电流		额定转速	
机座号		额定励磁电压		励磁方式	
额定功率		额定励磁电流		工作制	

（1）型号　直流电动机的型号与其他电动机类似，可以表示电动机的种类、规格和用途等。以Z_2-72型电动机为例来说明：

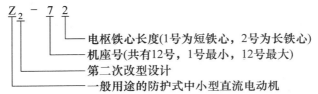

型号表明该电动机所属的系列及主要特点。掌握了型号，就可以从有关手册及资料中查

出该电动机的许多技术数据。

（2）额定值　额定值规定了电动机正常运行时的状态和条件，它是选用、安装和维修电动机的依据。异步电动机铭牌上标注的主要额定值有以下几项：

① 额定功率 P_N：额定功率是指在规定的工作条件下，长期运行时的允许输出功率。对于发电机来说，是指正负电刷之间输出的电功率；对于电动机，则是轴上输出的机械功率。

② 额定电压 U_N：对发电机来说，是指在额定电流下输出额定功率时的端电压；对电动机来说，是指在按规定正常工作时，加在电动机两端的直流电源电压。

③ 额定电流 I_N：直流电动机正常工作时输入或输出的最大电流值。

④ 额定效率 η_N：直流电动机正常工作时的机械效率。

$$\eta_N = \frac{P_N}{P_1} \times 100\% \qquad (7\text{-}4\text{-}1)$$

对直流发电机而言：$P_N = U_N I_N$　　(7-4-2)

对直流电动机而言：$P_N = U_N I_N \eta_N$　　(7-4-3)

⑤ 额定转速 n_N：直流电动机在上述各项均为额定值时的运行转速（r/min）。

6. 直流电动机的工作原理

直流电动机的模型图如图 7-4-9 所示。

当电刷 A、B 两端加直流电压 U 时，线圈中电流的方向和 ab、cd 边所受电磁力的方向见表 7-4-3。

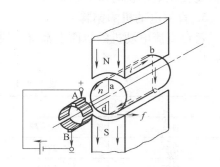

图 7-4-9　直流电动机的模型

表 7-4-3　直流电动机的转动原理

位置 项目	0°	180°	360°
ab 中电流方向	a→b	b→a	a→b
ab 边力的方向	右→左	左→右	右→左
cd 中电流方向	c→d	d→c	c→d
cd 边力的方向	左→右	右→左	左→右
转子的转向	逆时针	逆时针	逆时针

因此，无论是直流发电机还是直流电动机，换向器可以使正电刷 A 始终与经过 N 极下的导体相连，而负电刷 B 则始终与经过 S 极下的线圈相连，所以电刷 A、B 之间的电压是直流电压，而线圈内的电流则是交变的，所以换向器是直流电动机中的关键部件。通过换向器和电刷的作用，把直流发电机线圈中的交变电动势整流成电刷间方向不变的直流电动势；把直流电动机电刷间的直流电流变成线圈内的交变电流，以确保电动机沿恒定方向旋转。

直流电动机运行时的几点结论：

① 外施电压、电流是直流，电枢线圈内电流是交流。

② 线圈中感应电动势与电流方向相反。

③ 线圈是旋转的，电枢电流是交变的。电枢电流产生的磁场在空间上是恒定不变的。

④ 产生的电磁转矩 M 与转子转向相同，是驱动性质。

四、测试与训练

1. 直流电动机的结构认识

（1）拆解步骤

① 拆除电动机的所有外部接线，并做好标记。

② 拆卸带轮或联轴器。

③ 拆除换向器端的端盖螺栓和轴承盖螺栓，并取下轴承外盖（在拆下一端的端盖之后，观察定子与转子之间的空气缝隙，即气隙）。先拆下换向器端的轴承盖螺栓，取下轴承外盖；接着拆下换向器端的端盖螺栓，拆卸换向器端的端盖。拆卸时要在端盖边缘处垫以木楔，用铁锤沿端盖的边缘均匀地敲击，逐渐使端盖止口脱离机座及轴承外圈，并取出刷架；拆除轴伸端的轴承盖螺栓，取下轴承外盖及端盖。拆卸时在端盖与机座的接缝处要做好标记，两个端盖的记号应有所区别。

④ 打开端盖的通风窗，从刷握中取出电刷，再拆下接到刷杆上的连接线。

⑤ 拆卸换向器端的端盖，取出刷架。

⑥ 用厚纸或布包好换向器，以保持换向器清洁及不被碰伤。

⑦ 拆除轴伸端的端盖螺栓，把电枢同端盖从定子内小心地取出或吊出，并放在木架上，以免擦伤电枢绕组。

⑧ 在拆解过程中观察气隙的大小，可以发现直流电动机的定子与转子之间的空气隙，比同容量三相异步电动机的气隙要大得多。

在拆解过程中要注意保护电动机绕组的绝缘层，小心轻放各零部件。

（2）检查各零部件是否完好，绝缘情况是否良好

① 观察拆卸下的各部件，并进行分类，对各个零部件进行观察识别。

② 将拆下的零部件分类，分为定子部分和转子部分，并观察各个零部件的材质、结构、外形特点及绝缘完好度。

2. 直流电动机的电气性能试验

（1）直流电动机的绕组匝间绝缘试验　匝间绝缘试验又称为短时升高电压试验。匝间绝缘试验的目的是检查定子或转子绕组匝间的绝缘，是用来检查电动机绕组在修理过程中，嵌线、浸漆、烘干、装配、搬运时绕组绝缘是否受到损伤。

直流电枢绕组匝间绝缘强度试验可在电动机空载运行时将电压提高到额定电压的1.3倍，运行5min无冒烟击穿现象即为合格。也可将直流电动机作发电机方式运行，并使其感应电动势达到130%额定电压（可通过增加发电机励磁电流及提高转速的方法来实现，但转速不得超过115%额定电压），在此高电压下历时5min不出现击穿为合格。

（2）直流电动机的空载试验　直流电动机空载试验的目的主要是测得空载特性曲线，并测量空载损耗（机械损耗与铁耗之和）。

空载特性试验时，把电动机作为他励发电机，并在额定转速下空载运行一段时间后，测取电枢电压与励磁电流的关系曲线。

测空载损耗时，把电动机作为他励电动机，逐步增加电动机的励磁电流至额定值，用改变电枢电压的方法调节电动机转速至额定值，测出并记录不同电枢电压时的电枢电流。将电动机输入功率减去电枢回路铜耗和电刷接触损耗，即为空载损耗。

五、拓展知识

直流电动机的励磁方式

直流电机在进行能量转换时，无论是将机械能转换成电能的发电机，还是将电能转换为机械能的电动机，都以气隙中的磁场作为媒介。除了采用磁钢制成主磁极的永磁式直流电动机以外，直流电机都是在励磁绕组中通以励磁电流产生磁场。励磁绕组获得电流的方式称为励磁方式。

励磁方式主要有他励、并励、串励和复励，如图7-4-10所示。他励是励磁绕组的电流由单独的电源供给，永磁式也是他励的一种。

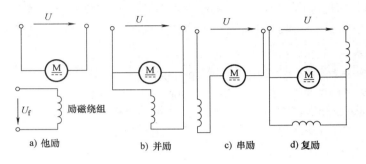

图 7-4-10　直流电动机的四种励磁方式

复励绕组分为两部分，一部分与电枢绕组并联，另一部分与电枢绕组串联。当两部分励磁绕组的磁通方向相同时，称为积复励，方向相反时称为差复励。

对于直流发电机，由于电枢绕组为输出直流电的电源部分，因此，并励、复励式励磁绕组的电流都由自己的电枢电动势提供，统称为自励式发电机。

六、练习

1. 异步电动机使用前应做哪些检查？

2. 对照图7-4-10，画出他励直流电动机正向、反向运行的电路图。

参 考 文 献

[1] 秦曾煌. 电工学: 上册 [M]. 7 版. 北京: 高等教育出版社, 2009.

[2] 唐介. 电工学 (少学时) [M]. 3 版. 北京: 高等教育出版社, 2009.

[3] 吴清萍. 电工基础 [M]. 2 版. 北京: 北京理工大学出版社, 2010.

[4] 赵红顺. 电工基础 [M]. 北京: 中国电力出版社, 2010.

[5] 常晓玲. 电工技术 [M]. 北京: 机械工业出版社, 2009.

[6] 朱平. 电工技术实训 [M]. 2 版. 北京: 机械工业出版社, 2011.

[7] 高玉奎. 维修电工手册 [M]. 北京: 中国电力出版社, 2012.

[8] 仲葆文. 维修电工 (中级) [M]. 2 版. 北京: 中国劳动社会保障出版社, 2012.

[9] 劳动和社会保障部教材办公室. 维修电工 (基础知识) [M]. 北京: 中国劳动社会保障出版社, 2007.

[10] 劳动和社会保障部培训就业司, 职业技能鉴定中心. 国家职业标准汇编: 第一分册 [M]. 北京: 中国劳动社会保障出版社, 2010.